编程导航，全栈项目实战课

从零带做Java代码生成器平台

程序员鱼皮 著

电子工业出版社
Publishing House of Electronics Industry
北京·BEIJING

内容简介

想学好编程，就必须多实践，而做项目是最直接有效的实践方式。本书通过真实的企业项目开发流程，帮助读者从零开始构建完整的前后端全栈项目，涵盖需求分析、技术选型、方案设计、项目搭建、编码实现、项目优化到部署上线的全过程。作者鱼皮凭借丰富的项目经验，在教程中融入大量开发技巧，使读者在实践中不仅掌握技术，更提升解决问题的能力。无论您是项目初学者还是希望提升技术水平，本书都将为您提供切实的指导和宝贵的经验，助您在项目开发中游刃有余，成为独立开发的能手。

未经许可，不得以任何方式复制或抄袭本书之部分或全部内容。
版权所有，侵权必究。

图书在版编目（CIP）数据

编程导航，全栈项目实战课 : 从零带做Java代码生成器平台 / 程序员鱼皮著. -- 北京 : 电子工业出版社，2024. 9. -- ISBN 978-7-121-48803-0

I. TP312.8

中国国家版本馆CIP数据核字第202450AY91号

责任编辑：张月萍　　　　　　　文字编辑：纪　林
印　　刷：河北迅捷佳彩印刷有限公司
装　　订：河北迅捷佳彩印刷有限公司
出版发行：电子工业出版社
　　　　　北京市海淀区万寿路173信箱　　　邮编：100036
开　　本：720×1000　1/16　　印张：28.75　　字数：644千字
版　　次：2024年9月第1版
印　　次：2024年10月第2次印刷
定　　价：118.00元

凡所购买电子工业出版社图书有缺损问题，请向购买书店调换。若书店售缺，请与本社发行部联系，联系及邮购电话：（010）88254888，88258888。
质量投诉请发邮件至zlts@phei.com.cn，盗版侵权举报请发邮件至dbqq@phei.com.cn。
本书咨询联系方式：faq@phei.com.cn。

前　言

我的故事

读者朋友们好，我是程序员鱼皮。在本书的最开始，我想让大家了解我的故事。

我在 2016 年进入东华大学，期间我自学了 Java、前端、Python、Go 等多种编程技术，作为工作室负责人带队建设了**几十个**网站，以**专业第一**的成绩拿过国家奖学金、"挑战杯"中国大学生创业计划竞赛**国奖**和上海市**特等奖**、上海市优秀毕业生、东华大学年度人物。大三时曾跟李悦老师合作撰写了《区块链智能合约技术与应用》教材，也有过某金融科技公司、**字节跳动**、**腾讯**等三家公司的实习经历。

秋招时我拿到多家大厂 Offer，最终以**组内第一**的成绩在腾讯实习后转正，并斩获 **SSP 最高级别**的 Offer。

在腾讯工作近 4 年，我负责 BI 项目研发、大数据研发等，曾获腾讯内部应用开发竞赛**冠军**、**5 星优秀员工**、**晋升绿色通道**，也在工作两年半的时候就担任了新人导师。

我于 2020 年正式开启了编程知识自媒体，想分享自己的经验，留下一些有用的东西。至今累计创作近千篇、千万字，并且因为讲解内容通俗易懂，全网积累了 150 多万的关注，也被很多读者称为其编程领路人。

如今，我创办了自己的科技公司鱼鸢网络，也是编程导航学习网的创始人，累计帮助十万多名程序员朋友提升技术和项目能力。

这就是我的故事，看起来像是一个"卷王"，事实上我也的确比较"卷"（头发都是卷的），平时 90% 的时间都花在了学习和工作上。但我想说，编程、做项目、分享知识，这些都是我的爱好，因为我热爱这些事情，所以才能把它们做好，做出一番成就。

创作初衷

大多数面向程序员的书好像都是以技术学习为主要内容的,为什么鱼皮要出版一本以项目教程为核心的图书呢?

1. 编程学习困境

我做编程知识分享多年,接触过很多陷入编程学习困境的同学。他们花了很多时间、看了很多教程,却还是无法熟练地写出代码,更别说独立开发项目了,等到求职找工作的时候,才发现简历上空空如也,没有任何竞争力。

此外,大多数自学编程的同学缺乏真实的项目经验,以及自主解决问题的能力,而这又是企业招聘时重点关注的,进而就会导致面试的时候一问三不知。比如一道经典的面试题:你如何定位并修复一个线上 Bug?

因此,有的同学会陷入迷茫:没有工作经验,就没有真实的项目经验;而没有真实的项目经验,又很难找到工作。这不就陷入死循环了吗?怎么破局?

2. 我的破局之法

其实解决上述问题的方法很简单,就是**做项目**。

想学好编程,就必须多实践,而做项目是最直接的实践方式——只要有一个想法、有一台电脑,就能够写代码去实现,不需要通过任何的筛选和面试。

通过动手做项目,能够将之前学到的"枯燥的知识"学以致用;而在做项目的过程中,你会遇到很多 Bug,尝试自主解决它们,你就收获了知识,提升了自主解决问题的能力。

我很幸运,在大一的时候就悟到了这点。从大学就开始带队做项目、带工作室做网站、做自己的项目、参加竞赛,等等,这也是我向大厂投递简历百投百中的主要原因,所以我深知做项目的重要性。

近几年,我一直在带编程导航学习网的鱼友们做项目、写项目教程,也在持续开源和分享项目,因为讲解细致、通俗易懂,得到了很多朋友的好评,在 GitHub 上得到了很多关注(截止到写作本书时,我在 GitHub 中国区的排名是前 10)。这些是我出版项目教程类图书的底气,我也希望把自己多年来学编程做项目的经验和方法分享给大家。

3. 本项目的收获

现在网上不缺技术教程,也不缺项目教程,缺少的是**包含了真实企业开发流程**的项目教程。

鱼皮的原创项目以**实战**为主，从 0 到 1 带大家学习技术知识，并立即实践将技术知识运用到项目中，做到学以致用。此外，项目的开发流程也和真实企业的完全一致，不止教大家写代码，还包括了需求分析 => 技术选型 => 方案设计 => 项目初始化 => Demo 编写 => 前端/后端开发实现 => 项目优化 => 部署上线，希望帮助大家成为项目负责人，之后自己做项目时更游刃有余。

对于很多优秀的程序员，做项目不难，但是把项目流畅清晰地讲出来，还能让大家学会，就太难了。对于本书中的代码生成器平台项目，我选取了企业开发主流的技术实现，保证大家学到的都是实用的新技术；并且，我精心设计了整个项目架构，将项目拆分成 3 个阶段，循序渐进，便于大家学习理解；此外，我还在项目中融入了很多开发经验、系统设计方法、项目优化技巧，相信能让大家收获颇丰。

怎样学好项目

在正式进入项目学习前，我先给读者朋友分享 12 条学好项目的建议，都是我自己总结的经验，希望对大家有帮助。

1. 选择合适的项目

一般情况下，做项目的前提是至少学完一门开发框架，比如前端的 Vue/React、Java 后端的 Spring Boot。

一定要根据自己当前的技术栈和水平选择项目。比如刚学完框架时，不要为了赶时间一上来就做微服务、高并发项目，很容易吃不消，而是要从掌握项目基本的开发流程开始，一步步学习项目开发方法，逐渐接受新的技术。

刚开始学项目感觉难、做得慢，是很正常的，因为你缺少知识和经验。如果发现项目中有太多你没学过的技术，并且没有对应的教程讲解，那么就先暂停项目，即时补充知识，再来学习。

2. 分清主次

时间紧急的情况下，后端方向的同学先只看后端部分的教程、只做后端、运行接口文档即可，建议直接跳过前端部分的教程，也不要花时间去运行前端，否则可能因为不熟悉前端、折腾环境而浪费大量时间。

前端方向的同学也是同理。

3. 多敲代码

我接触过一些同学，看完了几套视频教程后，还是无法自己做项目，大概率是因为做项目的过程中"只顾着看教程"了，没有自己动手练习。很多时候，看别人敲代码感觉并不难，但一看就会、一写就废，看完教程后，必须自己把每行代码都敲出来，才算是真正地学过这个项目，而不是将"掌握理论""熟练背诵八股文"作为学好项目的标准。

4. 自主思考

在跟着教程做项目的过程中，尽量多思考，比如"为什么要这么设计？这么设计有什么好处？为什么代码要这么写？有没有更好的写法？"等等，**必要时通过查阅资料来验证自己的思考**。如果一味地跟着讲师的节奏走，你或许可以完成项目，但是做完这个项目后，你可能很难自主做出一个类似的或者更好的项目。有的时候，讲师说的不一定是最优解。

5. 持续记录

在做项目的过程中，一定要多做笔记，不要觉得配套笔记很详细了，自己就偷懒不写。笔记的作用是帮助自己复习，所以重点是记录自己做项目时的理解和思考、遇到的问题和解决方案。此外，对于自己写过的每一行项目代码，都要完整地保存下来，等你学过更多技术知识后，再回过头来看自己的代码，一定会感叹自己的进步。

6. 自主解决问题

这点是最重要的！ 很多同学一遇到问题就紧张、害怕，担心自己解决不了，无法继续做项目，然后疯狂求助他人。

负责任地说，我写代码 8 年，从学生时代开始，99% 的 Bug 都是自己解决的。所以大家不要有这种担心，因为你学的技术几乎都是主流的，你遇到的 Bug，别人大概率也遇到过。在遇到项目报错时，要先搜集足够多的错误信息（比如通过日志），然后查阅搜索引擎（百度大家应该都知道吧）、技术社区、官方文档，甚至现在还可以问 AI，大概率是能获得解决方案的。即使真的没办法解决，在向他人求助前，要保证自己的问题描述得足够清楚，并且清晰列举了已经尝试过的解决方案，这样别人才能更快地帮你解决问题。

7. 多读官方文档

如今新技术层出不穷，不可能每项新技术都有好心人给你录制保姆级教程。而且工作后，很多公司可能会有自研技术，只有内部同事用过，我们只能通过阅读官方文档来学习。所以建议大家在学完一项新技术后，花 1~2 小时阅读一下官方文档，这样不仅能了解一些教程讲解之外的技术特性，还能提升自己阅读文档、学习新技术的能力。

8. 多写文档

除了记笔记，每做完一个项目，都必须写一篇完整的项目总结文档。不要嫌麻烦，写总结文档的过程中，你会从"上帝视角"再回顾一遍整个项目的背景、设计、实现、亮点等，这将帮助你复习巩固、加深印象，也便于你更快地将项目写在简历上，或者开源和分享自己的项目。有能力的同学可以多画一些图，比如功能模块图、架构图、UML 类图等，正所谓一图胜千言，绘图能力也是优秀程序员必备的特质。

如果你发现自己写不出总结文档，那么大概率你对这个项目还不够熟悉，没有完全掌握，这时再对照着自己的笔记快速回顾吧。

如果时间比较充足，最好能够口述整个项目的背景、技术栈、核心业务流程、核心设计、项目难点、开发过程、测试过程、上线过程、解决过的最复杂问题，等等，锻炼自己的表达能力，也为后续的面试做准备。

9. 自主优化

跟着教程完成项目后，需要给项目增加几个扩展点，或者回顾自己的代码并寻找优化空间（比如优化代码规范），从而增加简历的区分度。这也是区分是否能够入职大厂的一个重要因素。优化不一定是刚完成项目时立刻就去做的，可以等待半年，再以当前的水平去优化之前做过的项目，所以鱼皮建议，自己写的代码一定要留好。

10. 上线项目

在本地完成项目后，最好将项目上线，并且在线上正常运行一段时间，跑通整个流程，这是独立开发者必备的技能。此外，上线项目能够大幅增加简历的真实性。

11. 主动分享

将项目上线并且编写好项目总结文档后，可以将项目和文档分享给其他同学。这样做的好处是，其他同学会帮助你"测试"，指出项目的不足之处，从而给你带来更多优化项目的思路和机会，而且对其他同学也有帮助，他们也会给你提供更多的正反馈。鱼皮刚开始做分享也是这样，通过输出知识给自己带来更多学习知识的动力。

12. 学会合作

时间有限的情况下，不需要前端和后端都看教程并且自己实现，可以找和自己方向互补的朋友，协作开发，一起参加竞赛增加经验值也是极好的。

其他说明

本书讲解的项目首发于我的学习社区——编程导航学习网，我在原有内容的基础上增加了更多、更细致的讲解，并且打磨和优化了内容和结构，希望给读者带来更好的学习体验。

本书配套资源丰富，包括视频教程、项目简历写法、面试题解、源代码、通用项目模板、技术文章等内容，读者可以关注微信公众号"程序员鱼皮"，回复"电子鱼皮"领取全套资料。

由于本人精力有限，书中内容难免会有疏漏。如您发现内容中有不正确的地方，欢迎到我的微信公众号后台留言指正，不胜感激！

致谢

本书能够出版，离不开很多人的帮助，借此向他们致谢。

首先感谢关注我的账号"程序员鱼皮"的所有读者朋友，是你们的认可激励我持续创作和改进。

尤其要感谢编程导航学习网的鱼友们，你们的学习积极性也感染了我，让我想更快地创作一个又一个新颖的项目，帮助大家提升项目能力和求职竞争力。你们的"上岸"报喜，也更加坚定了我输出高质量原创项目教程的决心。

还要感谢在我成长和出书的道路上给予我帮助的老师们，比如我在腾讯的领导和同事，给了我很多提升技术和业务理解力的帮助；还有我的图书策划人姚新军（@长颈鹿27）老师，非常认真地帮我打磨内容和排版，帮我把握每一个小细节，你严谨的态度和高标准的审核为本书注入了更多的价值。

也感谢您的阅读，希望通过本书能让您有所收获，顺颂时祺。

目　　录

第 1 章　从技术选型开始　/ 1

1.1　项目概览　1
1.2　项目背景　3
　　1.2.1　学习的意义　3
　　1.2.2　解决问题　4
　　1.2.3　实际应用　4
1.3　需求分析　5
　　1.3.1　调研　5
　　1.3.2　功能梳理　7
1.4　技术选型　**8**
　　1.4.1　前端技术选型　8
　　1.4.2　后端技术选型　10
　　1.4.3　部署技术选型　12
　　1.4.4　其他开发工具　13
1.5　方案设计　**13**
　　1.5.1　代码生成器的核心原理　14
　　1.5.2　第一阶段：制作本地代码生成器　14
　　1.5.3　第二阶段：开发代码生成器制作工具　16
　　1.5.4　第三阶段：开发在线代码生成器平台　17
1.6　准备工作　**19**
　　1.6.1　准备开发环境　19
　　1.6.2　新建代码仓库　19

1.7	本章小结	20
1.8	本章作业	20

第 2 章　本地代码生成　/　21

2.1	项目初始化	21
2.1.1	初始化根目录	21
2.1.2	忽略无用提交	22
2.1.3	创建 Demo 示例代码工程	25
2.1.4	创建本地代码生成器项目	27
2.2	实现流程	30
2.2.1	需求拆解	30
2.2.2	实现步骤	31
2.3	静态文件生成	31
2.3.1	使用现成的工具库复制目录	32
2.3.2	递归遍历	33
2.4	动态文件生成思路	35
2.4.1	明确动态生成需求	36
2.4.2	动态生成的核心原理	37
2.5	FreeMarker 模板引擎入门及实战	38
2.5.1	什么是 FreeMarker	38
2.5.2	模板引擎的作用	38
2.5.3	模板	39
2.5.4	数据模型	39
2.5.5	Demo 实战	40
2.5.6	常用语法	43
2.5.7	问题解决示例	46
2.6	动态文件生成实现	46
2.6.1	定义数据模型	47
2.6.2	编写动态模板	47
2.6.3	组合生成	49
2.6.4	完善优化	51
2.7	ACM 示例代码模板生成	53

2.8 本章小结 54

2.9 本章作业 54

第 3 章 命令行开发 / 55

3.1 Java 命令行开发方案 55

 3.1.1 命令的结构 56

 3.1.2 为什么要开发命令行 56

 3.1.3 命令行的作用 56

 3.1.4 实现方案 57

3.2 Picocli 命令行框架入门 58

 3.2.1 入门 Demo 58

 3.2.2 帮助手册 60

 3.2.3 命令解析 61

 3.2.4 交互式输入 62

 3.2.5 子命令 67

 3.2.6 其他功能 70

3.3 命令模式 70

 3.3.1 命令模式的优点和应用场景 71

 3.3.2 命令模式的要素和实现 71

3.4 Picocli 命令行代码生成器开发 74

 3.4.1 创建命令执行器 75

 3.4.2 子命令实现 76

 3.4.3 全局调用入口 78

 3.4.4 jar 包构建 80

 3.4.5 测试使用 81

 3.4.6 封装脚本 82

 3.4.7 命令模式的巧妙运用 83

3.5 本章小结 83

3.6 本章作业 83

第 4 章 制作工具的开发 / 84

4.1 制作工具整体规划 84

 4.1.1 明确需求和业务 84

　　　　4.1.2　实现思路　　　　　　　　　　　　　　85
　　4.2　核心设计　　　　　　　　　　　　　　　　　86
　　　　4.2.1　需求分析　　　　　　　　　　　　　　86
　　　　4.2.2　元信息定义　　　　　　　　　　　　　87
　　4.3　代码生成器制作工具开发　　　　　　　　　　89
　　　　4.3.1　maker 项目初始化　　　　　　　　　　90
　　　　4.3.2　读取元信息　　　　　　　　　　　　　92
　　　　4.3.3　生成数据模型文件　　　　　　　　　　96
　　　　4.3.4　生成 Picocli 命令类　　　　　　　　　100
　　　　4.3.5　生成代码生成文件　　　　　　　　　　102
　　　　4.3.6　程序构建 jar 包　　　　　　　　　　　106
　　　　4.3.7　程序封装脚本　　　　　　　　　　　　108
　　　　4.3.8　测试验证　　　　　　　　　　　　　　110
　　4.4　本章小结　　　　　　　　　　　　　　　　　110
　　4.5　本章作业　　　　　　　　　　　　　　　　　110

第 5 章　制作工具的优化　/　111

　　5.1　可移植性优化　　　　　　　　　　　　　　　111
　　5.2　功能优化　　　　　　　　　　　　　　　　　114
　　　　5.2.1　增加项目介绍文件　　　　　　　　　　114
　　　　5.2.2　制作精简版代码生成器　　　　　　　　115
　　5.3　健壮性优化　　　　　　　　　　　　　　　　117
　　　　5.3.1　健壮性优化策略　　　　　　　　　　　117
　　　　5.3.2　元信息校验和默认值填充　　　　　　　117
　　5.4　可扩展性优化　　　　　　　　　　　　　　　123
　　　　5.4.1　定义枚举值　　　　　　　　　　　　　124
　　　　5.4.2　模板方法模式　　　　　　　　　　　　125
　　5.5　本章小结　　　　　　　　　　　　　　　　　129
　　5.6　本章作业　　　　　　　　　　　　　　　　　129

第 6 章　配置能力增强　/　130

　　6.1　需求分析　　　　　　　　　　　　　　　　　130
　　　　6.1.1　了解 Spring Boot 模板项目　　　　　　130

	6.1.2 生成器应具备的功能	131
6.2	实现思路	131
	6.2.1 依次分析	131
	6.2.2 实现流程	133
6.3	开发实现	133
	6.3.1 参数控制文件生成	134
	6.3.2 同参数控制多个文件生成	138
	6.3.3 同参数控制代码和文件生成	144
	6.3.4 定义一组相关的参数	144
	6.3.5 定义可选择开启的参数组	149
6.4	本章小结	156
6.5	本章作业	157

第 7 章 模板制作工具 / 158

7.1	需求分析	158
7.2	核心方案设计	159
7.3	基础功能实现	160
	7.3.1 基本流程实现	160
	7.3.2 工作空间隔离	163
	7.3.3 分步制作	164
7.4	更多功能实现	172
	7.4.1 单次制作多个模板文件	172
	7.4.2 文件过滤	178
	7.4.3 文件分组	185
	7.4.4 模型分组	190
7.5	本章小结	195
7.6	本章作业	195

第 8 章 Spring Boot 模板项目生成 / 196

8.1	Bug 修复	196
	8.1.1 文件生成不具备幂等性	196
	8.1.2 错误处理了新生成的模板文件	199
	8.1.3 文件输入和输出路径相反	201

8.1.4　调整配置文件生成路径　203
8.2　参数封装：易用性优化　204
8.3　制作 Spring Boot 模板项目生成器　206
8.3.1　项目基本信息　207
8.3.2　需求：替换生成的代码包名　210
8.3.3　需求：控制是否生成帖子相关功能的文件　212
8.3.4　需求：控制是否需要开启跨域功能　217
8.3.5　需求：自定义 Knife4jConfig 接口文档配置信息　219
8.3.6　需求：自定义 MySQL 配置信息　222
8.3.7　需求：控制是否开启 Redis　224
8.3.8　需求：控制是否开启 Elasticsearch　226
8.4　测试验证　228
8.4.1　制作生成器　228
8.4.2　测试使用　229
8.5　本章小结　232
8.6　本章作业　233

第 9 章　云平台开发　/　234

9.1　需求分析　234
9.2　方案设计　235
9.2.1　线上化实现流程　235
9.2.2　数据库表设计　236
9.3　后端开发　238
9.3.1　后端项目初始化　238
9.3.2　用户功能　239
9.3.3　代码生成器功能　239
9.4　前端页面开发　245
9.4.1　前端项目初始化　245
9.4.2　用户注册页面　247
9.4.3　管理页面　249
9.4.4　主页　251
9.5　本章小结　254
9.6　本章作业　254

第 10 章　代码生成器共享　/　255

- 10.1　需求分析　255
- 10.2　通用文件上传和下载功能　256
  - 10.2.1　什么是对象存储　256
  - 10.2.2　创建并使用　257
  - 10.2.3　后端操作对象存储　258
  - 10.2.4　前端文件上传/下载　265
- 10.3　创建代码生成器功能　269
  - 10.3.1　文件压缩打包　269
  - 10.3.2　文件上传接口　271
  - 10.3.3　通用文件上传组件　273
  - 10.3.4　创建页面开发　277
  - 10.3.5　修改页面开发　280
- 10.4　代码生成器详情页　283
  - 10.4.1　下载生成器文件接口　283
  - 10.4.2　详情页开发　284
  - 10.4.3　下载功能实现　288
- 10.5　本章小结　289
- 10.6　本章作业　289

第 11 章　在线使用生成器　/　290

- 11.1　需求分析　290
- 11.2　方案设计　291
  - 11.2.1　业务流程　291
  - 11.2.2　问题分析　291
- 11.3　后端开发　292
  - 11.3.1　改造单个代码生成器　292
  - 11.3.2　修改制作工具　294
  - 11.3.3　使用生成器接口　295
  - 11.3.4　测试　300
- 11.4　前端页面开发　300
  - 11.4.1　创建生成器的模型配置　301

11.4.2 使用代码生成器页面 305
11.5 本章小结 309
11.6 本章作业 309

第 12 章 在线制作生成器 / 310

12.1 需求分析 310
12.2 方案设计 311
    12.2.1 业务流程 311
    12.2.2 问题分析 311
12.3 后端开发 312
    12.3.1 制作工具项目支持传参调用 312
    12.3.2 在线制作接口 316
    12.3.3 接口测试 319
12.4 前端页面开发 320
    12.4.1 创建生成器的文件配置 320
    12.4.2 制作生成器功能 322
12.5 本章小结 326
12.6 本章作业 326

第 13 章 性能优化 / 327

13.1 性能优化思路 327
    13.1.1 性能优化分类 328
    13.1.2 通用性能优化手段 328
13.2 核心功能性能优化 330
    13.2.1 下载生成器接口 330
    13.2.2 使用生成器接口 336
    13.2.3 制作生成器接口 338
13.3 查询性能优化 340
    13.3.1 精简数据 340
    13.3.2 SQL 优化 344
    13.3.3 压力测试 347
    13.3.4 分布式缓存 352

13.3.5　多级缓存　　　　　　　　　　　　　　　358
　　　13.3.6　计算优化　　　　　　　　　　　　　　　362
　　　13.3.7　请求层性能优化　　　　　　　　　　　　364
　13.4　Vert.x 响应式编程　　　　　　　　　　　　　　366
　　　13.4.1　Vert.x 入门　　　　　　　　　　　　　　366
　　　13.4.2　Vert.x 为什么速度快　　　　　　　　　　368
　　　13.4.3　使用 Vert.x 改造请求　　　　　　　　　　372
　　　13.4.4　测试　　　　　　　　　　　　　　　　　374
　13.5　本章小结　　　　　　　　　　　　　　　　　　375
　13.6　本章作业　　　　　　　　　　　　　　　　　　375

第 14 章　存储优化　／　376

　14.1　存储优化思路　　　　　　　　　　　　　　　　376
　　　14.1.1　存储空间优化　　　　　　　　　　　　　377
　　　14.1.2　存储成本优化　　　　　　　　　　　　　377
　　　14.1.3　存储安全性优化　　　　　　　　　　　　378
　　　14.1.4　其他优化　　　　　　　　　　　　　　　378
　14.2　存储空间优化　　　　　　　　　　　　　　　　379
　　　14.2.1　分析　　　　　　　　　　　　　　　　　379
　　　14.2.2　文件清理机制设计　　　　　　　　　　　380
　　　14.2.3　分布式任务调度系统　　　　　　　　　　381
　　　14.2.4　文件清理机制开发　　　　　　　　　　　388
　14.3　存储成本优化　　　　　　　　　　　　　　　　394
　　　14.3.1　选择合适的存储类型　　　　　　　　　　395
　　　14.3.2　数据沉降　　　　　　　　　　　　　　　396
　　　14.3.3　减少访问　　　　　　　　　　　　　　　397
　14.4　存储安全性优化　　　　　　　　　　　　　　　397
　　　14.4.1　官方建议　　　　　　　　　　　　　　　397
　　　14.4.2　安全管理　　　　　　　　　　　　　　　399
　　　14.4.3　现存权限风险　　　　　　　　　　　　　403
　　　14.4.4　权限管理实践　　　　　　　　　　　　　404
　14.5　本章小结　　　　　　　　　　　　　　　　　　410
　14.6　本章作业　　　　　　　　　　　　　　　　　　410

第 15 章　部署上线　/　411

15.1　服务器初始化　　　　　　　　　　　　　　　　　　　　　411
15.2　部署规划　　　　　　　　　　　　　　　　　　　　　　　415
15.2.1　部署项目的规划　　　　　　　　　　　　　　　　415
15.2.2　部署所需依赖的规划　　　　　　　　　　　　　　416
15.3　安装依赖　　　　　　　　　　　　　　　　　　　　　　　416
15.3.1　数据库　　　　　　　　　　　　　　　　　　　　416
15.3.2　Redis　　　　　　　　　　　　　　　　　　　　　418
15.3.3　Java 环境　　　　　　　　　　　　　　　　　　　420
15.3.4　Maven 环境　　　　　　　　　　　　　　　　　　420
15.3.5　XXL-JOB 任务调度平台　　　　　　　　　　　　421
15.3.6　对象存储　　　　　　　　　　　　　　　　　　　425
15.4　前端部署　　　　　　　　　　　　　　　　　　　　　　　425
15.4.1　修改项目配置　　　　　　　　　　　　　　　　　425
15.4.2　打包部署　　　　　　　　　　　　　　　　　　　425
15.4.3　Nginx 转发配置　　　　　　　　　　　　　　　　428
15.5　后端部署　　　　　　　　　　　　　　　　　　　　　　　428
15.5.1　修改项目配置和代码　　　　　　　　　　　　　　428
15.5.2　打包部署　　　　　　　　　　　　　　　　　　　429
15.5.3　Nginx 转发配置　　　　　　　　　　　　　　　　433
15.6　测试验证　　　　　　　　　　　　　　　　　　　　　　　434
15.6.1　验证基本操作　　　　　　　　　　　　　　　　　434
15.6.2　验证生成器在线制作　　　　　　　　　　　　　　438
15.6.3　验证在线使用　　　　　　　　　　　　　　　　　439
15.6.4　验证定时任务执行　　　　　　　　　　　　　　　440
15.7　本章小结　　　　　　　　　　　　　　　　　　　　　　　442
15.8　本章作业　　　　　　　　　　　　　　　　　　　　　　　442

第 1 章
从技术选型开始

编程是一门实践性极强的技能。熟练掌握编程语言和工具只是起点，企业需要的是能够熟练完成项目开发任务的实战派，而不是只会纸上谈兵的理论派。

在本书中，作者会遵循企业项目开发的标准流程来组织内容，包括需求分析、技术选型、方案设计、项目初始化、Demo 编写、前后端开发实现、测试验证、部署上线。每个环节都有详细的指导和实践内容，从 0 到 1 带大家完成一个包含完整前端和后端的代码生成器共享平台。

本章会从全局视角带大家了解整个项目，包括项目概览、项目背景、需求分析、技术选型、方案设计等，内容会比较轻松。我们一起来开启项目的学习之旅吧！

1.1 项目概览

通过阅读本书，读者将完成一个有趣又实用的企业级项目，基于 React + Spring Boot + Picocli + 对象存储的代码生成器共享平台。开发者可以在平台上制作并发布代码生成器，用户可以搜索、下载、在线使用代码生成器，管理员可以集中管理所有用户和代码生成器。平台主页如图 1-1 所示。

由于项目较为复杂，为了便于读者理解，我们将项目的实现过程拆分为三个阶段，循序渐进地进行讲解。

1. 第一阶段，制作**本地代码生成器**。本阶段将开发一个基于命令行的代码脚手架，能够让用户通过交互式输入快速生成特定代码。效果如图 1-2 所示。

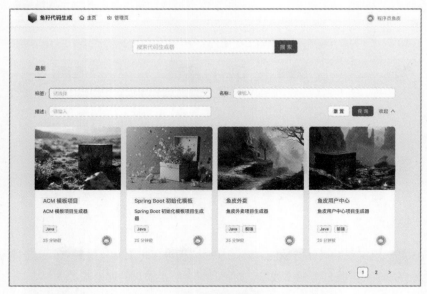

图 1-1　代码生成器平台主页

图 1-2　基于命令行的本地代码生成器

在该阶段，将实战应用模板引擎、命令行开发等技术。

2. 第二阶段，上升一个层次，开发代码生成器制作工具。通过使用该工具，开发者可以快速将常用的项目代码制作为可以动态控制的代码生成器，从而提高项目开发效率。

举个例子，可以将自己的项目模板制作为代码生成器。后续开发新项目时，使用该生成器，可以灵活选择是否要使用某些组件，并生成对应的初始项目代码。图 1-3 所示的就是某大厂为开发者提供的项目初始模板代码生成器。

在该阶段，将实战复杂系统的设计、元信息设计、自动打包、动态脚本等技术。

3. 第三阶段，再上升一个层次，开发在线代码生成器平台。用户可以在平台上制作和发布自己的代码生成器，还可以在线使用别人发布的代码生成器，甚至可以共享协作！

图 1-3　项目初始模板代码生成器

在该阶段,将实战网站项目的前后端开发,实战数据库、缓存、对象存储等技术,实战项目性能优化、存储优化的常用套路。

我们将项目拆分为三个阶段后,每一阶段的学习会更轻松,而且不同阶段的难度不同(逐渐增加),读者可以根据自己的学习进度和时间独立学习。即使你还没有学习过前端或后端的开发框架,也可以跟着教程完成第一阶段;而如果你已经学习了基础的后端开发框架,想提升系统设计能力,则可以跟着完成第二阶段;如果你想学习更多前后端开发技能以及项目的优化技巧,则可以进行第三阶段的学习。

1.2　项目背景

为什么选择做这个项目呢?主要是从三个方面考虑的,分别为:学习的意义、解决问题、实际应用。

1.2.1　学习的意义

代码生成器共享平台具有学习的意义,具体如下:

1. 教程资料少:网上虽然有现成的项目模板,但基本都是别人封装好的,只能按照模板作者的要求生成,并且缺少项目教程,难以学习。而本项目不仅带读者完成自己的代码生成器,还会进行二次深度扩展,打造制作自定义代码生成器的工具和平台。

2. 新颖且亮眼:区别于传统的面向 C 端用户的管理系统,打造一款生成代码的脚手架工具和平台,帮企业开发者提高研发效能,在求职时更容易吸引面试官。

3. 技术亮点多:与传统的仅涉及数据库增删改查的项目不同,本项目深度融合实际业务场景,涵盖了丰富的系统设计、问题解决方案、多种设计模式的运用以及系统优化实践,能为你的简历增添竞争力。

1.2.2 解决问题

代码生成器共享平台可以解决如下问题:

1. 代码生成器本身的作用就是自动生成常见的、重复性的代码片段,能够解决重复编码、效率低下的问题。

2. 虽然网上有很多代码生成器,但都是别人制作封装好的,很多时候还是无法满足实际开发的定制化需求(比如要在每个类上增加特定的注解和注释)。这也是为什么明明有代码生成器,很多开发者却还是会抱怨自己的工作总是复制粘贴、编写重复的代码、天天增删改查。如果能够有一个工具帮助开发者快速定制属于自己的代码生成器,那么将进一步提高开发效率。

3. 在团队开发中,要生成的代码可能是需要频繁变化和持续更新维护的。如果有一个线上平台来维护多个不同的代码生成器,支持在线编辑和共享生成器,在提高开发效率的同时,将有利于协作共建,打造更高质量的代码生成器。

1.2.3 实际应用

代码生成器共享平台有很多实际的应用场景,下面举一些例子:

1. 经常做算法题目的同学,可能需要一套 Java ACM 代码输入模板,能够支持多种输入模式(比如单次读取和循环)。

2. 经常开发新项目的同学,可能需要一套初始化项目模板代码。比如一键生成 Controller 层代码并替换其中的对象,整合 Redis 和 MySQL 等常用依赖。

3. 制作项目"换皮"工具。比如可以制作一个"表白网站生成器",让用户能够自由替换表白网站中的姓名、一键生成自己的表白网站,如图 1-4 所示。

图 1-4　表白网站生成器

1.3　需求分析

在前文中，已经介绍了项目的基本信息及其意义和价值。接下来，需要进行需求分析。

需求分析是企业项目研发过程中至关重要的一环。通过对项目需求的调研、分析和梳理，可验证需求的价值，明确需要实现的功能，为后续的设计和开发工作奠定坚实基础。

> 关于需求分析的详细介绍和经验，可以参考本书的配套资料。

1.3.1　调研

先进行一些简单的调研，验证本项目的价值。

通过搜索引擎，可以发现网上有很多代码生成器项目，比如前端 Ant Design Pro（中后台项目脚手架），能够让用户交互式地创建指定的项目；后端 MyBatis X IDEA 插件，能够让用户通过界面来创建重复的增删改查代码。但这些项目都是开发者提前制作好了代码生成器，然后让用户**根据他们设置好的规则**生成代码，生成的代码通常还要用户二次修改，没办法改变生成器作者设置好的规则，不够灵活。

通过调研发现，网上还有很多所谓的代码生成项目，其本质上是现成的项目模板，让开发者自己下载完整代码，再通过编写配置文件或修改代码的方式来使用模板。就像知名的开源管理系统 vue-element-admin，下载代码并运行，就能看到类似图 1-5 的界面。

但其实很多内置的页面或功能是用不到的，开发者还需要自己删除这些页面或者定制功能，可能会出现很多"折磨人"的问题。比如图 1-6 的问题，用户难以修改管理系统的语言。

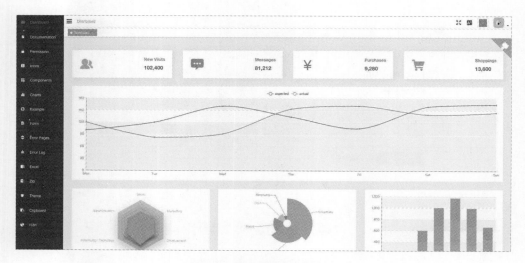

图 1-5　开源管理系统界面

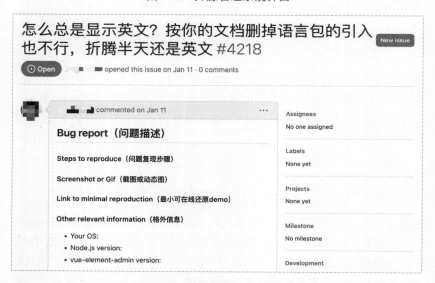

图 1-6　用户反馈的项目问题

如果能将这个开源管理系统制作为一个代码生成器，开发者就可以通过输入不同的选项（比如选择中文或英文），快速生成符合自己需求的管理系统，提高项目模板的通用性和易用性。这就是代码生成器的价值。

但制作代码生成器是需要巨大成本的，通过调研，并没有发现可以在线制作、共享和使用代码生成器的平台，所以本项目是有一定实用价值和创新性的。如果市面上已经有了类似的平台，就没必要重复造轮子了。

1.3.2 功能梳理

功能梳理是需求分析的重要组成部分，可结合前期的调研和分析，明确项目需要实现的具体功能，以及这些功能之间的关联和优先级。

对本项目来说，功能可以按照 1.1 节提到的三个阶段进行梳理。项目前期可以只关注核心需求（P0 级需求），比如：

1. 第一阶段：制作本地代码生成器。

- ★ 能够通过执行程序生成代码。
- ★ 能够通过命令行交互式生成代码。

2. 第二阶段：开发代码生成器制作工具。

- ★ 自动构建打包生成器。
- ★ 支持通过配置制作生成器。
- ★ 支持快速制作代码模板。

3. 第三阶段：开发在线代码生成器平台。

- ★ 生成器检索查看。
- ★ 在线发布生成器。
- ★ 在线使用生成器。
- ★ 在线制作生成器。

目前的这些功能只是项目前期的简单梳理，在后续的章节中，我们会进一步理解和实现这些功能。

> **小知识 – 需求优先级**
>
> 在软件开发中，通常会对任务、功能或者问题进行优先级的划分，以便团队能够更好地安排工作和资源。优先级通常以 P0 到 P3 等级来表示，代表着不同的重要和紧急程度。
>
> 以下是对 P0 到 P3 优先级的解释：
>
> - ★ P0 代表最高优先级，通常用于表示必须立即解决的紧急问题。这些问题可能会影响系统的正常运行或者对用户造成严重影响，需要尽快解决。
> - ★ P1 代表高优先级，通常用于表示需要尽快解决的问题，但不像 P0 那么紧急。这些问题可能会对系统的功能或者性能产生一定的影响，需要在较短的时间内解决。

★ P2 代表中等优先级，通常用于表示需要解决但不是非常紧急的问题。这些问题可能会对用户体验或者系统的功能产生一定的影响，但不会造成严重的损失，可以在之后的时间解决。

★ P3 代表低优先级，通常用于表示不太紧急、影响较小的问题。这些问题可能是一些改进性质的任务，或者一些次要的 Bug，可以在后续版本中解决。

1.4 技术选型

技术选型是指在项目启动之初，根据项目的需求、实际业务、团队能力等因素，选择相对合适的技术和工具来开发实现项目。对初学编程的朋友来说，做项目时用自己最熟悉的技术可能就足够了；但在企业开发中，技术选型往往需要经过团队的慎重决策，并且需要随着项目的发展和需求的变化不断调整和优化。

关于技术选型的详细介绍和经验，可以参考本书的配套资料。

下面介绍本项目的技术选型，强烈建议读者在完成本项目时，选择和鱼皮完全一致的技术、软件工具、依赖类库，尤其要注意版本号保持一致，太新或太老都有可能导致未知错误。

1.4.1 前端技术选型

（1）前端开发框架 React

版本：18.x

作用：React 是用于快速构建用户界面的 JavaScript 框架，支持组件化，使代码的可维护性更高。

选择理由：React 是目前最流行的前端开发框架之一（和 Vue 不分伯仲），除快速、高效、稳定外，React 的生态丰富、社区活跃，有大量的第三方库和组件可供选择，能帮助开发者实现各种复杂需求。

（2）前端脚手架 Ant Design Pro

版本：5.x ~ 6.x

作用：基于 Ant Design 设计体系的企业级中后台前端/设计解决方案，整合了前端开发常用的能力，包括但不限于路由、数据流、权限管理、国际化等，可以快速搭建企业级前端应用，大幅提升开发效率。

选择理由：相比于其他前端脚手架，Ant Design Pro 的功能更丰富、文档更完整、社区更成熟、生态更繁荣。

3）组件库 Ant Design

版本：5.x

作用：Ant Design 是一个企业级的 UI 设计语言和 React 组件库，提供了丰富的高质量 UI 组件，比如按钮、表单、布局、导航条等，可以帮助开发者更快地构建美观的用户界面。

选择理由：Ant Design 组件类别丰富、稳定成熟，具有良好的可定制性和扩展性，比如支持自定义主题来改变网站的整体风格。同时它与 Ant Design Pro 脚手架完美契合。

4）高级组件库 Ant Design Procomponents

版本：2.x

作用：基于 Ant Design 组件库开发的一系列高级组件，比如高级表格、高级表单、数据展示等，可以进一步提升开发效率和用户体验。

选择理由：和 Ant Design 组件库完美契合，相比于自己完全基于 Ant Design 组件库开发，Ant Design Procomponents 提供了更多复杂场景下常用的高级组件，能进一步减少开发工作量，加快项目上线速度。

5）请求代码生成器 OpenAPI

版本：跟随 Ant Design Pro 脚手架

作用：可以根据 OpenAPI 规范的接口文档自动生成发送 API 请求的前端代码，包括接口调用函数、数据模型等，极大地简化了前后端协作过程。

选择理由：Ant Design Pro 脚手架内置了该请求代码生成器，使用方便。相比于自己编写请求代码，使用 OpenAPI 工具可以大幅减少工作量，并且保证前后端接口的一致性。

6）前端工程化 ESLint + Prettier + TypeScript

版本号：ESLint 8.x，Prettier 2.x，TypeScript 4.x

作用：前端工程化是指通过使用各种工具和规范来提高前端开发的效率和质量。典型的组合是——ESLint 用于代码规范检查、Prettier 用于代码格式化、TypeScript 用于静态类型检查。再搭配 WebStorm 或 VSCode 等前端开发 IDE 的自动提示功能，可以帮助团队统一代码风格，提高代码质量，减少潜在的 Bug。

1.4.2 后端技术选型

（1）开发框架 Spring Boot

版本：2.7.x

作用：Spring Boot 是基于 Java 的企业级应用开发框架。它通过简化配置和提供大量开箱即用的功能，使得开发者可以更专注于业务逻辑的实现，而不必花费过多精力在烦琐的配置上，从而提高开发效率。

选择理由：Spring Boot 是业界广泛应用的、成熟的 Java 后端开发框架，具有强大的生态系统和丰富的功能，能够满足各种规模的项目需求，且在你遇到问题时很容易在网上搜到解决方案。

（2）关系数据库 MySQL

版本：8.x

作用：MySQL 是一个关系数据库管理系统，被广泛用于存储和管理数据，适用于存储本项目中的用户信息、代码生成器信息等。

选择理由：MySQL 是业界最流行的关系数据库之一，它具有稳定性高、性能优越、易于使用等特点，适用于各种规模的应用场景。

（3）数据访问层框架 MyBatis-Plus

版本：3.5.x

作用：MyBatis-Plus 是数据访问层框架 MyBatis 的增强工具包，提供了丰富的增删改查、分页、逻辑删除等功能，简化了 MyBatis 的开发流程，能够帮助开发者轻松地操作数据库。

（4）项目管理工具 Maven

版本：3.8.x

作用：Maven 是 Java 项目的依赖管理和构建工具，可以自动进行项目的编译、测试和打包等操作，极大地提高了项目的构建效率和可靠性。本项目中的代码生成器制作功能也是依赖 Maven 进行打包的。

（5）命令行开发框架 Picocli

版本：4.7.x

作用：Picocli 是一个用于开发 Java 命令行应用的轻量级框架，提供了简洁的 API 和丰富的功能，能够帮助开发者快速构建灵活、易用的命令行应用。

选择理由：相较于其他命令行开发框架，Picocli 更成熟，功能更丰富，具有完善的文档和活跃的社区支持。

6）模板引擎 FreeMarker

版本：2.3.32

作用：FreeMarker 是一个强大的 Java 模板引擎，用于生成动态内容，例如 HTML、XML、文本文件等，是本项目生成代码的核心依赖。它支持灵活的模板语法和强大的功能，广泛应用于 Web 开发和报表生成等领域。

7）存储中间件 Redis

版本：5.x

作用：Redis 是一个开源的基于内存的键值对存储系统，支持多种数据结构的存储和读取。由于具有高性能、持久化、可复制、可分片等特性和丰富的功能，Redis 被广泛应用于 Web 开发、数据缓存、会话管理、消息队列等各种场景。

8）分布式任务调度系统 XXL-JOB

版本：2.4.x

作用：XXL-JOB 是一个分布式任务调度平台，提供了任务管理、任务调度、任务执行、任务监控等功能，适用于各种定时任务和异步任务的统一调度管理。

选择理由：相比于其他任务调度系统，XXL-JOB 具有简单易用、功能丰富、稳定可靠等特点，能够满足大型项目中复杂任务调度的需求。

9）对象存储腾讯云 COS

SDK 版本：5.6.x

作用：腾讯云 COS（对象存储服务）是一种安全、稳定、高可靠的云存储服务，可以存储和管理各种类型的数据，包括文档、图片、视频等。

选择理由：大厂背书，能够保证服务的安全、稳定和可靠，而且具有完善的文档和丰富的 SDK 能力。

10）其他工具库

★ Hutool：提供了各种常用的工具类和方法，具有字符串处理、日期处理、JSON 转换、文件操作等功能，可以帮助开发者提高开发效率。

★ Caffeine：高性能的 Java 本地缓存库，提供了简单易用的 API 和丰富的功能。

此外，本项目的后端会运用大量的 Lambda 表达式编程，运用多种设计模式，从多个角度进行项目优化，还会在性能优化章节分享一个高性能的响应式编程框架 Vert.x。

根据 Web Framework Benchmarks 性能对比网站的测试结果，Vert.x 框架的并发连接处理能力比 Spring 框架优秀得多！如图 1-7 和图 1-8 所示。

Composite Framework Scores

Each framework's peak performance in each test type (shown in the colored columns below) is multiplied by the weights shown above. The results are then summed to yield a weighted score. Only frameworks that implement all test types are included. 141 total frameworks ranked, 138 visible, 3 hidden by filters. See filter panel above.

Rnk	Framework	JSON	1-query	20-query	Fortunes	Updates	Plaintext	Weighted score	
1	just	1,526,714	673,201	34,620	538,414	24,454	6,982,125	**8,453**	100.0%
2	may-minihttp	1,546,221	642,348	34,493	520,976	24,192	7,023,484	**8,334**	98.6%
3	xitca-web	1,207,053	638,244	34,964	587,955	24,488	6,996,736	**8,287**	98.0%
4	drogon	1,086,998	622,274	29,935	616,607	21,877	5,969,800	**7,801**	92.3%
5	actix	1,498,561	512,830	29,198	512,422	20,635	7,017,232	**7,667**	90.7%
6	officefloor	1,374,439	558,932	33,331	432,309	23,691	6,383,827	**7,492**	88.6%
7	asp.net core	1,306,635	483,762	26,350	458,677	19,644	7,023,107	**7,077**	83.7%
8	salvo	1,082,630	631,785	33,700	542,547	23,733	1,928,951	**7,061**	83.5%
9	axum	847,891	612,714	34,880	498,541	24,324	3,780,458	**6,982**	82.6%
10	wizzardo-http	1,479,464	630,207	31,770	307,614	17,393	7,013,230	**6,851**	81.0%
11	vert.x	1,110,312	644,248	34,821	386,935	17,686	4,112,800	**6,443**	76.2%
12	ffead-cpp	1,487,771	383,536	22,872	382,792	15,176	7,013,213	**6,392**	75.6%

图 1-7　Vert.x 性能排行

Composite scores

62	treefrog	533,020	154,528	11,331	112,488	4,701	1,154,424	**2,015**	23.8%
63	gin	489,491	216,333	15,083	116,132	2,335	716,086	**1,943**	23.0%
64	kami	476,344	250,018	13,295	104,471	2,243	682,956	**1,890**	22.4%
65	spliffy	583,196	126,701	12,131	96,686	3,593	1,093,213	**1,885**	22.3%
66	akka-http	263,654	163,287	11,865	98,124	2,098	3,160,080	**1,863**	22.0%
67	spring	139,448	132,807	29,001	22,478	10,587	185,720	**1,846**	21.8%

图 1-8　Spring 性能排行

1.4.3　部署技术选型

1）轻量应用云服务器

操作系统：Linux CentOS 7.x

作用：轻量应用云服务器是用于托管和运行 Web 应用程序的服务器，相比于传统的云服务器，它具有快速启动、低资源消耗等特点，适用于对服务器资源要求不高的小型项目或个人开发者。本项目的前端、后端和依赖服务都会部署到轻量应用云服务器上，可以选择国内知名的云服务商（比如腾讯云、阿里云等）。

2）宝塔 Linux 面板

版本：7 ~ 8

作用：一款简单易用的服务器管理面板软件，提供了网站管理、数据库管理、SSL 证书管理等功能，支持一键安装和配置各种 Web 应用。相比于在终端输入命令部署项目的方式，使用宝塔 Linux 面板可以更轻松地完成项目部署和管理，降低运维成本和技术门槛，适合个人开发者或小型团队使用。

3）Nginx 反向代理

作用：**Nginx** 是一个高性能的 Web 服务器和反向代理服务器，可以作为前端服务器支持网站文件的访问，也可以接收客户端请求并将其转发给后端应用服务器，同时提供负载均衡、缓存、安全性等功能。

1.4.4　其他开发工具

1）IDE（集成开发环境）

作用：选用 JetBrains IDEA 作为后端开发工具，JetBrains WebStorm 作为前端开发工具，这些工具支持安装各种插件来提高开发效率，例如 JSON 格式化插件、根据数据库表生成代码的插件等。

> 为什么前端开发不选择 VSCode？
>
> 对于全栈开发者来说，使用同一家公司的产品可以降低学习和使用成本，保持一致的开发体验。

2）版本控制系统 Git

作用：**Git** 支持版本管理、分支管理、代码合并等功能，能够有效地管理项目的代码版本，并且能够轻松地将代码推送到 GitHub 开源代码平台上，以支持团队协作和代码审查，是现代软件开发中不可或缺的工具之一。

3）压力测试工具 Apache JMeter

作用：用于性能测试的开源工具，它能够模拟多种协议、多种负载类型，支持灵活配置测试场景，并能够通过图形化的形式展示测试结果，满足各种性能测试需求。

1.5　方案设计

方案设计是指在项目前期，根据项目需求和目标，制定一套可实现的解决方案，包括梳理业务流程、设计系统架构、设计功能模块，以及制定核心功能和关键问题的解决方案等。

在正式进入开发编码流程前，一定要做好方案设计，这样才能确保项目按时、按质、按预算完成。"想清楚怎么写代码"比"写代码"更重要。本节主要从宏观的角度，对整个项目进行方案设计，便于读者快速熟悉项目，内容包括：

★ 代码生成器的核心原理。

★ 项目各阶段的阶段目标、业务流程、实现思路和关键问题。

而更多具体问题的解决方案，会在后续章节深入讲解。

1.5.1 代码生成器的核心原理

先要理解代码生成器的核心原理，因为这将贯穿整个项目的开发过程。

其核心原理可以用一个公式概括：参数 + 模板文件 = 生成的完整代码

举个例子，有如下参数：

```
作者 = 鱼皮
```

有如下模板文件代码：

```
------------
我是 ${作者}
------------
```

将参数注入到模板文件中，就得到了完整代码：

```
------------
我是 鱼皮
------------
```

这就是代码生成器的核心原理，如果想要使用这套模板生成其他代码，只需要改变参数的值即可，而不需要改变模板文件。

理解这一点后，就可以开始设计项目各阶段的实现方案了。

1.5.2 第一阶段：制作本地代码生成器

1.5.2.1 阶段目标

第一阶段的目标是：做一个本地的代码生成器，实现简易 Java ACM 模板项目的定制化生成。

本阶段不依赖复杂的开发框架，即使没学过任何开发框架也能完成。

1.5.2.2 业务流程

梳理业务流程是方案设计中不可或缺的一环，有助于开发者深入理解项目需求，识别问题和瓶颈,确定系统功能,优化流程设计,为项目的顺利进行提供重要的支撑和保障。建议先进行文字梳理,然后再绘制流程图帮助他人理解。用文字梳理出的业务流程如下:

1. 准备用于制作代码生成器的原始代码(比如 Java ACM 模板项目),用于后续生成。
2. 开发者基于原始代码,预设参数,编写动态模板。
3. 制作可交互的命令行工具,支持用户输入参数,得到代码生成器 jar 包。
4. 使用者得到代码生成器 jar 包,执行程序并输入参数,从而生成完整代码。

绘制业务流程图,如图 1-9 所示。

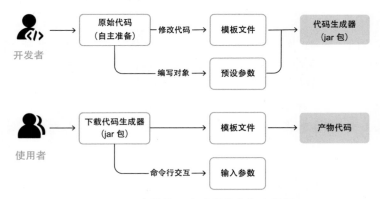

图 1-9　本地代码生成器的业务流程图

1.5.2.3　实现思路

在方案设计阶段,思考实现思路至关重要。这包括对项目的核心功能和需求进行分析,以及确定如何将这些功能实现为可行的解决方案。如果连基本的实现思路都无法确定,更别想写出正确的代码了。

第一阶段大致的实现思路如下:

1. 先根据本地项目,扫描文件树,实现同样的静态代码生成。
2. 根据本地的项目,预设部分动态参数,编写模板文件,能够传入配置对象进行生成。
3. 制作可交互的命令行工具,接收用户输入的参数,并动态生成代码。
4. 封装制作代码生成器 jar 包文件,并简化使用命令。

1.5.2.4　关键问题

在方案设计阶段,要梳理出实现系统需要解决的关键问题。一旦解决了这些问题,整个系统的实现就十拿九稳了。

此处先抛出关键问题，读者可以自行思考解决方案，在后续的章节中鱼皮会——带大家实现。

1. 如何根据一套项目文件，完整地生成同样的项目？
2. 如何编写动态模板文件？怎样根据模板和参数生成代码？
3. 如何制作命令行工具？如何交互式接收用户的输入？
4. 怎样将命令行工具制作为 jar 包？怎样简化使用命令？

1.5.3　第二阶段：开发代码生成器制作工具

1.5.3.1　阶段目标

第二阶段的目标是：做一个本地的代码生成器制作工具，能够快速将一个项目制作为可以动态定制部分内容的代码生成器，并且以一个 Spring Boot 初始化项目模板（Maven 项目）为例，演示如何根据自己的需要动态生成 Java 后端初始化项目。

> 本阶段的学习需要一定的 Spring Boot 框架开发知识，如果还没学习过该框架，可以参考本书配套资料中的"鱼皮 Java 学习路线"系统学习。

1.5.3.2　业务流程

本阶段的业务流程如下：

1. 准备用于开发代码生成器制作工具的原始代码（比如 Spring Boot 项目模板），用于后续生成。
2. 开发者基于原始代码，**使用代码生成器制作工具**，快速预设参数，生成动态模板。
3. **使用代码生成器制作工具**，动态生成代码生成器 jar 包。
4. 使用者得到代码生成器 jar 包，执行程序并输入参数，从而生成完整代码。

相比于第一阶段的业务流程，本阶段完成后，可以直接使用代码生成器制作工具快速将固定的项目代码改造为可定制生成的动态模板，并自动生成命令行工具 jar 包。

绘制业务流程图，如图 1-10 所示。

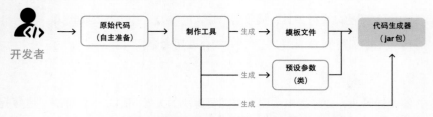

图 1-10　开发代码生成器制作工具的业务流程图

1.5.3.3 实现思路

第二阶段大致的实现思路如下：

1. 使用独立空间来存储和管理要生成的原始文件、动态模板文件等。
2. 使用配置文件来记录要生成的参数和模板文件信息、自定义配置等**元信息**。
3. 代码生成器制作工具需要有多种可单独或组合使用的功能，比如从原始文件中抽取参数、动态生成命令行工具、制作 jar 包等。

1.5.3.4 关键问题

第二阶段需要解决的关键问题如下：

1. 如何使用配置文件来记录参数和模板文件信息？选用何种结构？
2. 怎样才能够提高代码生成器的制作效率？制作工具应该提供哪些功能？
3. 如何将代码文件制作为动态模板？这将包括多个子问题，比如：

★ 怎样从原始文件中抽取参数？

★ 有哪些类型的参数？比如布尔类型参数（是否生成）、字符串类型参数（生成指定的值）等，如图 1-11 所示。

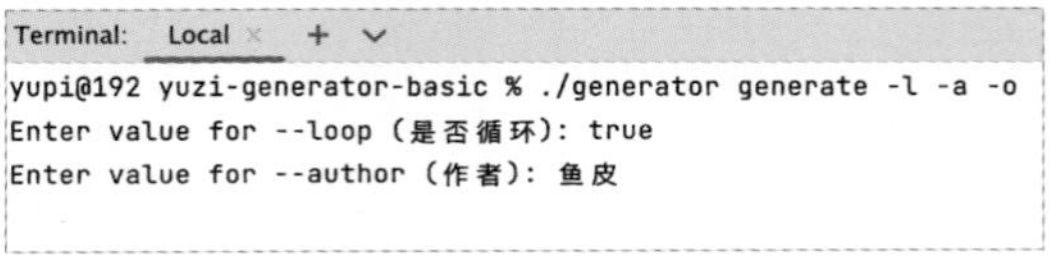

```
Terminal: Local × + ∨
yupi@192 yuzi-generator-basic % ./generator generate -l -a -o
Enter value for --loop (是否循环): true
Enter value for --author (作者): 鱼皮
```

图 1-11 多种不同类型的参数

★ 有哪些抽取参数的规则？

4. 如何动态生成配置类代码？如何动态生成命令行工具？如何动态制作 jar 包？

1.5.4 第三阶段：开发在线代码生成器平台

1.5.4.1 阶段目标

经过前两个阶段，开发者已经能够使用本地的代码生成器制作工具来快速定制自己的代码生成器了。

但如果开发者想和团队其他成员共同维护代码生成器，或者使用其他人的代码生成器，通过本地文件互传的方式就很麻烦了。

所以第三阶段的目标是：打造一个在线代码生成器平台，它可以理解为代码生成器的"应用市场"。所有人都能发布、使用，甚至在线制作自己的代码生成器！

实现第三阶段后，可以尝试在平台上制作和发布项目"换皮"工具，一键替换网络热门项目的信息。如图 1-12 所示为外卖项目生成器。

图 1-12　外卖项目生成器

1.5.5.2　业务流程

本阶段的业务流程如下：

1. 获取用于制作代码生成器的原始代码（本地复制或者远程拉取）。
2. 开发者基于原始代码，使用在线代码生成器制作工具，来快速制作代码生成器。
3. 开发者发布代码生成器至平台。
4. 使用者在平台上搜索代码生成器，支持 Web 端在线使用或者下载离线 jar 包（甚至可以支持接口调用）。

绘制业务流程图，如图 1-13 所示。

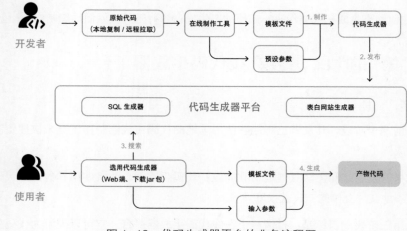

图 1-13　代码生成器平台的业务流程图

1.5.4.3　实现思路

第三阶段大致的实现思路如下：

1. 使用 Web 开发框架实现代码生成器信息的增删改查。
2. 将本地的配置和文件**上云**，存储到数据库、对象存储等云服务中。
3. 通过可视化界面来操作第二阶段的代码生成器制作工具，复用第二阶段的成果。

1.5.4.4　关键问题

第三阶段需要解决的关键问题如下：

1. 怎样在云上存储和管理代码生成器？
2. 如何通过前端开发提高代码生成器的制作效率？
3. 如何通过后端优化提高代码生成器的制作性能？
4. 如何保证代码生成器的存储空间不超限？如何优化存储？

除了上述内容，对于企业大型项目，方案设计通常还包括系统架构设计，确保系统具有良好的可扩展性、可维护性和安全性。由于本项目分为循序渐进的三个阶段，系统架构设计会在后续的章节中讲解，此处暂不赘述。

1.6　准备工作

1.6.1　准备开发环境

在正式进入开发环节前，需要提前准备好开发环境。包括：

1. 开发工具：JetBrains IDEA、JetBrains WebStorm、Git 版本控制系统。
2. 前端环境：Node.js（16 ~ 18 版本）、npm（9.x 版本）。
3. 后端环境：MySQL（8.x 版本）、Redis（5.x 版本）。

具体的安装方式请参考配套资料。

1.6.2　新建代码仓库

本项目的所有代码，都需要使用 Git 进行版本控制，使用 GitHub 代码开源平台进行管理。

需要在 GitHub 上新建一个自己的代码仓库，如图 1-14 所示。

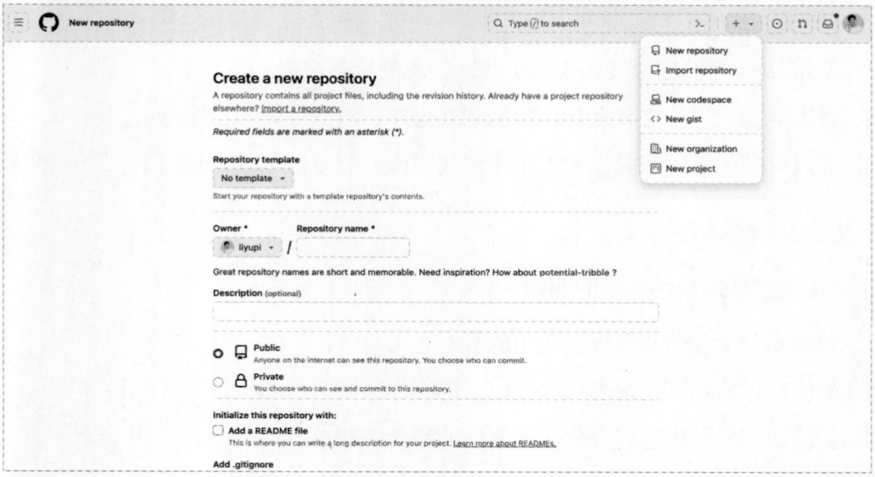

图 1-14　新建代码仓库

1.7　本章小结

以上就是本章内容，相信读者看了本章的项目介绍、需求分析、技术选型、方案设计后，已经对这个项目充满期待，迫不及待地想要完成它了！

那就做好准备，打起百分之百的精神，开启正式的项目学习！本章"方案设计"中提到的关键问题，鱼皮都会一一带着读者解决！

1.8　本章作业

1. 理解代码生成器项目三个阶段的区别，从中学习拆解项目的思路和方法。
2. 尝试在自己做项目时，像本章一样编写一个项目设计方案。
3. 思考上述关键问题的实现方案，欢迎大家交流讨论。
4. 在 GitHub 上新建仓库（或者 fork 鱼皮的代码仓库），为下面的项目开发做准备。

第 2 章 / 本地代码生成

从本章开始，我们将会依次带读者完成 3 个阶段的开发实现，解决之前提到的各种问题。重点内容如下：

1. 项目初始化。
2. 静态文件生成。
3. 动态文件生成。
4. FreeMarker 模板引擎入门及实战。
5. ACM 示例代码模板生成。

2.1 项目初始化

先要进行项目初始化，包括准备好项目目录，配置 Git 代码托管，创建项目工程等。

2.1.1 初始化根目录

由于本项目包含多个阶段，本质上是多个子项目，所以为了统一管理，先创建一个干净的 yuzi-generator 空目录，作为整个项目的根目录，后续各阶段的项目目录都放到它之下。这样做还有一个好处：让不同项目模块可以用相对路径寻找文件，便于整个项目的开源共享。

建议读者养成习惯，使用 Git 来管理项目。如果使用 JetBrains IDEA 开发工具来创建新项目，可以直接勾选 Create Git repository 复选框，工具会自动帮你将项目初始化为 Git

仓库，如图 2-1 所示。

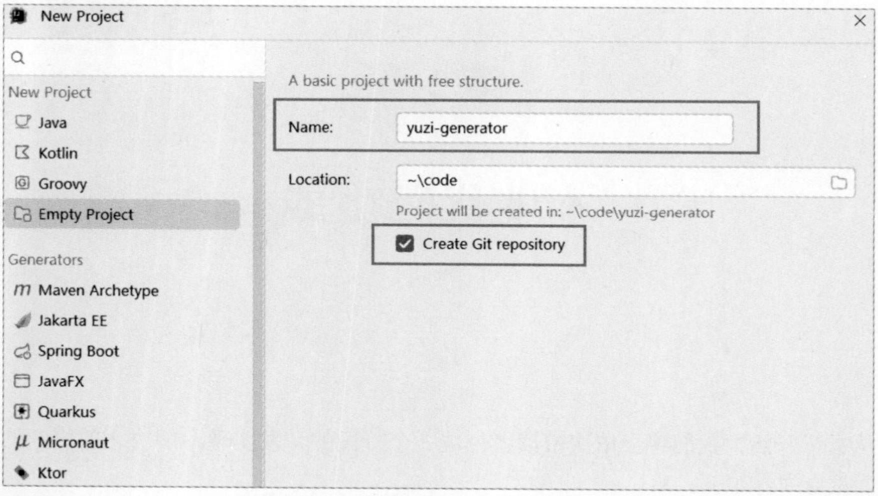

图 2-1　创建项目根目录并初始化为 Git 仓库

> 当然，也可以进入项目根目录，执行 git init 命令创建 Git 仓库。

2.1.2　忽略无用提交

创建好新项目后，使用 IDEA 开发工具打开项目，进入底部的 Git 选项卡后，会发现很多和项目无关的 IDEA 自动生成的工程文件被添加到了 Git 托管，如图 2-2 所示。

图 2-2　IDEA 工程文件被添加到了 Git 托管

但提交这些文件是没有意义的，所以需要使用 .gitignore 文件来忽略这些文件，不让它们被 Git 托管。

如何编写 .gitignore 文件呢？其实很简单，不用自己编写！在 IDEA 的 Settings => Plugins 中搜索 .ignore 插件并安装，如图 2-3 所示。

图 2-3　.ignore 插件安装

然后在项目根目录处单击鼠标右键，按图 2-4 所示依次进行选择，使用 .ignore 插件创建 .gitignore 文件。

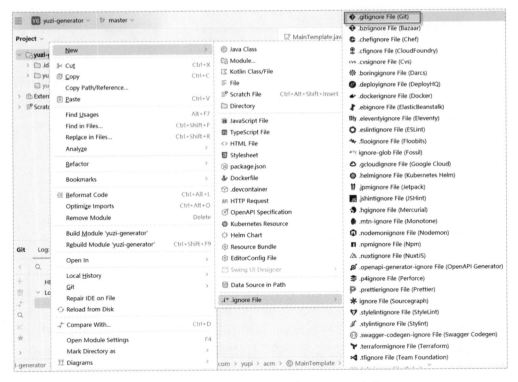

图 2-4　使用 .ignore 插件创建 .gitignore 文件

.ignore 插件提供了很多默认的 .gitignore 模板，建议根据项目类型和使用的开发工具进行选择。此处选择 Java 和 JetBrains 模板，如图 2-5 所示。

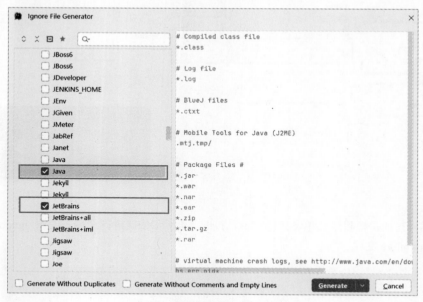

图 2-5　选择 .gitignore 模板

然后可以在项目根目录中看到生成的 .gitignore 文件，模板已经包含了常用的 Java 项目忽略清单，例如编译后的文件、日志文件、压缩包等。

再手动添加几个需要忽略的目录和文件，例如打包生成的 target 目录，如图 2-6 所示。

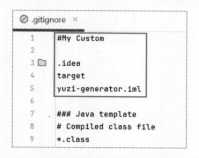

图 2-6　手动添加需要忽略的目录和文件

但是，.gitignore 文件仅影响未被 Git 跟踪的文件，如果文件已经被 Git 跟踪，那么 .gitignore 文件对它们没有影响。所以需要打开终端，在项目根目录下执行如下命令，取消对所有文件的 Git 跟踪：

```
git rm -rf --cached .
```

可以看到文件变成了红色（未被 Git 托管）或黄色（被忽略），在图 2-7 中显示为深浅不同的颜色。

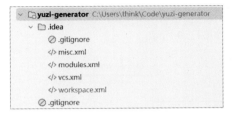

图 2-7　成功取消 Git 跟踪

然后，将 .gitignore 文件添加到 Git 暂存区，让它能够被 Git 管理，操作过程如图 2-8 所示。

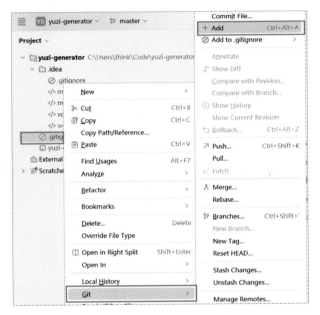

图 2-8　让 .gitignore 文件被 Git 管理

项目根目录初始化就完成了。建议读者在项目根目录中新建一个 README.md 文件，用于介绍项目、记录自己的学习和开发过程等。

2.1.3　创建 Demo 示例代码工程

为了制作代码生成器，需要一些示例代码模板，后续会基于这些代码模板来定制生成。比如在第一阶段，会用到一套鱼皮提前编写好的 ACM 示例代码模板，从而制作定制化 ACM 模板代码生成器；在第二阶段，会用到一套 Spring Boot 初始化项目模板。

新建一个 yuzi-generator-demo-projects 目录，统一存放所有的示例代码，然后将鱼皮准备的 ACM 模板项目（acm-template）复制到该目录下。

模板项目代码可在配套资料中获取。

整个项目的目录结构如图 2-9 所示。

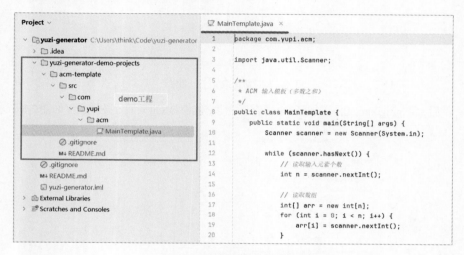

图 2-9　项目的目录结构

将要用到的 ACM 示例代码模板非常简单，只是一个干净的 Java 项目，没有使用 Maven 项目管理工具和第三方依赖。项目核心组成是静态文件 README.md 和代码文件 MainTemplate.java。

README.md 文件内容如图 2-10 所示，仅包含了简单的描述文本：

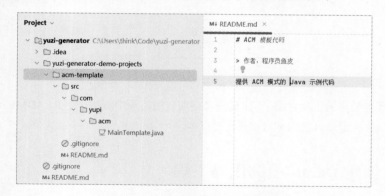

图 2-10　README.md 文件内容

MainTemplate.java 文件是一段 ACM 示例输入代码，作用是计算并输出多个数之和。完整代码如下：

```java
package com.yupi.acm;

import java.util.Scanner;

/**
 * ACM 输入模板（多个数之和）
 */
public class MainTemplate {
    public static void main(String[] args) {
        Scanner scanner = new Scanner(System.in);

        while (scanner.hasNext()) {
            // 读取输入元素个数
            int n = scanner.nextInt();

            // 读取数组
            int[] arr = new int[n];
            for (int i = 0; i < n; i++) {
                arr[i] = scanner.nextInt();
            }

            // 处理问题逻辑，根据需要进行输出
            // 示例：计算数组元素的和
            int sum = 0;
            for (int num : arr) {
                sum += num;
            }

            System.out.println("Sum: " + sum);
        }

        scanner.close();
    }
}
```

在第一阶段的相关章节中，将改造这个 Java 代码文件，让它能同时支持多种不同的输入方式。

2.1.4 创建本地代码生成器项目

使用 IDEA 开发工具，在项目根目录中新建工程，创建 yuzi-generator-basic 项目。需要注意以下几点：

1. 项目存放位置在 yuzi-generator 目录下。

2. 取消勾选 Create Git repository 复选框（因为已经在外层进行 Git 托管）。

3. 使用 Maven 管理项目。

4. JDK 版本选择 1.8！不要追求新版本。

5. 在高级设置中，指定 GroupId 和 ArtifactId。

完整配置如图 2-11 所示。

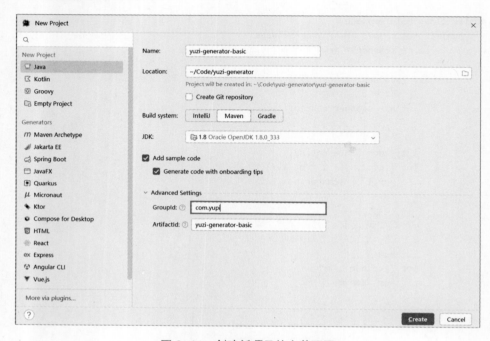

图 2-11　创建新项目的完整配置

创建好 yuzi-generator-basic 项目后，**一定要在新的 IDEA 窗口中打开项目！！！不要直接在 **yuzi–generator**** 根工程中打开！！！**否则会导致后续获取路径时出现问题，读者一定要注意！

然后，需要在项目的 pom.xml 文件中引入一些依赖，主要是一些工具库和单元测试库，便于后续提高开发效率，其中包括：

★ Hutool 工具库。

★ Apache Commons Collections4 集合工具库。

★ Lombok 注解代码生成工具。

★ JUnit 4 单元测试库。

依赖代码如下：

```xml
<dependencies>
    <!-- https://doc.hutool.cn/ -->
    <dependency>
        <groupId>cn.hutool</groupId>
        <artifactId>hutool-all</artifactId>
        <version>5.8.16</version>
    </dependency>
    <!-- https://mvnrepository.com/artifact/org.apache.commons/commons-collections4 -->
    <dependency>
        <groupId>org.apache.commons</groupId>
        <artifactId>commons-collections4</artifactId>
        <version>4.4</version>
    </dependency>
    <!-- https://projectlombok.org/ -->
    <dependency>
        <groupId>org.projectlombok</groupId>
        <artifactId>lombok</artifactId>
        <version>1.18.30</version>
        <scope>provided</scope>
    </dependency>
    <dependency>
        <groupId>junit</groupId>
        <artifactId>junit</artifactId>
        <version>4.13.2</version>
        <scope>test</scope>
    </dependency>
</dependencies>
```

引入依赖后，单击右侧 Maven 面板来重新加载 Maven 所需的依赖，然后执行 IDEA 生成的项目中自带的 Main 文件，看到如图 2-12 所示的输出，表示项目初始化完成。

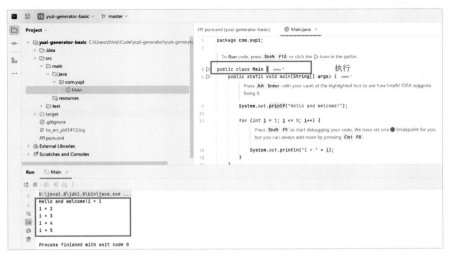

图 2-12　执行 Main 文件

2.2 实现流程

第一阶段的目标是制作本地代码生成器（基于命令行的脚手架），要求能够根据用户的输入生成不同的 ACM 示例代码模板。对于完全没开发过类似项目的读者来说，可能会觉得比较困难。

遇到这种情况，先要根据业务实际情况对需求进行拆解，把一个复杂的大目标拆解为一步一步的小工作。

2.2.1 需求拆解

如何拆解需求呢？先把需求分为两部分：本地代码生成器 + 基于命令行的脚手架。

先思考如何制作本地代码生成器。ACM 示例代码模板的核心文件是 README.md 和 MainTemplate.java。

其中，README.md 文件的作用仅仅是描述项目，并不影响开发者的使用，所以在生成代码时，完全不用修改 README.md 的任何内容，直接复制即可。可以将这类文件定义为"静态文件"。

而 MainTemplate.java 是开发者实际要使用的 ACM 输入模板文件，默认是包含了循环接收输入的逻辑的。示例代码如下：

```java
Scanner scanner = new Scanner(System.in);

while (scanner.hasNext()) {
    // 读取输入元素个数
    int n = scanner.nextInt();
    ...
    System.out.println("Sum: " + sum);
}
```

但如果用户不需要循环输入，只要求保留其他代码呢？例如删除 while 代码片段，代码如下：

```java
Scanner scanner = new Scanner(System.in);

// 读取输入元素个数
int n = scanner.nextInt();
...
System.out.println("Sum: " + sum);
```

也就是说，这个文件是需要作为一个**基础模板**，能够接收用户的输入从而支持定制化生成的。可以将这类文件定义为"动态文件"。

将文件划分为静态和动态后，就可以将需求拆解为"生成静态文件"和"生成动态文件"两个步骤了。

同理，再思考如何制作基于命令行的脚手架。在制作命令行工具前，是不是可以首先通过直接运行 Main 方法、在 Main 方法中写死输入参数的方式实现完整的代码生成逻辑呢？然后只需要把在 Main 方法中写死的输入参数改为读取命令行来接收参数，剩下的逻辑不都可以复用了吗？最后，可以再改变执行方式，把运行 Main 方法改为调用 jar 包或可执行脚本。

2.2.2 实现步骤

通过上面的需求拆解后，第一阶段的实现方案和流程就非常清晰了，步骤如下：

1. 生成静态文件，通过 Main 方法运行。
2. 生成动态文件，通过 Main 方法运行。
3. 同时生成静态和动态文件，通过 Main 方法运行，得到完整代码。
4. 开发命令行工具，接收用户的输入并生成完整代码。
5. 将工具封装为 jar 包或脚本，供用户调用。

明确实现步骤后，会发现每一步都只需要解决一个小问题，不再毫无头绪了。接下来一步一步实现即可，本章会完成第 1~3 步，即编写一个通过 Main 方法生成完整代码的程序。

2.3 静态文件生成

此处的静态文件，根据前文定义，指生成时可以直接复制、不做任何改动的文件。

可以先定一个小目标：输入一个项目的目录，在另一个位置生成一模一样的项目文件。

其实本质上就是复制文件嘛！有两种实现方法：

★ 使用现成的工具库直接复制完整目录。

★ 手动编写递归算法，复制所有目录和文件。

2.3.1 使用现成的工具库复制目录

Hutool 是一个功能非常齐全的工具库，包含了 HTTP 请求、日期时间处理、集合类处理、文件处理、JSON 处理等能够大幅提高开发效率的工具类。

在前文初始化 yuzi-generator-basic 项目时，已经引入了 Hutool 工具库的依赖。现在想复制目录下的所有文件，可以直接使用 Hutool 的 copy 方法，方法信息如图 2-13 所示，一定要格外注意输入参数的含义。

```
复制文件或目录
情况如下：
  1、src和dest都为目录，则将src目录及其目录下所有文件目录拷贝到dest下
  2、src和dest都为文件，直接复制，名字为dest
  3、src为文件，dest为目录，将src拷贝到dest目录下

Params:  src – 源文件
         dest – 目标文件或目录，目标不存在会自动创建（目录、文件都创建）
         isOverride – 是否覆盖目标文件
Returns: 目标目录或文件
Throws:  IORuntimeException – IO异常

public static File copy(File src, File dest, boolean isOverride) throws IORuntimeException {
    return FileCopier.create(src, dest).setOverride(isOverride).copy();
}
```

图 2-13 Hutool copy 方法信息

在 com.yupi.generator 包下创建一个 StaticGenerator 类，作为静态文件生成的代码，如图 2-14 所示。

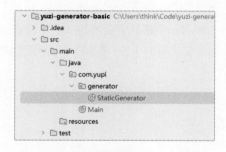

图 2-14 创建静态文件生成类

首先编写一个公开的静态方法 copyFilesByHutool，方法中的核心代码只有一行，直接调用 Hutool 提供的 FileUtil.copy 方法，就能实现指定目录下所有文件的复制。

```
public static void copyFilesByHutool(String inputPath, String outputPath) {
    FileUtil.copy(inputPath, outputPath, false);
}
```

然后编写一个 Main 方法来调用这个方法即可，完整复制之前准备好的 ACM 示例代

码模板，此处建议使用 System.getProperty 方法获取相对路径。

示例代码如下：

```java
public static void main(String[] args) {
    // 获取整个项目的根目录
    String projectPath = System.getProperty("user.dir");
    File parentFile = new File(projectPath).getParentFile();
    // 输入路径：ACM 示例代码模板目录
    String inputPath = new File(parentFile, "yuzi-generator-demo-projects/acm-template").getAbsolutePath();
    // 输出路径：直接输出到项目的根目录
    String outputPath = projectPath;
    copyFilesByHutool(inputPath, outputPath);
}
```

注意，上述代码中通过 System.getProperty("user.dir") 获取到的路径是 yuzi-generator/yuzi-generator-basic，而不是 yuzi-generator，所以才用 getParentFile 方法获取父目录 yuzi-generator 的路径。

如果在实际运行代码的过程中发现 System.getProperty("user.dir") 获取到的路径已经是 yuzi-generator 了，那么可以不用获取父目录的路径。

执行上述代码，就能看到项目目录下成功复制了完整的目录，如图 2-15 所示。

图 2-15　成功复制完整目录

这种方式的优点是非常简单；但缺点是不够灵活，只能生成完整目录，如果想忽略目录中的某个文件，就要在生成后再删除，损耗性能。

2.3.2　递归遍历

第二种复制目录的方法是：手动编写递归算法依次遍历所有目录和文件。

这种方式的优点是更灵活，可以依次对每一个文件进行处理；缺点是需要自己实现，不仅麻烦，还有可能出现 Bug。尤其对于没学过递归算法的读者来说，实现起来可能毫无头绪。

但对于这种情况，也有比较巧妙的对策——参考前人的代码实现。以 Hutool 为例，查看 FileUtil.copy 方法的源码，如图 2-16 所示。

```
执行拷贝
拷贝规则为：
1、源为文件，目标为已存在目录，则拷贝到目录下，文件名不变
2、源为文件，目标为不存在路径，则目标以文件对待（自动创建父级目录）比如：/dest/aaa，如果aaa不存在，则aaa被当作文件名
3、源为文件，目标是一个已存在的文件，则由 setOverride(boolean) 设为true时会被覆盖，默认不覆盖
4、源为目录，目标为一个已存在的目录，当 setCopyContentIfDir(boolean) 为true时，只拷贝目录中的内容到目标目录中，否则整个源目录连同其目录拷贝到目标目录中
5、源为目录，目标为不存在路径，则自动创建目标为新目录，然后按照规则4复制
6、源为目录，目标为文件，抛出IO异常
7、源路径和目标路径相同时，抛出IO异常

Returns: 拷贝后目标的文件或目录
Throws: IORuntimeException - IO异常

@Override
public File copy() throws IORuntimeException {
    final File src = this.src;
    File dest = this.dest;
    // check
    Assert.notNull(src, errorMsgTemplate: "Source File is null !");
    if (false == src.exists()) {
        throw new IORuntimeException("File not exist: " + src);
    }
    Assert.notNull(dest, errorMsgTemplate: "Destination File or directiory is null !");
    if (FileUtil.equals(src, dest)) {
        throw new IORuntimeException("Files '{}' and '{}' are equal", src, dest);
    }

    if (src.isDirectory()) {// 复制目录
        if (dest.exists() && false == dest.isDirectory()) {
```

图 2-16　FileUtil.copy 方法的源码

> 注意，如果看不到源码里的中文注释，则需要先在 IDEA 里下载完整的源码。

源码并不复杂，能够发现整体的思路为**递归复制**，如图 2-17 所示。

```
222        final String[] files = src.list();
223        if (ArrayUtil.isNotEmpty(files)) {
224            File srcFile;
225            File destFile;
226            for (String file : files) {
227                srcFile = new File(src, file);
228                destFile = this.isOnlyCopyFile ? dest : new File(dest, file);
229                // 递归复制
230                if (srcFile.isDirectory()) {
231                    internalCopyDirContent(srcFile, destFile);
232                } else {
233                    internalCopyFile(srcFile, destFile);
234                }
235            }
236        }
237    }
```

图 2-17　递归复制

看了别人的源码后，哪怕不能完全理解递归算法，也能够学习到一些关键的文件操

作 API。例如下面这些：

1. 复制文件：

```
Files.copy(src.toPath(), dest.toPath(), optionList.toArray(new CopyOption[0]));
```

2. 创建多级目录（即使中间有目录不存在）：

```
File dest;
dest.mkdirs()
```

3. 判断是否为目录：

```
File dest;
dest.isDirectory()
```

4. 判断文件是否存在：

```
File dest;
dest.exists()
```

掌握这些 API，就能完成检测目录、创建目录、复制文件的一条龙操作了。

递归算法的核心思路是：

1. 在目标位置创建和源项目相同的目录。
2. 依次遍历源目录下的所有子文件并复制。
3. 如果子文件又是一个目录，则再遍历子文件下的所有"孙"文件，如此循环往复。

鱼皮这里直接给出示例代码，将它放到 StaticGenerator 文件中，建议读者自己通过 Debug 来帮助理解。

> 整个静态文件生成器 StaticGenerator.java 的完整代码可以在配套资料中获取。

> **小知识 – 扩展思路**
>
> 如果自己实现递归遍历，就可以很轻松地得到目录的完整结构树信息，可以由此制作文件对比工具、目录分析工具、目录总结工具等。

2.4 动态文件生成思路

生成了静态文件后，接下来思考：如何对某个基础文件进行定制，根据用户的输入参数生成动态文件。

2.4.1 明确动态生成需求

针对 ACM 示例模板项目，需要先明确几个动态生成的需求：

1. 在代码开头增加作者 @Author 注释（增加代码）。
2. 修改程序输出的信息提示（替换代码）。
3. 将循环读取输入改为单次读取（可选代码）。

举个例子，想要得到的示例代码如下：

```java
package com.yupi.acm;

import java.util.Scanner;

/**
 * ACM 输入模板（多个数之和）
 * @author yupi（1. 增加作者注释）
 */
public class MainTemplate {
    public static void main(String[] args) {
        Scanner scanner = new Scanner(System.in);

        // 2. 可选是否循环
        //    while (scanner.hasNext()) {
            // 读取输入元素个数
            int n = scanner.nextInt();

            // 读取数组
            int[] arr = new int[n];
            for (int i = 0; i < n; i++) {
                arr[i] = scanner.nextInt();
            }

            // 处理问题逻辑，根据需要进行输出
            // 示例：计算数组元素的和
            int sum = 0;
            for (int num : arr) {
                sum += num;
            }

            // 3. 输出信息可以修改
            System.out.println(" 求和结果：" + sum);
        //    }
```

```
        scanner.close();
    }
}
```

2.4.2 动态生成的核心原理

如何实现上述需求呢？最经典的实现方法是：提前对基础文件"挖坑"，编写**模板文件**，然后将用户输入的**参数**"填坑"，替换到模板文件中，从而生成完整代码。

举个例子，用户输入参数：

```
author = yupi
```

模板文件代码如下：

```
/**
 * ACM 输入模板（多个数之和）
 * @author ${author}
 */
```

将参数注入到模板文件中，生成完整的代码：

```
/**
 * ACM 输入模板（多个数之和）
 * @author yupi
 */
```

如果想要使用这套模板文件来生成其他的代码，只需要改变输入参数的值即可，而不需要改变模板文件。

听起来好像很简单，那么如何编写模板文件呢？程序怎么知道应该把哪些字符串替换为用户实际输入的参数呢？又该如何执行替换操作呢？

难道需要自己定义一套模板语法和规则，比如指定两个花括号 {{ 参数 }} 中的内容为需要替换的参数，然后通过正则表达式或者字符串匹配扫描文件来进行替换吗？

这显然太麻烦了！而且如果需要根据用户的输入来循环生成不同次数的重复代码，又该如何实现呢？

其实可以直接使用已有的**模板引擎**技术，轻松实现模板文件编写和动态内容生成。

2.5　FreeMarker 模板引擎入门及实战

模板引擎是一种用于生成动态内容的类库，通过将预定义的模板与特定数据合并来生成最终的输出。

使用模板引擎有很多优点，首先就是提供现成的模板文件语法和解析能力。开发者只要按照特定要求去编写模板文件，比如使用 ${ 参数 } 语法，模板引擎就能自动将参数注入到模板中，得到完整的文件，不用再自己编写解析逻辑了。

其次，模板引擎可以将数据和模板分离，让不同的开发人员独立工作。比如后端开发人员专心开发业务逻辑提供数据，前端开发人员专心写模板等，让系统更易于维护。

此外，模板引擎可能还具有一些安全特性，比如防止跨站脚本攻击等。所以强烈建议读者至少掌握一种模板引擎的用法。

现成的模板引擎技术有很多，例如用于 Java 项目的 Thymeleaf、FreeMarker、Velocity，用于前端的 Mustache 等。

在本项目中，鱼皮会以知名的、稳定的经典模板引擎 FreeMarker 为例，带读者掌握模板引擎的使用方法。

2.5.1　什么是 FreeMarker

FreeMarker 是 Apache 的开源模板引擎，优点是入门简单、灵活易扩展。它不用和 Spring 开发框架、Servlet 环境、第三方依赖绑定，任何 Java 项目都可以使用。接下来讲解 FreeMarker 的常用特性，力求快速入门。

2.5.2　模板引擎的作用

FreeMarker 模板引擎最直接的作用就是：接收模板和 Java 对象，对它们进行处理，输出完整的内容，如图 2-18 所示。

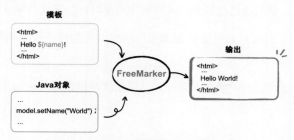

图 2-18　FreeMarker 模板引擎的作用

下面先依次学习 FreeMarker 的核心概念：模板和数据模型，然后通过一个 Demo 快速入门。

2.5.3 模板

FreeMarker 拥有自己的模板编写规则，一般用 FTL 表示 FreeMarker 模板语言。比如 myweb.html.ftl 就是一个 FreeMarker 模板文件。模板文件由 4 个核心部分组成：

★ 文本：固定的内容，会按原样输出。

★ 插值：用 ${...} 语法来占位，花括号中的内容在经过计算和替换后，才会输出。

★ FTL 指令：有点儿像 HTML 的标签语法，通过 <#xxx … > 来实现各种特殊功能。例如 <#list elements as element> 实现循环输出。

★ 注释：和 HTML 注释类似，使用 <#-- … --> 语法，注释中的内容不会输出。

下面以"鱼皮官网"为例，举一个 FreeMarker 模板文件的例子，代码如下：

```
<!DOCTYPE html>
<html>
  <head>
    <title>鱼皮官网</title>
  </head>
  <body>
    <h1>欢迎来到鱼皮官网</h1>
    <ul>
      <#-- 循环渲染导航条 -->
      <#list menuItems as item>
        <li><a href="${item.url}">${item.label}</a></li>
      </#list>
    </ul>
    <#-- 底部版权信息（注释部分，不会被输出）-->
      <footer>
        ${currentYear} 鱼皮官网 . All rights reserved.
      </footer>
  </body>
</html>
```

2.5.4 数据模型

为模板准备的所有数据统称为**数据模型**。在 FreeMarker 中，数据模型一般是树形结构，可以是复杂的 Java 对象，还可以是 HashMap 等更通用的结构。

为"鱼皮官网"模板准备的数据模型结构可能是这样的：

```
{
  "currentYear": 2023,
  "menuItems": [
    {
      "url": "https://codefather.cn",
      "label": " 编程导航 ",
    },
    {
      "url": "https://laoyujianli.com",
      "label": " 老鱼简历 ",
    }
  ]
}
```

2.5.5　Demo 实战

在了解了模板和数据模型后，下面通过 FreeMarker 对二者进行组合处理。

2.5.5.1　引入依赖

创建一个 Maven 项目（这里就用 yuzi-generator-basic 项目），在 pom.xml 中引入 FreeMarker 依赖，代码如下：

```xml
<!-- https://freemarker.apache.org/index.html -->
<dependency>
    <groupId>org.freemarker</groupId>
    <artifactId>freemarker</artifactId>
    <version>2.3.32</version>
</dependency>
```

如果是 Spring Boot 项目，则可以直接引入 starter 依赖：

```xml
<dependency>
    <groupId>org.springframework.boot</groupId>
    <artifactId>spring-boot-starter-freemarker</artifactId>
</dependency>
```

2.5.5.2　创建配置对象

在 test/java 目录下新建一个单元测试类 FreeMarkerTest，在 Test 方法中创建一个 FreeMarker 全局配置对象，可以统一指定模板文件所在的路径、模板文件的字符集等，示例代码如下：

```
// 新建（new）Configuration 对象，参数为 FreeMarker 版本号
Configuration configuration = new Configuration(Configuration.VERSION_2_3_32);

// 指定模板文件所在的路径
configuration.setDirectoryForTemplateLoading(new File("src/main/resources/templates"));

// 设置模板文件使用的字符集
configuration.setDefaultEncoding("utf-8");
```

2.5.5.3 准备模板并加载

将上述"鱼皮官网"的模板代码保存为 myweb.html.ftl 文件，存放在上面指定的路径下，如图 2-19 所示。

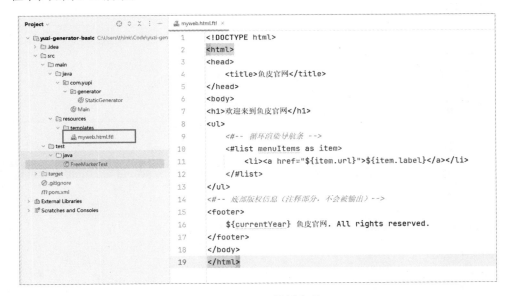

图 2-19 FTL 模板文件

准备好模板文件后，通过创建 template 对象来加载该模板。示例代码如下：

```
// 创建模板对象，加载指定模板
Template template = configuration.getTemplate("myweb.html.ftl");
```

2.5.5.4 创建数据模型

如果想保证数据的质量和规范性，可以使用对象来保存"喂"给模板的数据；反之，

如果想更灵活地构造数据模型，推荐使用 HashMap 结构。

比如想构造"鱼皮官网"的数据模型，需要指定当前年份和导航菜单项，示例代码如下：

```java
Map<String, Object> dataModel = new HashMap<>();
dataModel.put("currentYear", 2023);
List<Map<String, Object>> menuItems = new ArrayList<>();
Map<String, Object> menuItem1 = new HashMap<>();
menuItem1.put("url", "https://codefather.cn");
menuItem1.put("label", " 编程导航 ");
Map<String, Object> menuItem2 = new HashMap<>();
menuItem2.put("url", "https://laoyujianli.com");
menuItem2.put("label", " 老鱼简历 ");
menuItems.add(menuItem1);
menuItems.add(menuItem2);
dataModel.put("menuItems", menuItems);
```

2.5.5.5　指定生成的文件

可以直接使用 **FileWriter** 对象指定生成的文件路径和名称：

```java
Writer out = new FileWriter("myweb.html");
```

2.5.5.6　生成文件

一切准备就绪，最后只需要调用 template 对象的 process 方法，就可以处理并生成文件了，示例代码如下：

```java
template.process(dataModel, out);

// 生成文件后别忘了关闭哦
out.close();
```

组合上面的所有代码并执行，发现在项目的根目录下生成了网页文件，如图 2-20 所示。Demo 结束，很简单吧？

> 单元测试文件 FreeMarkerTest.java 的完整代码可以在配套资料中获取。

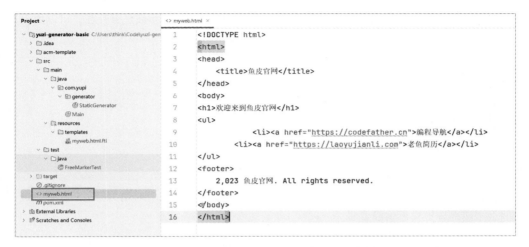

图 2-20　项目的根目录下生成了网页文件

2.5.6　常用语法

学会了 FreeMarker 的基本开发流程后，下面学习一些 FreeMarker 的实用特性。无须记忆，日后需要用到 FreeMarker 时，再去对照官方文档查缺补漏即可。

2.5.6.1　插值

在上面的 Demo 中，已经演示了插值的基本语法（${xxx}）。但插值还有很多花样可以玩，例如支持传递表达式：

表达式：`${100 + money}`

不过鱼皮不建议在模板文件中写表达式，为什么不在创建数据模型时就计算好要展示的值呢？

2.5.6.2　分支和判空

和程序开发一样，FreeMarker 模板也支持分支表达式（if … else），示例代码如下：

```
<#if user == "鱼皮">
    我是鱼皮
<#else>
    我是牛皮
</#if>
```

分支语句的一个常用场景就是空值校验,比如要判断 user 参数是否存在,可以用下面的语法:

```
<#if user??>
    存在用户
<#else>
    用户不存在
</#if>
```

2.5.6.3 默认值

FreeMarker 对变量的空值校验是很严格的,如果模板中某个对象为空,FreeMarker 将会报错而导致模板生成中断。

为了防止出现这个问题,建议给可能为空的参数都设置默认值。使用"表达式!默认值"的语法,示例代码如下:

```
${user!"用户为空"}
```

在上述代码中,如果 user 对象为空,则会输出"用户为空"字符串。

2.5.6.4 循环

在上述 Demo 实战部分,已经演示了循环的用法,即 <#list items as item> 表达式,可以遍历某个序列类型的参数并重复输出多条内容,示例代码如下:

```
<#list users as user>
    ${user}
</#list>
```

其中,users 是整个列表,而 user 是遍历列表每个元素时临时存储的变量,和 for 循环一样,会依次输出每个 user 的值。

2.5.6.5 宏定义

学过 C 语言和 C++ 的同学应该对"宏"这个词并不陌生。可以把"宏"理解为一个预定义的模板片段。可以给宏传入变量,来复用模板片段。

在 FreeMarker 中,使用 macro 指令来定义宏。比如定义一个宏,用于输出特定格式的用户昵称,代码如下:

```
<#macro card userName>
---------
```

```
${userName}
---------
</#macro>
```

在上述代码中，card 是宏的名称，userName 是宏接收的参数。

可以用 @ 语法来使用宏，示例代码如下：

```
<@card userName=" 鱼皮 "/>
<@card userName=" 二黑 "/>
```

实际生成的输出结果为：

```
---------
鱼皮
---------
---------
二黑
---------
```

宏标签中支持嵌套内容，不过还是有些复杂的，读者需要用到时查看官方文档就好。

2.5.6.6　内建函数

内建函数是 FreeMarker 为了提高开发者处理参数的效率而提供的语法糖，可以通过 "?" 来调用内建函数。

比如将字符串转为大写：

```
${userName?upper_case}
```

比如输出序列的长度：

```
${myList?size}
```

内建函数是 FreeMarker 非常强大的一个能力，例如想在循环语法中依次输出元素的下标，就可以使用循环表达式自带的 index 内建函数：

```
<#list users as user>
  ${user?index}
</#list>
```

内建函数种类丰富、数量极多，想象成调用 Java 对象的方法，就很好理解了。

2.5.6.7 其他

还有更多特性，比如命名空间，其实就相当于 Java 中的包，用于隔离代码、宏、变量等。这些没必要细讲，因为掌握上述常用语法后，基本就能够开发大多数模板文件了，更多内容自主查阅官方文档学习即可。

2.5.7 问题解决示例

下面给读者分享一个通过查阅官方文档解决具体问题的例子，比如在之前生成的网站文件中，数字的中间加了一个逗号分隔符，如图 2-21 所示。

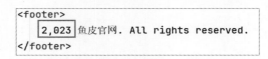

图 2-21 生成的数字中间存在逗号分隔符

这是因为 FreeMarker 使用了 Java 平台的本地化敏感的数字格式信息。如果想把分隔符取消，该怎么办呢？通过查阅官方文档可以看到如图 2-22 所示的信息。

图 2-22 FreeMarker 官方文档

按照文档的提示，修改 configuration 配置类的 number_format 设置，即可调整默认生成的数字格式。

> 更多学习资源可以参考配套资料。

2.6 动态文件生成实现

学完 FreeMarker 模板引擎后，进入实战阶段，实现 ACM 示例模板项目的动态生成吧！

核心步骤为：

1. 定义数据模型。
2. 编写动态模板。
3. 组合生成。
4. 完善优化。

2.6.1 定义数据模型

先在 com.yupi.model 包下新建一个模板配置对象，用来接收要传递给模板的参数。

注意要根据替换需求选择参数的类型，比如可选生成用 boolean 类型、字符串替换用 String 类型，示例代码如下：

```java
/**
 * 动态模板配置
 */
@Data
public class MainTemplateConfig {

    /**
     * 是否生成循环
     */
    private boolean loop;

    /**
     * 作者注释
     */
    private String author;

    /**
     * 输出信息
     */
    private String outputText;
}
```

2.6.2 编写动态模板

在 resources/templates 目录下新建 FTL 模板文件 MainTemplate.java.ftl。注意，模板名称要和上面定义的数据模型名称保持一致。

制作模板的方法很简单：先复制原始代码，再"挖坑"。模板代码如下：

```
package com.yupi.acm;

import java.util.Scanner;

/**
 * ACM 输入模板（多个数之和）
 * @author ${author}
 */
public class MainTemplate {
    public static void main(String[] args) {
        Scanner scanner = new Scanner(System.in);

<#if loop>
        while (scanner.hasNext()) {
</#if>
            // 读取输入元素个数
            int n = scanner.nextInt();

            // 读取数组
            int[] arr = new int[n];
            for (int i = 0; i < n; i++) {
                arr[i] = scanner.nextInt();
            }

            // 处理问题逻辑，根据需要进行输出
            // 示例：计算数组元素的和
            int sum = 0;
            for (int num : arr) {
                sum += num;
            }

            System.out.println("${outputText}" + sum);
<#if loop>
        }
</#if>
        scanner.close();
    }
}
```

其中，使用插值表达式 ${author} 接收作者名称，使用 <#if loop> ... </#if> 分支来控制是否生成循环代码，使用 ${outputText} 控制输出信息。

> 小知识 – 模板设计的技巧
>
> 1. 分离数据处理和展示：将数据处理逻辑和展示逻辑分离开来，避免在模板中包含复杂的业务逻辑，应该在后端代码中预处理数据，然后将数据传递给模板进行展示，从而保持模板的简洁和可读性。
> 2. 模板重用：将重复的部分抽象成公共模板或宏，提高模板的复用性和可维护性。
> 3. 模板维护：给模板文件添加注释，清晰地描述模板的用途和结构。在模板中使用合适的命名规范和格式化，使其易于阅读和维护。
> 4. 安全性考虑：当在模板中动态生成 HTML 时，要特别注意防范 XSS 攻击，应该对用户输入进行恰当的转义或过滤。
> 5. 性能优化：当处理大量数据时，可以通过减少模板中的循环和嵌套、避免不必要的计算等方式来提高模板的性能。

2.6.3 组合生成

同静态文件生成器一样，在 com.yupi.generator 目录下新建动态文件生成器类 DynamicGenerator。

和上述 FreeMarker Demo 实战一样，在 Main 方法中编写生成逻辑，依次完成：创建 Configuration 对象、模板对象，创建数据模型，指定输出路径，执行生成。代码如下：

```java
/**
 * 动态文件生成
 */
public class DynamicGenerator {

    public static void main(String[] args) throws IOException, TemplateException {
        // new 出（新建）Configuration 对象，参数为 FreeMarker 版本号
        Configuration configuration = new Configuration(Configuration.VERSION_2_3_32);

        // 指定模板文件所在的路径
        configuration.setDirectoryForTemplateLoading(new File("src/main/resources/templates"));

        // 设置模板文件使用的字符集
        configuration.setDefaultEncoding("utf-8");

        // 创建模板对象，加载指定模板
        Template template = configuration.getTemplate("MainTemplate.java.ftl");
```

```java
        // 创建数据模型
        MainTemplateConfig mainTemplateConfig = new MainTemplateConfig();
        mainTemplateConfig.setAuthor("yupi");
        // 不使用循环
        mainTemplateConfig.setLoop(false);
        mainTemplateConfig.setOutputText(" 求和结果: ");

        // 生成
        Writer out = new FileWriter("MainTemplate.java");
        template.process(mainTemplateConfig, out);

        // 生成文件后别忘了关闭哦
        out.close();
    }

}
```

执行后可以发现,在项目根目录下生成了 MainTemplate.java 文件,内容符合预期,如图 2-23 所示。

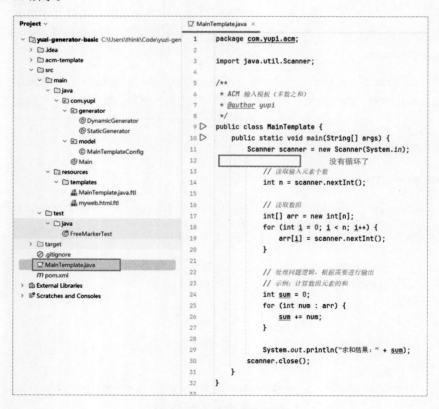

图 2-23 成功生成文件

2.6.4 完善优化

虽然已经实现了动态文件生成,但还要进一步优化代码的健壮性和灵活性。

2.6.4.1 完善模板

经过测试发现,如果数据模型的字符串变量不设置任何值,那么会报错,如图 2-24 所示。

```
Exception in thread "main" FreeMarker template error:
The following has evaluated to null or missing:
==> outputText  [in template "MainTemplate.java.ftl" at line 32, column 35]
```

图 2-24 报错信息

所以建议给所有字符串指定一个默认值,这里有两种方法。

方法 1,直接给 POJO 设置默认值:

```java
private String outputText = "sum = ";
```

方法 2,使用 FreeMarker 的默认值操作符:

```java
System.out.println("${outputText!'sum = '}" + sum);
```

鱼皮更推荐第一种方法,原因是不用多学一套语法,也不需要让其他开发者理解模板文件。

修改 MainTemplateConfig.java 文件,给数据模型增加默认值:

```java
private String author = "yupi";

private String outputText = "sum = ";
```

2.6.4.2 抽取方法

前面的代码把模板文件路径、数据模型、输出路径全部硬编码在 Main 方法中了。而为了提高代码的可复用性,可以将生成逻辑封装为一个方法,将硬编码的参数作为方法输入参数,可让调用方指定。代码如下:

```java
/**
 * 生成文件
 *
 * @param inputPath 模板文件输入路径
 * @param outputPath 输出路径
```

```java
 * @param model 数据模型
 * @throws IOException
 * @throws TemplateException
 */
public static void doGenerate(String inputPath, String outputPath, Object model)
throws IOException, TemplateException {
    // new 出（新建）Configuration 对象，参数为 FreeMarker 版本号
    Configuration configuration = new Configuration(Configuration.VERSION_2_3_32);

    // 指定模板文件所在的路径
    File templateDir = new File(inputPath).getParentFile();
    configuration.setDirectoryForTemplateLoading(templateDir);

    // 设置模板文件使用的字符集
    configuration.setDefaultEncoding("utf-8");

    // 创建模板对象，加载指定模板
    String templateName = new File(inputPath).getName();
    Template template = configuration.getTemplate(templateName);

    // 创建数据模型
    MainTemplateConfig mainTemplateConfig = new MainTemplateConfig();
    mainTemplateConfig.setAuthor("yupi");
    mainTemplateConfig.setLoop(false);
    mainTemplateConfig.setOutputText("求和结果: ");

    // 生成
    Writer out = new FileWriter(outputPath);
    template.process(model, out);

    // 生成文件后别忘了关闭哦
    out.close();
}
```

之后 Main 方法（调用方）的代码就可以大大简化了。和静态生成的代码一样，需要注意模板路径的正确性。代码如下：

```java
public static void main(String[] args) throws IOException, TemplateException {
    String projectPath = System.getProperty("user.dir");
    String inputPath = projectPath + File.separator + "src/main/resources/templates/MainTemplate.java.ftl";
    String outputPath = projectPath + File.separator + "MainTemplate.java";
    MainTemplateConfig mainTemplateConfig = new MainTemplateConfig();
    mainTemplateConfig.setAuthor("yupi");
    mainTemplateConfig.setLoop(false);
    mainTemplateConfig.setOutputText("求和结果: ");
    doGenerate(inputPath, outputPath, mainTemplateConfig);
}
```

动态文件生成器 DynamicGenerator.java 的完整代码可以在配套资料中获取。

> **小知识 – 代码健壮性优化**
>
> 对于企业级项目，需要尽量考虑到各种异常情况和处理方式。可以使用 Java 的异常处理机制及时捕获异常，而不是全部抛给外层去处理。
>
> 比如上述生成代码的操作，可以针对不同种类的异常打印不同的日志信息，便于提高问题定位效率。代码如下：
>
> ```
> try {
>     template.process(model, out);
> } catch (TemplateException e) {
>     log.error("模板异常 ", e);
> } catch (IOException e) {
>     log.error("IO 异常 ", e);
> }
> ```
>
> 但是考虑到篇幅有限，在本项目开发过程中，不会涉及过多的异常处理代码，请读者自行完善。

2.7 ACM 示例代码模板生成

完成静态和动态文件生成后，想要生成一套完整的 ACM 代码模板，就非常简单了。只需要编写一个类，组合调用这两个生成器，先复制静态文件、再动态生成文件来覆盖即可。

在 com.yupi.generator 包下新建 MainGenerator.java 类，编写一个 doGenerator 生成方法，接收外层传来的 Model 数据模型。代码如下：

```
public class MainGenerator {

    // 生成
    public static void doGenerate(Object model) throws TemplateException, IOException {
        String projectPath = System.getProperty("user.dir");
        // 整个项目的根路径
        File parentFile = new File(projectPath).getParentFile();
        // 输入路径
        String inputPath = new File(parentFile, "yuzi-generator-demo-projects/acm-template").getAbsolutePath();
        String outputPath = projectPath;
        // 生成静态文件
        StaticGenerator.copyFilesByHutool(inputPath, outputPath);
```

```
        // 生成动态文件
        String inputDynamicFilePath = projectPath + File.separator + "src/main/re-
sources/templates/MainTemplate.java.ftl";
        String outputDynamicFilePath = outputPath + File.separator + "acm-template/
src/com/yupi/acm/MainTemplate.java";
        DynamicGenerator.doGenerate(inputDynamicFilePath, outputDynamicFilePath, model);
    }

    public static void main(String[] args) throws TemplateException, IOException {
        MainTemplateConfig mainTemplateConfig = new MainTemplateConfig();
        mainTemplateConfig.setAuthor("yupi");
        mainTemplateConfig.setLoop(false);
        mainTemplateConfig.setOutputText("求和结果: ");
        doGenerate(mainTemplateConfig);
    }
}
```

执行上述代码，就能够完整地生成 ACM 示例代码模板了；改变 Main 方法中的数据模型参数，就能修改生成的模板。需要注意的是：在上述代码中，无论是要复制的静态文件，还是要生成的动态模板文件，其文件路径都在代码中写死了。对于制作本地的代码生成器而言，这样做就足够了，但如果要生成一个动态文件非常多的项目，难道要一个个去指定动态文件所在的路径吗？这个问题，留给读者去思考。

2.8　本章小结

本章实现了本地的代码生成器。但是现在的代码生成器只能让懂 Java 编程的用户来使用（需要修改 Main 方法中的数据模型），如果是没学过 Java 的用户呢？有没有更方便快捷的使用方式呢？

在下一章，将会带领大家一起解决这个问题！

2.9　本章作业

1. 学习拆解需求和实现步骤的思路。
2. 掌握静态文件生成和 FreeMarker 模板引擎动态生成文件的方法。
3. 提前思考最后一个问题：如何提高现有程序的易用性？
4. 编写代码实现本章项目，并且在自己的代码仓库完成一次提交。

第 3 章 / 命令行开发

通过第 2 章的学习，我们完成了项目初始化，并且梳理了代码生成器的核心思路：静态文件复制 + 动态文件生成。然后通过 Hutool 工具库实现了静态文件复制，并从 0 到 1 学习和使用 FreeMarker 模板引擎技术，实现了动态文件生成。最终通过动静结合的方式，实现了 ACM 示例代码模板的生成。

在第 2 章的结尾，抛出了一个问题：目前代码生成是通过运行 Main 方法触发的，有没有更方便快捷的使用方式呢？

当然有！可以给用户提供一个可交互输入的界面，典型的就是前端网站。但是前端开发也是需要一定成本的，可以选择一种更极客的方式，让用户和命令行界面交互。本章就来解决这个问题，通过开发一个命令行工具来简化代码生成器的使用。重点内容包括：

1. Java 命令行开发方案。
2. Picocli 命令行框架入门。
3. 命令模式。
4. Picocli 命令行代码生成器开发。

3.1 Java 命令行开发方案

命令行程序简称 CLI(Command Line Interface)，是指通过命令行界面运行的应用程序。通过终端窗口接收用户输入的**纯文本**命令，并执行相应的任务。

一些常见的命令行环境包括 UNIX/Linux 的终端、Windows 的命令提示符和

PowerShell 等。学编程的同学可能没有开发过命令行程序，但几乎都接触过终端。

3.1.1 命令的结构

输入给命令行的命令通常包含以下内容，如图 3-1 所示：

- command：命令类型，具体要做的事。
- option：选项，用于改变命令的行为。
- parameter：参数，传递给命令行工具的值。

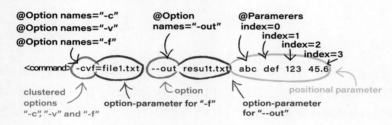

图 3-1　命令行的命令构成

3.1.2 为什么要开发命令行

命令行程序的优点有以下这些：

- 不依赖特定的图形界面，非常轻量。
- 通常可以直接在操作系统自带的终端环境中运行。
- 可以和用户交互，引导用户输入和作为帮助手册。
- 内置一些快捷操作，比如查看历史命令、上下切换命令。

此外还有一个最大的优点：简单直接。比如复制粘贴别人写好的命令就能执行，而不用像使用网页一样点击多次，非常符合程序员的使用习惯，Less is more！

3.1.3 命令行的作用

对于本项目，可以使用命令行程序来和用户交互，引导用户输入代码生成的定制参数，并将输入参数封装为配置对象，然后"喂"给之前编写好的代码生成器来生成文件。

比如动态模板配置 MainTemplateConfig.java 中包含 loop、author、outputText 这 3 个参数，那么可以让用户输入下列完整命令，来给模板配置传值：

```
generate --loop --author yupi --outputText good
```

或者更人性化一些,允许用户进行交互式输入。比如先输入 generate,然后按照系统的提示依次输入其他参数,如图 3-2 所示。

```
C:\Users\think\Code\yuzi-generator\yuzi-generator-basic>.\generator generate -l -o -a
Enter value for --loop (是否循环): true
Enter value for --outputText (输出文本): 结果
Enter value for --author (作者): yupi
```

图 3-2 交互式输入

3.1.4 实现方案

了解了命令行的作用后,如何用 Java 开发命令行程序呢?可以选择自主实现或借助第三方库实现。

3.1.4.1 自主实现

最直接的方案是使用 Java 内置的类库自主实现。比如通过 Scanner 读取用户的输入,再配合 while、if…else 等流程控制语句实现多次输入和提示。示例代码如下:

```
Scanner scanner = new Scanner(System.in);
while (scanner.hasNext()) {
    // 读取整数
    int number = scanner.nextInt();
}
```

这种方式虽然简单,但缺点也很多:

★ 需要自主解析用户的输入。一句命令可能非常复杂,包含各种选项和参数,而且用户还可能乱序输入不同的参数。如何从这么一句复杂的命令中提取出需要的值,是一道难题。

★ 需要自主编写一套获取参数的交互流程。比如用户输入了异常值怎么办?是中断程序还是给出提示?给出什么提示?这些都要开发者自己考虑。

★ 需要自主实现更多高级功能。比如基本所有命令行工具都有的帮助手册命令 --help、颜色高亮等。

如果上述这些和业务无关的功能都需要自己开发,那真的是太浪费时间了!所以建议直接用现成的第三方命令行开发库。

3.1.4.2 第三方库

鱼皮通过调研，收集了几种经典的 Java 命令行开发相关库，简单分为以下 3 类：

★ 专业的命令行工具开发框架。比如 Picocli：优点是功能丰富，支持颜色高亮、自动补全、子命令、帮助手册等；而且 GitHub 开源 star 数较多，更新频率高。

★ 控制台输入处理库。比如 JLine：支持自动补全、行编辑、查看命令历史等，但官方文档完善度一般，学习成本较高。

★ 命令解析库。比如 JCommander：注解驱动，可以直接把命令映射到对象上，从而大幅简化代码。

最后，可以通过表 3-1 来对比所有实现方案，更清晰地完成技术选型。

表3-1 命令行开发方案对比

实现方案	易用性	开源star数	功能丰富度	文档完善度	更新频率
自主实现	低，需要大量编码	/	/	/	/
Picocli	高	高	高	高	高
JLine	中	中	中	中	中
JCommander	高	中	高	高	中
Apache Commons CLI	中	低	中	高	中
Jopt Simple	低	低	低	低	低

综上，鱼皮最推荐的是专业的命令行开发框架 Picocli，下面从零开始带读者入门和实战这个框架。

3.2 Picocli 命令行框架入门

网上有关 Picocli 框架的教程非常少，推荐从官方提供的快速入门教程开始。一般学习新技术的步骤是：先跑通入门 Demo，再学习该技术的用法和特性。下面鱼皮也会按这个步骤讲解。

3.2.1 入门 Demo

1. 在 yuzi-generator-basic 项目的 pom.xml 文件中引入 Picocli 的依赖：

```xml
<dependency>
    <groupId>info.picocli</groupId>
    <artifactId>picocli</artifactId>
```

```xml
    <version>4.7.5</version>
</dependency>
```

然后在 com.yupi 包下新建 cli.example 包，用于存放所有和 Picocli 入门有关的示例代码。

2）将官方快速入门教程中的示例代码复制到 com.yupi.cli.example 包下，并略微修改 run 方法中的代码，打印参数的值。代码如下：

```java
@Command(name = "ASCIIArt", version = "ASCIIArt 1.0", mixinStandardHelpOptions = true)
public class ASCIIArt implements Runnable {

    @Option(names = { "-s", "--font-size" }, description = "Font size")
    int fontSize = 19;

    @Parameters(paramLabel = "<word>", defaultValue = "Hello, picocli",
            description = "Words to be translated into ASCII art.")
    private String[] words = { "Hello,", "picocli" };

    @Override
    public void run() {
        // 自己实现业务逻辑
        System.out.println("fontSize = " + fontSize);
        System.out.println("words = " + String.join(",", words));
    }

    public static void main(String[] args) {
        int exitCode = new CommandLine(new ASCIIArt()).execute(args);
        System.exit(exitCode);
    }
}
```

详细解释上述代码：

1. 创建一个实现 Runnable 或 Callable 接口的类，这就是一个命令。

2. 使用 @Command 注解标记该类并为其命名，mixinStandardHelpOptions 属性设置为 true 可以给应用程序自动添加 --help 和 --version 选项。

3. 通过 @Option 注解将字段设置为命令行选项，可以给选项设置名称和描述。

4. 通过 @Parameters 注解将字段设置为命令行参数，可以指定默认值、描述等信息。

5. Picocli 会将命令行参数转换为强类型值，并自动注入到注解字段中。

6. 在类的 run 或 call 方法中定义业务逻辑，当命令解析成功（用户按下回车键）后被调用。

7. 在 main 方法中，通过 CommandLine 对象的 execute 方法来处理用户输入的命令，剩下的就交给 Picocli 框架来解析命令并执行业务逻辑了。

8. CommandLine.execute 方法返回一个退出代码。可以调用 System.exit 并将该退出代码作为参数，从而向调用进程表示成功或失败。

3）更改主程序的执行参数（args）来测试程序，能够成功看到输出结果，如图 3-3 所示。

图 3-3　更改主程序的执行参数

通过入门 Demo，可以总结出一个命令的开发流程：

1. 创建命令。

2. 设置选项和参数。

3. 编写命令执行的业务逻辑。

4. 通过 CommandLine 对象接收输入并执行命令。

在跑通入门 Demo 后，下面来学习一些 Picocli 开发命令行的实用功能，包括帮助手册、命令解析、交互式输入、子命令等。

3.2.2　帮助手册

首先通过给类添加的 @Command 注解参数 mixinStandardHelpOptions 设置为 true 来开启：

```
@Command(name = "ASCIIArt", mixinStandardHelpOptions = true)
```

然后将主程序的输入参数设置为 --help 就能打印出命令的帮助手册信息了。可以看到，Picocli 生成的帮助手册不仅规范，而且清晰完整，如图 3-4 所示。

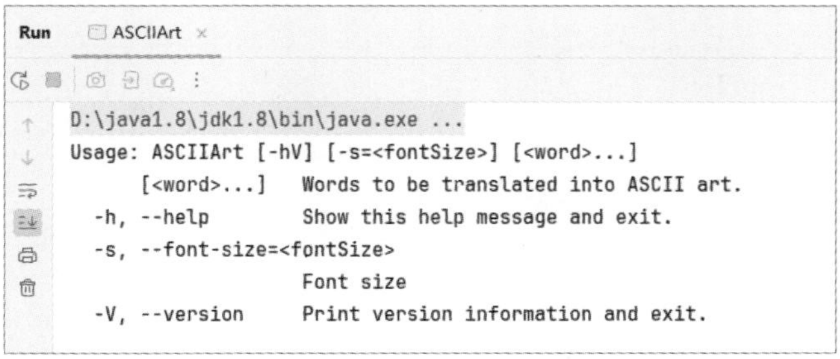

```
Run    ASCIIArt ×

D:\java1.8\jdk1.8\bin\java.exe ...
Usage: ASCIIArt [-hV] [-s=<fontSize>] [<word>...]
      [<word>...]       Words to be translated into ASCII art.
  -h, --help            Show this help message and exit.
  -s, --font-size=<fontSize>
                        Font size
  -V, --version         Print version information and exit.
```

图 3-4　Picocli 生成的帮助手册

3.2.3　命令解析

Picocli 最核心的能力就是命令解析，能够从一句完整的命令中解析选项和参数，并填充到对象的属性中。使用注解方式实现命令解析，不需要自己编写代码，整个类看起来非常清晰。

其中，最核心的 2 个注解在入门 Demo 中已经使用到了：

★ @Option 注解用于解析选项。

★ @Parameters 注解用于解析参数。

示例代码如下：

```
@Option(names = { "-s", "--font-size" }, description = "Font size")
int fontSize = 19;

@Parameters(paramLabel = "<word>", defaultValue = "Hello, picocli",
        description = "Words to be translated into ASCII art.")
private String[] words = { "Hello,", "picocli" };
```

可以给这些注解指定参数，比较常用的参数有：

★ @Option 注解的 names 参数：指定选项英文名称。

★ @Option 注解的 description 参数：指定描述信息，从而让生成的帮助手册和提示信息更清晰。

★ @Parameters 注解的 paramLabel 参数：参数标签，作用类似于描述信息。

★ @Parameters 注解的 defaultValue 参数：默认值。

★ required 参数：要求必填。

此外，命令解析天然支持多值选项，只需要把对象属性的类型设置为数组类型即可，例如：

```
@Option(names = "-option")
int[] values;
```

更多关于选项和参数注解的用法，可以阅读官方文档学习。

3.2.4　交互式输入

交互式输入是指：允许用户像跟程序聊天一样，在程序的指引下一个参数一个参数地输入，如图 3-5 所示。

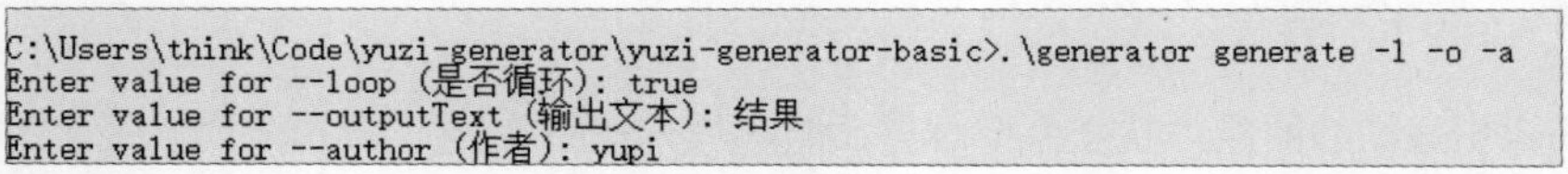

```
C:\Users\think\Code\yuzi-generator\yuzi-generator-basic>.\generator generate -l -o -a
Enter value for --loop (是否循环): true
Enter value for --outputText (输出文本): 结果
Enter value for --author (作者): yupi
```

图 3-5　交互式输入

Picocli 为交互式输入提供了很好的支持，鱼皮梳理了 4 种交互式输入的模式，下面分别讲解。

3.2.4.1　基本能力

交互式输入的一个典型应用场景就是：用户要登录时，引导其输入密码。

官方已经提供了一段交互式输入的示例代码，鱼皮对它进行了简化，代码如下：

```java
public class Login implements Callable<Integer> {
    @Option(names = {"-u", "--user"}, description = "User name")
    String user;

    @Option(names = {"-p", "--password"}, description = "Passphrase", interactive = true)
    String password;

    public Integer call() throws Exception {
        System.out.println("password = " + password);
        return 0;
    }
}
```

```java
    public static void main(String[] args) {
        new CommandLine(new Login()).execute("-u", "user123", "-p");
    }
}
```

分析上面的代码，主要包含 4 个部分：

1. 命令类需要实现 Callable 接口：

```java
public class Login implements Callable<Integer> {
    ...
}
```

2. 将 @Option 注解的 interactive 参数设置为 true，表示该选项支持交互式输入：

```java
@Option(names = {"-p", "--password"}, interactive = true)
String password;
```

3. 在所有参数都输入完后，会执行 call 方法，可以在该方法中编写具体的业务逻辑：

```java
public Integer call() throws Exception {
    System.out.println("password = " + password);
    return 0;
}
```

4. 在 Main 方法中执行命令并传入参数：

```java
new CommandLine(new Login()).execute("-u", "user123", "-p");
```

执行上述代码，程序会提示输入密码，如图 3-6 所示。

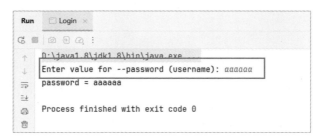

图 3-6　程序提示输入密码

注意，如果以 jar 包方式运行上述程序，用户的输入默认是不会显示在控制台的，类似输入密码时的体验，可以提高输入的安全性。从 Picocli 4.6 版本开始，可以通过指定 @Option 注解的 echo 参数为 true 来显示用户的输入，并通过 prompt 参数指定引导用户输入的提示语。

3.2.4.2 多个选项交互式

Picocli 支持在一个命令中指定多个交互式输入的选项，会按照顺序提示用户并接收输入。

在上述代码中再增加一个 **checkPassword** 选项，同样开启交互式输入，修改的代码如下：

```
@Option(names = {"-cp", "--checkPassword"}, description = "Check Password", interactive = true)
String checkPassword;

public Integer call() throws Exception {
    System.out.println("password = " + password);
    System.out.println("checkPassword = " + checkPassword);
    return 0;
}
```

但运行上述代码会发现，怎么只提示输入密码，没提示输入确认密码呢？如图 3-7 所示。

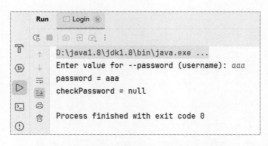

图 3-7　没有提示输入确认密码

这是由于 Picocli 框架的规则，用户必须在命令中指定需要交互式输入的选项（比如 -p），才会引导用户输入。所以需要修改上述代码中的 main 方法，给命令输入补充 -cp 参数：

```
public static void main(String[] args) {
    new CommandLine(new Login()).execute("-u", "user123", "-p", "-cp");
}
```

再次执行，程序就会依次提醒用户输入两个选项，如图 3-8 所示。

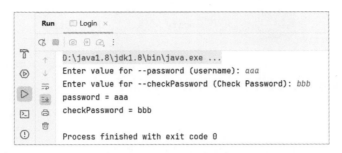

图 3-8　依次提醒用户输入两个选项

根据实际使用情况，又可以将交互式输入分为 2 种模式：

★ 可选交互式：用户可以直接在整行命令中输入选项，而不用给用户提示信息。

★ 强制交互式：用户必须获得提示并输入某个选项，不允许不填写。

下面分别讲解这两种模式。

3.2.4.3　可选交互式

在默认情况下，是无法直接在命令中给交互式选项指定任何参数的，只能通过交互式输入，例如命令中包含 -p xxx 会报错。

测试一下，给上面的示例代码输入以下参数：

```
new CommandLine(new Login()).execute("-u", "user123", "-p", "xxx", "-cp");
```

执行效果如图 3-9 所示，出现了参数不匹配的报错：

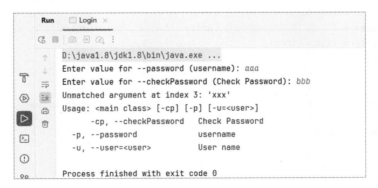

图 3-9　参数不匹配报错

官方提供了可选交互式的解决方案，通过调整 @Option 注解中的 arity 属性来指定每个选项可接收的参数个数，就能解决这个问题。示例代码如下：

```
@Option(names = {"-p", "--password"}, arity = "0..1", description = "Pass-
phrase", interactive = true)
String password;
```

然后可以直接在完整命令中给交互式选项设置值：

```
new CommandLine(new Login()).execute("-u", "user123", "-p", "123", "-cp");
```

执行结果如图 3-10 所示，不再提示用户输入 password 选项，而是直接读取命令中的值。

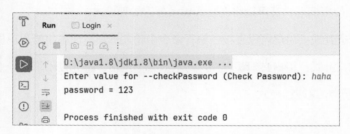

图 3-10　不再提示用户输入 password

鱼皮的建议是：给所有需要交互式输入的选项都增加 arity 参数（一般是 arity = "0..1"）。这样用户既可以在完整命令中直接给选项填充参数，也可以选择交互式输入。示例代码如下：

```
@Option(names = {"-u", "--user"}, description = "User name")
String user;

// 设置了 arity 参数，可选交互式
@Option(names = {"-p", "--password"}, arity = "0..1", description = "Pass-
phrase", interactive = true)
String password;

// 设置了 arity 参数，可选交互式
@Option(names = {"-cp", "--checkPassword"}, arity = "0..1", description = "Check
Password", interactive = true)
String checkPassword;
```

3.2.4.4　强制交互式

如果用户不在命令中输入交互式选项（比如 -p），那么系统不会提示用户输入这个选项，属性的值将为默认值（比如 null）。

但有些时候，要求用户必须输入某个选项，而不能使用默认的空值，这该怎么办呢？

官方提供了强制交互式的解决方案，但是需要自己定义业务逻辑。原理是在命令执行后对属性进行判断，如果用户没有输入指定的参数，那么再通过 System.console().readLine 等方式提示用户输入，示例代码如下：

```java
public void run() {
    if (value == null && System.console() != null) {
        // 主动提示用户输入
        value = System.console().readLine("Enter value for --interactive: ");
    }
    System.out.println("You provided value '" + value + "'");
}
```

鱼皮不是很推荐这种方案，因为要额外编写提示代码，感觉又回到"自主实现"了。

鱼皮的解决方案是：编写一段通用的校验程序，如果用户的输入命令中没有包含交互式选项，那么就自动为输入命令补充该选项，这样就能强制触发交互式输入。

说直接一点：检测 args 数组中是否存在对应选项，不存在则为数组增加选项元素。

该思路作为一个小扩展点，实现起来并不复杂，大家可以自行实现。

> 小提示：可以利用反射自动读取必填的选项名称。

3.2.5 子命令

子命令是指命令中又包含一组命令，相当于命令的分组嵌套，适用于功能较多、较为复杂的命令行程序，比如 git、docker 命令等。

在 Picocli 中，提供了两种设置子命令的方式：声明式和编程式。

3.2.5.1 声明式

通过 @Command 注解的 subcommands 属性来给命令添加子命令，优点是更直观清晰。示例代码如下：

```java
@Command(subcommands = {
    GitStatus.class,
    GitCommit.class,
    GitAdd.class,
})
public class Git { /* ... */ }
```

3.2.5.2 编程式

在创建 CommandLine 对象时，调用 addSubcommand 方法来绑定子命令，优点是更灵活。示例代码如下：

```java
CommandLine commandLine = new CommandLine(new Git())
        .addSubcommand("status",    new GitStatus())
        .addSubcommand("commit",    new GitCommit())
        .addSubcommand("add",       new GitAdd());
```

了解这两种方式后，来写一个 Demo 实践一下。

3.2.5.3 实践

编写一个示例程序，支持增加、删除、查询 3 个子命令，并传入不同的 args 来测试效果。代码如下：

```java
@Command(name = "main", mixinStandardHelpOptions = true)
public class SubCommandExample implements Runnable {

    @Override
    public void run() {
        System.out.println(" 执行主命令 ");
    }

    @Command(name = "add", description = " 增加 ", mixinStandardHelpOptions = true)
    static class AddCommand implements Runnable {
        public void run() {
            System.out.println(" 执行增加命令 ");
        }
    }

    @Command(name = "delete", description = " 删除 ", mixinStandardHelpOptions = true)
    static class DeleteCommand implements Runnable {
        public void run() {
            System.out.println(" 执行删除命令 ");
        }
    }

    @Command(name = "query", description = " 查询 ", mixinStandardHelpOptions = true)
    static class QueryCommand implements Runnable {
        public void run() {
            System.out.println(" 执行查询命令 ");
        }
    }

    public static void main(String[] args) {
```

```java
        // 执行主命令
        String[] myArgs = new String[] { };
        // 查看主命令的帮助手册
//      String[] myArgs = new String[] { "--help" };
        // 执行增加命令
//      String[] myArgs = new String[] { "add" };
        // 执行增加命令的帮助手册
//      String[] myArgs = new String[] { "add", "--help" };
        // 执行不存在的命令，会报错
//      String[] myArgs = new String[] { "update" };
        int exitCode = new CommandLine(new SubCommandExample())
                .addSubcommand(new AddCommand())
                .addSubcommand(new DeleteCommand())
                .addSubcommand(new QueryCommand())
                .execute(myArgs);
        System.exit(exitCode);
    }
}
```

测试运行，发现当输入 --help 参数时，打印出了主命令和所有的子命令信息，证明子命令绑定成功，如图 3-11 所示。

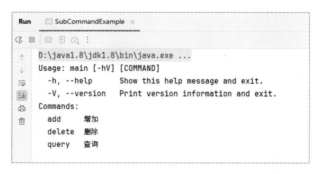

图 3-11 帮助手册展示了主命令和子命令

小知识 – 单元测试

上述代码中，通过在 main 方法中编写代码来进行测试，并通过注释代码来控制测试参数。但如果需要测试的参数和条件多了，这种方式的效率就很低。

在企业开发中，一般会使用单元测试来创建多组测试用例，比如使用 **JUnit** 单元测试库，编写测试上述程序的单元测试类，代码如下：

```java
import org.junit.jupiter.api.Test;

class CommandLineTest {
```

```java
// 创建命令行对象
CommandLine commandLine = new CommandLine(new SubCommandExample())
                .addSubcommand(new AddCommand())
                .addSubcommand(new DeleteCommand())
                .addSubcommand(new QueryCommand());

// 测试主命令
@Test
public void testMainCommand() {
    String[] args = new String[] {};
    int exitCode = commandLine.execute(args);
    assertEquals(0, exitCode); // 断言是否执行成功
}

// 测试帮助命令
@Test
public void testHelpCommand() {
    String[] args = new String[] { "--help" };
    int exitCode = commandLine.execute(args);
    assertEquals(0, exitCode); // 断言是否执行成功
}

// 测试增加子命令
@Test
public void testAddSubCommand() {
    String[] args = new String[] { "add" };
    int exitCode = commandLine.execute(args);
    assertEquals(0, exitCode); // 断言是否执行成功
}
}
```

3.2.6 其他功能

除了上面演示的功能，Picocli 还提供了一些实用功能，比如参数分组、错误处理、颜色高亮等。如果感兴趣，了解一下就好，不需要重点学习。

> 本节提到的官方文档和资料，可以在配套资料中获取。

3.3 命令模式

在正式运用 Picocli 命令行框架来开发代码生成器项目前，要先学习一种经典的设计模式——命令模式，有助于理解后面的代码开发。命令模式是一种行为类设计模式，核心是将每种请求或操作封装为一个独立的对象，从而可以集中管理这些请求或操作，比

如将请求队列化依次执行，或者对操作进行记录和撤销。

命令模式通过将请求的发送者（客户端）和接收者（执行请求的对象）解耦，提供了更大的灵活性和可维护性。

鱼皮来举个例子来帮助理解：读者在生活中使用过电视机，**读者**就相当于客户端，要操作电视机来换台；而**电视机**就是执行请求的对象，要根据读者的操作来换台。但是读者一般不会直接按电视上的按钮来换台，而是用**遥控器**，通过按遥控器上的**操作按钮**来控制电视。

这样就相当于把读者和电视解耦了。哪怕遥控器丢了，再换一个遥控器就好；而且现在手机都能作为万能的电视遥控器使用，可以同时遥控多个品牌的设备，用户不用关心设备的具体品牌型号，这给大家提供了更大的方便。

3.3.1 命令模式的优点和应用场景

正如上面的例子，命令模式最大的优点就是解耦请求发送者和接收者，让系统更加灵活、可扩展。

由于每个操作都是一个独立的命令类，所以需要新增命令操作时，不需要改动现有代码。

命令模式典型的应用场景如下：

★ 系统需要统一处理多种复杂的操作，例如操作排队、记录操作历史、撤销重做等。

★ 系统需要持续增加新的命令，或者要处理复杂的组合命令（子命令）时，使用命令模式可以实现解耦。

本项目要开发的命令行工具，就符合这两个应用场景。

3.3.2 命令模式的要素和实现

继续通过上面用户使用遥控器来操作电视机设备的例子，带大家理解命令模式的关键要素和实现代码。

> 以下所有示例代码位于 com.yupi.cli.pattern 包中。

3.3.2.1 命令

命令是一个抽象类或接口，它定义了执行操作的方法，通常是 execute，该方法封装了具体的操作，代码如下：

```java
public interface Command {
    void execute();
}
```

3.3.2.2 具体命令

具体命令是命令接口的具体实现类，它负责将请求传递给接收者（设备）并执行具体的操作。例如定义一个关闭设备命令，代码如下：

```java
public class TurnOffCommand implements Command {
    private Device device;

    public TurnOffCommand(Device device) {
        this.device = device;
    }

    public void execute() {
        device.turnOff();
    }
}
```

还可以定义开启设备命令，代码如下：

```java
public class TurnOnCommand implements Command {
    private Device device;

    public TurnOnCommand(Device device) {
        this.device = device;
    }

    public void execute() {
        device.turnOn();
    }
}
```

3.3.2.3 接收者

接收者是最终执行命令的对象，知道如何执行具体的操作。例如定义一个设备类，代码如下：

```java
public class Device {
    private String name;

    public Device(String name) {
        this.name = name;
    }
```

```java
    public void turnOn() {
        System.out.println(name + " 设备打开 ");
    }

    public void turnOff() {
        System.out.println(name + " 设备关闭 ");
    }
}
```

3.3.2.4 调用者

调用者的作用是接收客户端的命令并执行。例如定义遥控器类，代码如下：

```java
public class RemoteControl {
    private Command command;

    public void setCommand(Command command) {
        this.command = command;
    }

    public void pressButton() {
        command.execute();
    }
}
```

以上只是最基础的调用者类，还可以给遥控器类增加更多能力，例如存储历史记录、撤销重做等。

3.3.2.5 客户端

客户端的作用是创建命令对象并将其与接收者关联（绑定设备），然后将命令对象传递给调用者（按遥控器），从而触发执行。示例代码如下：

```java
public class Client {
    public static void main(String[] args) {
        // 创建接收者对象
        Device tv = new Device("TV");
        Device stereo = new Device("Stereo");

        // 创建具体命令对象，可以绑定不同设备
        TurnOnCommand turnOn = new TurnOnCommand(tv);
        TurnOffCommand turnOff = new TurnOffCommand(stereo);

        // 创建调用者
```

```java
        RemoteControl remote = new RemoteControl();

        // 执行命令
        remote.setCommand(turnOn);
        remote.pressButton();

        remote.setCommand(turnOff);
        remote.pressButton();
    }
}
```

在这个示例中,命令模式将遥控器按钮的按下操作与实际设备的开关操作解耦,从而实现了灵活的控制和可扩展性。整个程序的 UML 类图如图 3-12 所示。

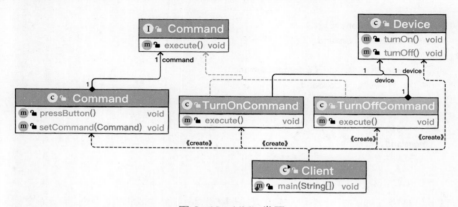

图 3-12 UML 类图

> 配套资料的视频教程中有给大家演示使用 IDEA 来生成 UML 图的方法,还提供了基于命令模式实现的开源项目可供学习。

3.4 Picocli 命令行代码生成器开发

学习了 Picocli 框架的用法和命令模式后,就可以运用它们来开发一款命令行代码生成器啦。

先来明确需求,该命令行程序需要支持 3 种子命令:

★ generate 子命令:生成文件。

★ list 子命令:查看要生成的原始文件列表信息。

★ config 子命令:查看允许用户传入的动态参数信息。

为了使用简化,要求同时支持通过完整命令和交互式输入的方式来设置动态参数。

整个开发过程分为 6 个步骤:

1. 创建命令执行器(主命令)。

2. 分别实现每种子命令。

3. 提供项目的全局调用入口。

4. 构建程序 jar 包。

5. 测试使用。

6. 简化使用(封装脚本)。

3.4.1 创建命令执行器

首先在 com.yupi.cli.command 包下新建 3 个子命令类,和需求对应,如图 3-13 所示。

图 3-13 新建 3 个子命令类

然后在 com.yupi.cli 包下创建命令执行器 CommandExecutor 类,负责绑定所有子命令,并且提供执行命令的方法。代码如下:

```java
@Command(name = "yuzi", mixinStandardHelpOptions = true)
public class CommandExecutor implements Runnable {
    private final CommandLine commandLine;

    {
        commandLine = new CommandLine(this)
                .addSubcommand(new GenerateCommand())
                .addSubcommand(new ConfigCommand())
                .addSubcommand(new ListCommand());
    }

    @Override
    public void run() {
        // 不输入子命令时,给出友好提示
        System.out.println("请输入具体命令,或者输入 --help 查看命令提示");
```

```
        }
        // 执行命令
        public Integer doExecute(String[] args) {
            return commandLine.execute(args);
        }
    }
```

3.4.2　子命令实现

3.4.2.1　generate 子命令

这是代码生成器的核心命令,作用是接收参数并生成代码。

实现步骤如下:

- ★ 定义参数选项。和动态生成代码定义的数据模型 MainTemplateConfig 的属性一致即可。使用 Picocli 提供的注解来交互式获取参数信息(interactive = true),并且对用户显示输入信息(echo = true)。

- ★ 使用 BeanUtil.copyProperties 快速将通过命令接收到的属性复制给 MainTemplateConfig 配置对象。

- ★ 调用之前开发好的 MainGenerator 代码生成类生成代码。

代码如下:

```
@Command(name = "generate", description = "生成代码", mixinStandardHelpOptions = true)
@Data
public class GenerateCommand implements Callable<Integer> {
    @Option(names = {"-l", "--loop"}, arity = "0..1", description = "是否循环", interactive = true, echo = true)
    private boolean loop;

    @Option(names = {"-a", "--author"}, arity = "0..1", description = "作者", interactive = true, echo = true)
    private String author = "yupi";

    @Option(names = {"-o", "--outputText"}, arity = "0..1", description = "输出文本", interactive = true, echo = true)
    private String outputText = "sum = ";

    public Integer call() throws Exception {
```

```
        MainTemplateConfig mainTemplateConfig = new MainTemplateConfig();
        BeanUtil.copyProperties(this, mainTemplateConfig);
        System.out.println("配置信息: " + mainTemplateConfig);
        MainGenerator.doGenerate(mainTemplateConfig);
        return 0;
    }
}
```

3.4.2.2　list 子命令

list 是一个辅助命令，作用是遍历输出所有要生成的文件列表。

由于要生成的项目文件都封装在 acm-template 目录下，所以直接用 Hutool 库提供的 FileUtil.loopFiles(inputPath) 方法来遍历该目录下的所有文件即可，代码如下：

```
@Command(name = "list", description = "查看文件列表", mixinStandardHelpOptions = true)
public class ListCommand implements Runnable {
    public void run() {
        String projectPath = System.getProperty("user.dir");
        // 整个项目的根路径
        File parentFile = new File(projectPath).getParentFile();
        // 输入路径
        String inputPath = new File(parentFile, "yuzi-generator-demo-projects/acm-template").getAbsolutePath();
        List<File> files = FileUtil.loopFiles(inputPath);
        for (File file : files) {
            System.out.println(file);
        }
    }
}
```

3.4.2.3　config 子命令

config 是一个辅助命令，作用是输出允许用户传入的动态参数的信息，也就是本项目 MainTemplateConfig 类的字段信息。

如何输出呢？

最简单粗暴的方法是直接自己手写打印信息，比较灵活。但是如果配置类的属性字段发生修改，也要同步修改 config 命令的代码，不利于维护。更推荐的方式是通过 Java 的反射机制，在程序运行时动态打印对象属性的信息，有 2 种方法：

★ JDK 原生反射语法。示例代码如下：

```java
Class<?> myClass = MainTemplateConfig.class;
// 获取类的所有字段
Field[] fields = myClass.getDeclaredFields();
```

★ Hutool 的反射工具类。只需一行代码，更推荐，示例代码如下：

```java
Field[] fields = ReflectUtil.getFields(MainTemplateConfig.class);
```

config 子命令的实现代码如下：

```java
@Command(name = "config", description = "查看参数信息", mixinStandardHelpOptions = true)
public class ConfigCommand implements Runnable {
    public void run() {
        System.out.println("查看参数信息");
        Field[] fields = ReflectUtil.getFields(MainTemplateConfig.class);
        // 遍历并打印每个字段的信息
        for (Field field : fields) {
            System.out.println("字段名称: " + field.getName());
            System.out.println("字段类型: " + field.getType());
            System.out.println("---");
        }
    }
}
```

3.4.3 全局调用入口

在项目的根包 com.yupi 下创建 Main 类，作为整个代码生成器项目的全局调用入口。作用是接收用户的参数、创建命令执行器并调用执行，代码如下：

```java
public class Main {
    public static void main(String[] args) {
        CommandExecutor commandExecutor = new CommandExecutor();
        commandExecutor.doExecute(args);
    }
}
```

接下来需要对命令进行测试。建议直接在 main 方法中给 args 参数设置值来完成测试，比较灵活：

```java
public class Main {

    public static void main(String[] args) {
        args = new String[]{"generate", "-l", "-a", "-o"};
```

```
//        args = new String[]{"config"};
//        args = new String[]{"list"};
        CommandExecutor commandExecutor = new CommandExecutor();
        commandExecutor.doExecute(args);
    }
}
```

1. 测试 generate 命令，执行并得到输出结果，如图 3-14 所示。还可以成功查看到生成的代码。

图 3-14 generate 命令输出结果

2. 测试 config 命令，输出结果如图 3-15 所示。

图 3-15 config 命令输出结果

3. 测试 list 命令，输出结果如图 3-16 所示。

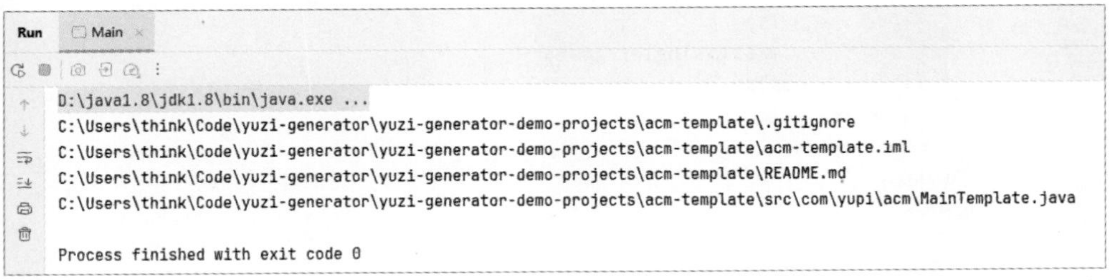

图 3-16 list命令输出结果

3.4.4 jar 包构建

虽然命令行程序已经开发完成，但是不能每次都让用户在 Main 方法里修改参数吧？

可以将代码生成器制作成 jar 包，支持用户执行并使用命令行工具动态输入参数。

构建 jar 包的流程并不复杂，只需要简单 2 步：

1. 修改 Main.java 主类，不再强制指定 args 参数，而是通过执行参数获取。
2. 使用 Maven 打包构建。

需要在 pom.xml 文件中引入 maven-assembly-plugin 插件，从而将依赖库一起打入 jar 包，并且指定 mainClass 路径为 com.yupi.Main。

代码如下：

```xml
<build>
    <plugins>
        <plugin>
            <groupId>org.apache.maven.plugins</groupId>
            <artifactId>maven-assembly-plugin</artifactId>
            <version>3.3.0</version>
            <configuration>
                <descriptorRefs>
                    <descriptorRef>jar-with-dependencies</descriptorRef>
                </descriptorRefs>
                <archive>
                    <manifest>
                        <mainClass>com.yupi.Main</mainClass> <!-- 替换为你的主类的完整类名 -->
                    </manifest>
                </archive>
            </configuration>
            <executions>
                <execution>
                    <phase>package</phase>
                    <goals>
                        <goal>single</goal>
                    </goals>
                </execution>
            </executions>
        </plugin>
    </plugins>
</build>
```

最后执行 mvn package 打包命令，即可构建 jar 包，如图 3-17 所示。

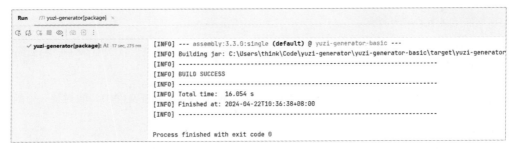

图 3-17　构建 jar 包

可以在项目根目录的 target 目录下看到生成的 jar 包文件。

3.4.5　测试使用

得到 jar 包后，就可以通过 java -jar 命令运行 jar 包了。参考命令格式如下：

```
java -jar <jar 包名> generate [..args]
```

1. 打开终端并进入 target 目录，输入下列命令交互式生成代码：

```
java -jar yuzi-generator-basic-1.0-SNAPSHOT-jar-with-dependencies.jar generate -l -o -a
```

执行结果如图 3-18 所示。

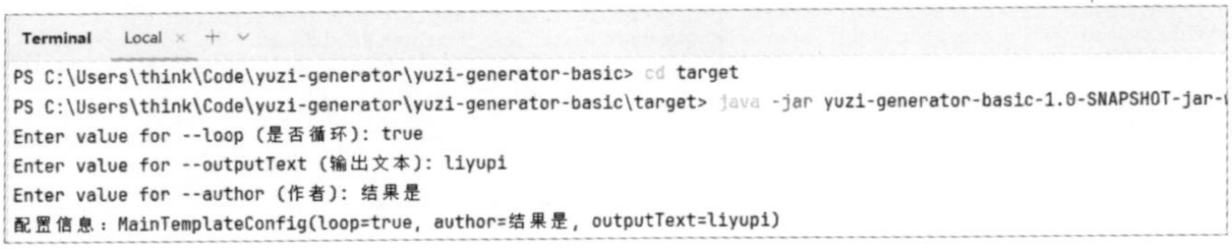

图 3-18　执行结果

2. 还可以直接在命令中指定部分参数，比如作者为 liyupi：

```
java -jar yuzi-generator-basic-1.0-SNAPSHOT-jar-with-dependencies.jar generate -l -o -a liyupi
```

执行结果如图 3-19 所示，不会再提示用户输入作者（因为已经在命令中指定）：

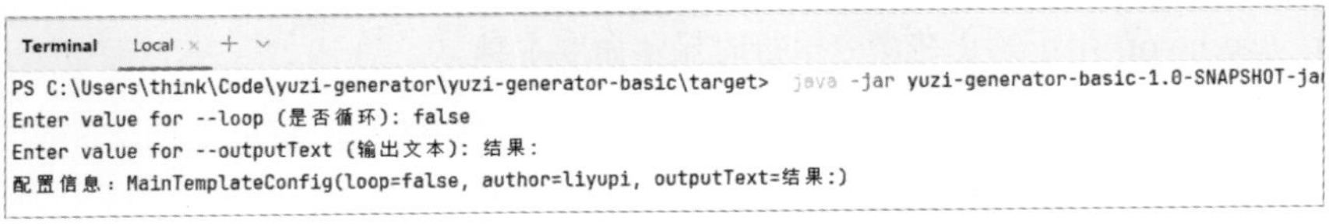

图 3-19　不会再提示用户输入作者

3.4.6 封装脚本

虽然命令行工具已经可以成功使用,但是要输入的命令也太长、太复杂了!怎么简化调用呢?

可以把命令的调用封装在一个 bash 脚本或者 Windows 批处理文件中,像封装一个函数一样,简化命令。

3.4.6.1 Linux Bash 脚本

> 适用于 Linux 和 macOS 系统。

在项目 yuzi-generator-basic 的根目录下创建 generator 文件,输入脚本信息:

```bash
#!/bin/bash
java -jar target/yuzi-generator-basic-1.0-SNAPSHOT-jar-with-dependencies.jar "$@"
```

然后就可以通过执行脚本来简化使用了。如图 3-20 所示,执行 generator 脚本,如果执行报错"缺少权限",可以通过输入命令 chmod a+x generator,给该脚本文件添加可执行权限。

```
C:\Users\think\Code\yuzi-generator\yuzi-generator-basic>.\generator
请输入具体命令,或者输入 --help 查看命令提示

C:\Users\think\Code\yuzi-generator\yuzi-generator-basic>.\generator list
C:\Users\think\Code\yuzi-generator\yuzi-generator-demo-projects\acm-template\.gitignore
C:\Users\think\Code\yuzi-generator\yuzi-generator-demo-projects\acm-template\acm-template.iml
C:\Users\think\Code\yuzi-generator\yuzi-generator-demo-projects\acm-template\README.md
C:\Users\think\Code\yuzi-generator\yuzi-generator-demo-projects\acm-template\src\com\yupi\acm\MainTemplate.java

C:\Users\think\Code\yuzi-generator\yuzi-generator-basic>
```

图 3-20 给文件添加可执行权限

3.4.6.2 Windows 批处理文件

对于 Windows 系统,在项目根目录下创建 generator.bat 文件,输入脚本信息:

```
@echo off
java -jar target/yuzi-generator-basic-1.0-SNAPSHOT-jar-with-dependencies.jar %*
```

在上述批处理文件中:

★ @echo off 用于禁止在命令执行时显示命令本身。

★ java -jar <jar 包路径> %* 执行 Java 命令,其中 %* 用于将批处理文件接收到的所有参数传递给 Java 程序。

然后就可以在终端使用了。

3.4.7　命令模式的巧妙运用

不知道读者有没有发现，其实在上述代码中，已经浑然天成地运用了命令模式！

命令模式有如下 5 个要素：

- ★ 命令：GenerateCommand 等子命令中实现的 Runnable（或 Callable）接口。
- ★ 具体命令：每个子命令类。
- ★ 调用方：CommandExecutor 命令执行器类。
- ★ 接收者：代码生成器 MainGenerator 类（实际执行功能的类）。
- ★ 客户端：主程序 Main。

所以如果面试官问道："你的项目中哪里用到了设计模式？"现在应该能很好地回答了。

3.5　本章小结

至此，本项目第一阶段的教程"基于命令行的本地代码生成器"结束。

通过第一阶段的教程，我们已经理解了代码生成器的核心原理，并且跑通了命令行代码生成器的实现过程，制作了一款 ACM 模板代码生成器。

但是大家肯定不满足于制作这么简单的代码生成器吧？如果想做一个复杂的企业项目生成器，又该如何实现呢？如何降低制作生成器的成本？如何提高生成器的制作效率呢？

在后面的章节中，会带大家解决这些问题。

3.6　本章作业

1. 理解命令行程序的优势。
2. 熟悉 Picocli 命令行的实用功能并编写 Demo。
3. 理解命令模式的应用场景和实现原理，尝试自己编写 Demo。
4. 自己编写代码实现本章项目，并且在自己的代码仓库完成一次提交。

第 4 章
/
制作工具的开发

我们在第 3 章开发了一个基于命令行的 ACM 模板代码生成器。但是读者肯定不满足于制作这么简单的代码生成器吧？如果想做一个复杂的企业级项目生成器，该如何实现呢？此外，有没有什么办法能够提高代码生成器的制作效率呢？

答案当然是"用程序解决问题"。从本章开始，将进入项目的第二阶段，开发代码生成器制作工具，并且使用这个工具来制作一个复杂的企业项目生成器。重点内容包括：

1. 制作工具整体规划。
2. 制作工具核心设计。
3. 制作工具开发。

4.1 制作工具整体规划

制作工具是一个较复杂的工程，在企业开发中，对于复杂的工程，通常需要先进行整体的规划。

4.1.1 明确需求和业务

在第 1 章中，已经介绍过项目的 3 大阶段。其中，第二阶段的目标是实现本地的代码生成器制作工具，能够快速将一个项目制作为可以动态定制部分内容的代码生成器。此外，以一个 Spring Boot 初始化模板项目为例，演示如何根据自己的需要动态生成 Java 后端初始化项目。

相比于第一阶段人工开发本地代码生成器，完成本阶段后，开发者可以直接使用代码生成器制作工具来生成模板文件、数据模型和代码生成器 jar 包，能够大幅提高代码生成器的制作效率。

注意，一定要清楚生成器制作工具、代码生成器和目标代码的关系，如图 4-1 所示。

图 4-1　生成器制作工具、代码生成器和目标代码之间的关系

4.1.2　实现思路

制作工具的实现是比较复杂的，要考虑很多问题，例如：

1. 工具应该提供哪些能力？怎样提高代码生成器的制作效率？
2. 如何动态生成命令行工具？如何动态生成 jar 包？
3. 如何动态生成模板文件？怎样从原始文件中抽取参数？有哪些类型的参数？

之前也讲过，面对复杂的需求，首先要做的事情是**将需求进行拆解**，一步一步规划和设计方案，才更容易实现。

对于第二阶段要做的代码生成器，可以按照以下思路进行实现：

1. 开发基础的代码生成器制作工具。移除第一阶段 ACM 模板生成器项目的硬编码，能在已有项目模板的基础上，通过读取预设的配置文件来自动制作代码生成器的可执行文件。
2. 配置文件增强。以快速制作 Spring Boot 初始化模板项目生成器为目标，给配置文件增加更多参数，更灵活地制作更复杂的代码生成器。
3. 模板制作工具。可以帮助开发者自动生成配置文件和 FTL 动态模板文件，进一步提高制作效率。

有了整体的实现思路后，本章会先从第 1 步开始，设计开发一个基础的代码生成器制作工具。

4.2 核心设计

在开发前，要先进行需求分析，并根据需求去设计实现方案。

4.2.1 需求分析

一个基础的代码生成器制作工具，应该具有哪些功能呢？

先来回顾第一阶段中，是如何纯人工开发代码生成器的，开发步骤如下：

1. 基于要生成的项目，手动编写 FTL 动态模板文件。
2. 编写数据模型文件。
3. 编写 Picocli 命令类。
4. 编写代码生成文件 Generator（文件路径是"写死"的）。
5. 手动执行 Maven 命令构建 jar 包。
6. 自己封装快捷执行脚本。

其中，第 1 步可能是最复杂的，因为制作动态模板文件的规则多种多样，目前可能还不知道怎样提高这一步的效率。但假如已经有一套现成的项目模板文件，也已知哪些参数要填充到模板中，剩下的步骤完全可以让制作工具来自动实现。

以第一阶段的 ACM 模板项目为例，在 yuzi-generator-demo-projects 下复制 acm-template 项目，命名为 acm-template-pro，并且将之前编写好的 MainTemplate.java.ftl 模板文件移动到 com.yupi.acm 包下，如图 4-2 所示。

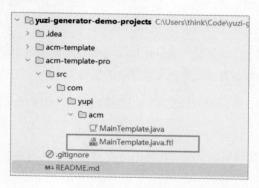

图 4-2 移动模板文件

对于图 4-2 所示的项目，已经有了 FTL 模板文件，也已经确认了要动态填充的参数信息（例如作者 author），就可以将这些信息保存为配置文件，让制作工具读取配置文件来生成数据模型文件、生成 Picocli 命令类、生成 Generator、构建 jar 包、封装脚本等。相当于上述步骤的第 2~6 步都不需要人工实现了，从而大幅提高制作效率。

所以，如何定义配置文件，是至关重要的！在正式写代码前，必须充分思考和设计。

4.2.2 元信息定义

给配置文件取一个更专业的名称，即"元信息"。元信息一般用来描述项目的数据，例如：项目的名称、作者等。

为什么需要元信息文件呢？本质上是把在项目中硬编码的内容转为可以灵活替换的配置。

例如第一阶段项目 MainGenerator 类中的动态文件路径，就是硬编码，如图 4-3 所示，这并不优雅。

```
public class MainGenerator {
    /**
     * 生成
     *
     * @param model 数据模型
     * @throws TemplateException
     * @throws IOException
     */
    public static void doGenerate(Object model) throws TemplateException, IOException {
        String projectPath = System.getProperty("user.dir");
        // 整个项目的根路径
        File parentFile = new File(projectPath).getParentFile();
        // 输入路径
        String inputPath = new File(parentFile, "yuzi-generator-demo-projects/acm-template").getAbsolutePath();
        String outputPath = projectPath;
        // 生成静态文件
        StaticGenerator.copyFilesByRecursive(inputPath, outputPath);
        // 生成动态文件
        String inputDynamicFilePath = projectPath + File.separator + "src/main/resources/templates/MainTemplate.java.ftl";
        String outputDynamicFilePath = outputPath + File.separator + "acm-template/src/com/yupi/acm/MainTemplate.java";
        DynamicGenerator.doGenerate(inputDynamicFilePath, outputDynamicFilePath, model);
    }
}
```

图 4-3 硬编码文件路径

如何设计元信息呢？其实和设计数据库表是类似的，都要根据实际的业务需求，设置合适的存储结构、字段名称和类别等。

4.2.2.1 元信息的存储结构

此处选用主流的 JSON 格式来存储元信息，因为 JSON 结构清晰、便于理解，并且对前端脚本语言 JavaScript 非常友好。

4.2.2.2 元信息的字段配置

元信息文件应该包含哪些配置信息呢？

想要确认这点，一般可以采用 2 种方式：

★ 参考其他项目的元信息配置，例如某知名的开源前端项目的 **package.json** 文件、某 Java 后端项目的 **application.yml** 文件等。

★ 分析自己的项目，思考项目需要用到哪些配置信息。

结合这两种方式，可以根据元信息的作用对配置字段进行分类，便于后面按层级组织各种配置：

★ 记录代码生成器的基本信息：例如项目名称、作者、版本号等。

★ 记录生成文件信息：例如输入文件路径、输出路径、文件类别（目录 / 文件）、生成类别（静态 / 动态）等。

★ 记录数据模型信息：例如参数的名称、描述、类型、默认值等。

4.2.2.3　示例配置信息

以前面新建的 **acm-template-pro** 项目为例，编写对应的元信息配置 JSON 文件，用于制作该项目的代码生成器。示例代码如下，可以先不用理解这些配置，后面会陆续讲解：

```json
{
  "name": "acm-template-pro-generator",
  "description": "ACM 示例模板生成器 ",
  "basePackage": "com.yupi",
  "version": "1.0",
  "author": "yupi",
  "createTime": "2023-11-22",
  "fileConfig": {
    "inputRootPath": "/Users/yupi/Code/yuzi-generator/yuzi-generator-demo-projects/acm-template-pro",
    "outputRootPath": "generated",
    "type": "dir",
    "files": [
      {
        "inputPath": "src/com/yupi/acm/MainTemplate.java.ftl",
        "outputPath": "src/com/yupi/acm/MainTemplate.java",
        "type": "file",
        "generateType": "dynamic"
      },
      {
        "inputPath": ".gitignore",
        "outputPath": ".gitignore",
        "type": "file",
        "generateType": "static"
      },
```

```json
      {
        "inputPath": "README.md",
        "outputPath": "README.md",
        "type": "file",
        "generateType": "static"
      }
    ]
  },
  "modelConfig": {
    "models": [
      {
        "fieldName": "loop",
        "type": "boolean",
        "description": "是否生成循环",
        "defaultValue": false,
        "abbr": "l"
      },
      {
        "fieldName": "author",
        "type": "String",
        "description": "作者注释",
        "defaultValue": "yupi",
        "abbr": "a"
      },
      {
        "fieldName": "outputText",
        "type": "String",
        "description": "输出信息",
        "defaultValue": "sum = ",
        "abbr": "o"
      }
    ]
  }
}
```

后面随着制作工具的能力增强，元信息的配置肯定会越来越多。为此，建议在外层尽量用对象来组织字段，而不是数组。在不确定信息的情况下，这么做更有利于字段的扩展。明确了元信息的设计，下面进入愉快的写代码阶段。

4.3　代码生成器制作工具开发

遵循前文需求分析中提到的代码生成器制作步骤，开发流程如下：

1. 项目初始化。
2. 读取元信息。

3. 生成数据模型文件。

4. 生成 Picocli 命令类。

5. 生成代码生成文件。

6. 程序构建 jar 包。

7. 程序封装脚本。

8. 测试验证。

4.3.1　maker 项目初始化

在项目根目录 yuzi-generator 下新建代码生成器制作工具项目 yuzi-generator-maker。直接复制 yuzi-generator-basic 项目然后改名即可，这样可以复用之前的代码。复制完项目后，用 IDEA 单独打开 yuzi-generator-maker 项目，如图 4-4 所示。

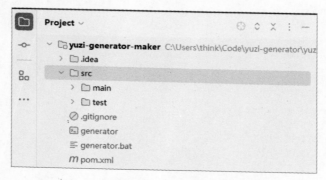

图 4-4　单独打开 yuzi-generator-maker 项目

在该项目内将字符串 "yuzi-generator-basic" 全局替换为 "yuzi-generator-maker"。然后将项目的根包由 com.yupi 重构为 com.yupi.maker，防止可能的多项目间冲突。

> **小知识 – IDEA 中快速重构**
>
> 选中包名，Windows 系统用户按 Shift + F6 组合键，macOS 系统用户按 ↑ + F6 组合键，就能快速重构包路径了。

接下来，需要完整阅读一遍当前项目代码，对其中的部分代码和目录结构进行优化。

4.3.1.1　代码和目录结构优化

1. 将 MainTemplateConfig.java 文件重命名为 DataModel.java，这是为了在后面生成数据模型文件时，显得更通用，做到见名知意。

2. 优化 DynamicGenerator.java。包括移除 Main 方法和多余的注释、补充文件不存在则创建文件和父目录的逻辑，示例代码如下：

```
// 文件不存在则创建文件和父目录
if (!FileUtil.exist(outputPath)) {
    FileUtil.touch(outputPath);
}
```

3. 优化 StaticGenerator.java。为了保证后续的代码生成不出错，只保留 copyFilesByHutool 方法，移除其他代码。代码如下：

```
public class StaticFileGenerator {
    public static void copyFilesByHutool(String inputPath, String outputPath) {
        FileUtil.copy(inputPath, outputPath, false);
    }
}
```

4. 将生成文件相关的类都从 maker.generator 包移动到 maker.generator.file 包下，并且更改文件名称，防止和后面的其他生成器混淆，如图 4-5 所示。

图 4-5 移动包

5. 删除其他无用代码，例如：

★ 删除 .gitignore 文件，统一在项目根目录管理 git 文件。

★ 删除现有的 FTL 模板文件。

★ 删除单元测试文件。

★ 删除所有制作好的脚本文件等。

得到的目录结构如图 4-6 所示。

4.3.1.2 生成文件目录结构化

要使用 maker 项目来制作代码生成器，也就是说需要生成一个完整的项目（类似 yuzi-generator-basic），那么必然需要用到很多 FTL 模板文件。

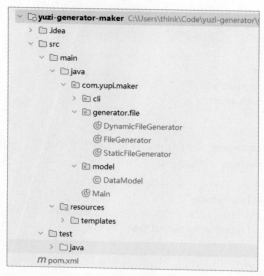

图 4-6 项目的目录结构

为了更清晰地管理模板文件，可以仿照 yuzi-generator-basic 项目，在 resources 目录下新建相似的目录结构，如图 4-7 所示。

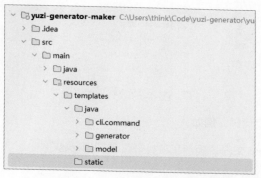

图 4-7 resources 的目录结构

其中，static 目录用于存放可以直接复制的静态文件。然后，可以把对应的模板文件放到对应的包下，和原项目的文件位置一一对应，便于理解和管理。

4.3.2 读取元信息

4.3.2.1 元信息定义

在前文已经提供了一个较为完整的元信息配置文件，将该文件命名为 meta.json 并存放到 maker 项目的 resources 目录下。

此处先来讲解最基础的元信息配置，结构如下：

```
{
  "name": "acm-template-pro-generator",
  "description": "ACM 示例模板生成器",
  "basePackage": "com.yupi",
  "version": "1.0",
  "author": "yupi",
  "createTime": "2023-11-22",
  "fileConfig": {
    ...
  },
  "modelConfig": {
    ...
  }
}
```

字段分别解释如下：

★ name：代码生成器名称，项目的唯一标识。

★ description：生成器的描述。

★ basePackage：控制生成代码的基础包名。

★ version：生成器的版本号，会影响 Maven 的 pom.xml 文件，从而影响 jar 包的名称。

★ author：作者名称。

★ createTime：创建时间。

★ fileConfig：是一个对象，用于控制文件的生成配置。

★ modelConfig：是一个对象，用于控制数据模型（动态参数）信息。

下面要编写代码，在 Java 程序中方便地读取到这个配置文件并转换为 Java 对象。

4.3.2.2 元信息模型类

在 maker.meta 包下新建 Meta 类，和元信息的结构与字段对应。

> **小知识 – 根据 JSON 文件生成 Java 类**
>
> 对于复杂的 JSON 结构，如果已经有示例数据，可以使用一些 JSON 文件转 Java 类的 IDEA 插件，例如 GsonFormatPlus，从而提高开发效率。

> Meta 类的代码可以在配套资料中获取。

4.3.2.3 读取元信息

有了实体类后，如何将 JSON 配置文件的值填充到实体对象呢？

很简单，先读取到资源目录下的元信息文件，然后使用 Hutool 工具库的 JSONUtil.toBean 方法，就能将 JSON 字符串转为对象了。示例代码如下：

```
String metaJson = ResourceUtil.readUtf8Str("meta.json");
Meta newMeta = JSONUtil.toBean(metaJson, Meta.class);
```

但是每次想获取 meta 对象时，都要重复执行这些操作吗？

当然不需要！因为配置文件在运行时不会发生变更，所以只需要得到一个 meta 对象并保存到内存中，之后就可以复用了，避免重复创建对象的开销。

为了实现这个能力，可以使用一种设计模式——单例模式。保证项目运行期间只有一个 meta 对象被创建，并且能够轻松获取。在 maker.meta 包下新建 MetaManager 类，用于实现单例模式，代码如下：

```java
public class MetaManager {
    private static volatile Meta meta;

    private MetaManager() {
        // 私有构造函数，防止外部实例化
    }

    public static Meta getMetaObject() {
        if (meta == null) {
            synchronized (MetaManager.class) {
                if (meta == null) {
                    meta = initMeta();
                }
            }
        }
        return meta;
    }

    private static Meta initMeta() {
        String metaJson = ResourceUtil.readUtf8Str("meta.json");
        Meta newMeta = JSONUtil.toBean(metaJson, Meta.class);
        Meta.FileConfig fileConfig = newMeta.getFileConfig();
        // todo 校验和处理默认值
        return newMeta;
    }
}
```

解释上述代码：

1. 定义了 meta 属性，用于接受 JSON 配置。使用 volatile 关键字修饰，确保多线程环境下的可见性。
2. 添加了一个私有构造函数，防止外部用 new 的方式创建出多个对象，破坏单例。
3. 定义了 getMetaObject 方法，用于获取 meta 对象。如果是首次获取，则执行 initMeta 方法来初始化 meta 对象；否则直接获取已有对象。此处使用双检锁进行并发控制，既保证了对象获取性能不会被锁影响，也能防止重复实例化。
4. 定义了 initMeta 方法，用于从 JSON 文件中获取对象属性并初始化 meta 对象。当然后续还可以执行对象校验、填充默认值等操作。

完成上述创建后，如果要获取 meta 对象信息，只需调用 MetaManager.getMetaObject 方法即可，相比每次都获取 JSON 文件并解析，提高了性能并简化代码。

> **小知识 – 饿汉式单例模式**
>
> 单例模式除了双检锁实现外，还有一种很常见的实现方式——饿汉式单例模式。在类加载时就初始化对象实例，从而保证在任何时候都只有一个实例。

它的优点是实现更简单，实现关键如下：

1. 将 meta 属性声明为 private static final，并在声明时进行初始化。
2. 将实例初始化逻辑提取到私有方法 initMeta 中，保持代码的清晰和可读性。

示例代码如下：

```java
public class MetaManager {

    private static final Meta meta = initMeta();

    private MetaManager() {
        // 私有构造函数，防止外部实例化
    }

    public static Meta getMetaObject() {
        return meta;
    }

    private static Meta initMeta() {
        // 编写初始化逻辑
    }
}
```

4.3.2.4 调用测试

可以在 maker.generator.main 包下新建 MainGenerator.java,测试能否获取包含配置信息的 meta 对象,代码如下:

```java
public class MainGenerator {
    public static void main(String[] args) {
        Meta meta = MetaManager.getMetaObject();
        System.out.println(meta);
    }
}
```

能成功获取并打印配置信息,如图 4-8 所示。

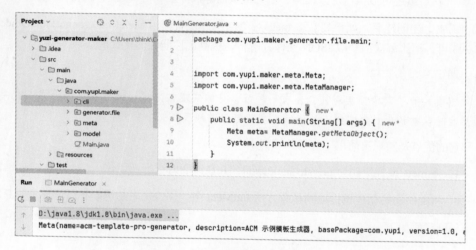

图 4-8　成功打印配置信息

4.3.3　生成数据模型文件

之前的数据模型文件是人工编写的,现在需要通过元信息自动生成。

4.3.3.1　元信息定义

先来思考生成数据模型文件需要哪些元信息。

为了明确这点,可以看看之前的项目有哪些地方用到了数据模型文件,例如 DataModel 和 GenerateCommand 类。通过分析这些类,可以得到数据模型元信息的定义代码:

```
{
    ...
```

```json
"modelConfig": {
  "models": [
    {
      "fieldName": "loop",
      "type": "boolean",
      "description": "是否生成循环",
      "defaultValue": false,
      "abbr": "l"
    },
    {
      "fieldName": "author",
      "type": "String",
      "description": "作者注释",
      "defaultValue": "yupi",
      "abbr": "a"
    },
    {
      "fieldName": "outputText",
      "type": "String",
      "description": "输出信息",
      "defaultValue": "sum = ",
      "abbr": "o"
    }
  ]
}
```

各字段的含义如下：

- ★ fieldName：参数名称，模型字段的唯一标识。

- ★ type：参数类别，例如字符串、布尔等。

- ★ description：参数的描述信息。

- ★ defaultValue：参数的默认值。

- ★ abbr：参数的缩写，用于生成命令行选项的缩写语法。

4.3.3.2 开发模板

有了前文的元信息，就可以编写对应的数据模型 FTL 模板文件了。在 resources/templates/java/model 目录下新建 DataModel.java.ftl 文件，代码如下：

```
package ${basePackage}.model;

import lombok.Data;
```

```
/**
 * 数据模型
 */
@Data
public class DataModel {
<#list modelConfig.models as modelInfo>

    <#if modelInfo.description??>
    /**
     * ${modelInfo.description}
     */
    </#if>
    private ${modelInfo.type} ${modelInfo.fieldName}<#if modelInfo.defaultValue??> = ${modelInfo.defaultValue?c}</#if>;
</#list>
}
```

上面的代码不难理解,主要就是将元信息中的配置填充到模板中,使用 <#list> 语法循环生成属性信息,使用 <#if> 语法来控制"有值才生成"。

其中,modelInfo.defaultValue?c 的作用是将任何类型的变量(例如 boolean 类型和 String 类型)都转换为字符串。

4.3.3.3 调用测试

在 maker.generator.main 包下的 MainGenerator.java 中编写调用测试代码,测试能否按照预期生成文件。调用代码的实现步骤如下:

1. 定义生成文件的根路径。这里选择当前项目下的 generated/ 生成器名称目录。
2. 定义要生成的 Java 代码根路径。需要将元信息中的 basePackage 转换为实际的文件路径。
3. 调用 DynamicFileGenerator 生成 DataModel 文件。

完整代码如下:

```java
public class MainGenerator {

    public static void main(String[] args) throws TemplateException, IOException {
        Meta meta = MetaManager.getMetaObject();
        System.out.println(meta);

        // 输出根路径
        String projectPath = System.getProperty("user.dir");
        String outputPath = projectPath + File.separator + "generated" + File.separator + meta.getName();
```

```
        if (!FileUtil.exist(outputPath)) {
            FileUtil.mkdir(outputPath);
        }

        // 读取 resources 目录
        ClassPathResource classPathResource = new ClassPathResource("");
        String inputResourcePath = classPathResource.getAbsolutePath();

        // Java 包基础路径
        String outputBasePackage = meta.getBasePackage();
        String outputBasePackagePath = StrUtil.join("/", StrUtil.split(outputBasePackage, "."));
        String outputBaseJavaPackagePath = outputPath + File.separator + "src/main/java/" + outputBasePackagePath;

        String inputFilePath;
        String outputFilePath;

        // model.DataModel
        inputFilePath = inputResourcePath + File.separator + "templates/java/model/DataModel.java.ftl";
        outputFilePath = outputBaseJavaPackagePath + "/model/DataModel.java";
        DynamicFileGenerator.doGenerate(inputFilePath , outputFilePath, meta);
    }
}
```

测试执行上述代码,成功在指定位置生成了文件,如图 4-9 所示。

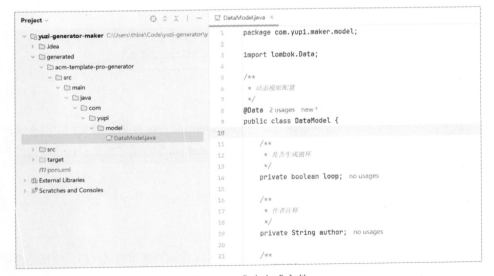

图 4-9　成功生成文件

4.3.4 生成 Picocli 命令类

之前 Picocli 命令行相关代码是人工编写的，包括：

★ 具体命令 GenerateCommand.java、ListCommand.java 和 ConfigCommand.java。

★ 命令执行器：CommandExecutor.java。

★ 调用命令执行器的主类：Main.java。

现在这些文件都可以基于元信息自动生成，实现流程和前文的生成数据模型文件完全一致：先开发 FTL 模板，然后编写调用测试代码。

4.3.4.1 开发模板

需要开发 5 个模板文件，放在对应的目录下，如图 4-10 所示。

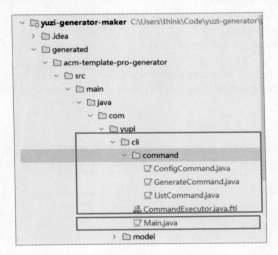

图 4-10 新建模板文件

其中，编写查看文件列表命令模板文件 ListCommand.java.ftl 时，需要把之前硬编码的项目文件路径改为读取元信息的 fileConfig.inputRootPath 字段动态生成。这个字段的作用就是指定模板文件的根路径，后面会讲到。

> 模板文件代码可以在配套资料中获取。

4.3.4.2 调用测试

在 maker.generator.main 包下的 MainGenerator.java 中编写调用测试代码，测试能否按照预期生成文件。

4.3 代码生成器制作工具开发

直接在之前的代码中补充，调用 DynamicFileGenerator 来生成命令类相关代码文件。新增代码如下：

```java
public class MainGenerator {

    public static void main(String[] args) throws TemplateException, IOException {
        ...
        // cli.command.ConfigCommand
        inputFilePath = inputResourcePath + File.separator + "templates/java/cli/command/ConfigCommand.java.ftl";
        outputFilePath = outputBaseJavaPackagePath + "/cli/command/ConfigCommand.java";
        DynamicFileGenerator.doGenerate(inputFilePath, outputFilePath, meta);

        // cli.command.GenerateCommand
        inputFilePath = inputResourcePath + File.separator + "templates/java/cli/command/GenerateCommand.java.ftl";
        outputFilePath = outputBaseJavaPackagePath + "/cli/command/GenerateCommand.java";
        DynamicFileGenerator.doGenerate(inputFilePath, outputFilePath, meta);

        // cli.command.ListCommand
        inputFilePath = inputResourcePath + File.separator + "templates/java/cli/command/ListCommand.java.ftl";
        outputFilePath = outputBaseJavaPackagePath + "/cli/command/ListCommand.java";
        DynamicFileGenerator.doGenerate(inputFilePath, outputFilePath, meta);

        // cli.CommandExecutor
        inputFilePath = inputResourcePath + File.separator + "templates/java/cli/CommandExecutor.java.ftl";
        outputFilePath = outputBaseJavaPackagePath + "/cli/CommandExecutor.java";
        DynamicFileGenerator.doGenerate(inputFilePath, outputFilePath, meta);

        // Main
        inputFilePath = inputResourcePath + File.separator + "templates/java/Main.java.ftl";
        outputFilePath = outputBaseJavaPackagePath + "/Main.java";
        DynamicFileGenerator.doGenerate(inputFilePath, outputFilePath, meta);
    }
}
```

测试执行上述代码，成功在指定位置生成了文件，然后就可以把 maker 项目中的 cli 包删掉了（记得把调用 cli 包的代码也注释或删除掉），因为后续不会使用。

4.3.5 生成代码生成文件

之前的 yuzi-generator-basic 项目中，已经编写好了代码生成相关文件，包括：DynamicGenerator.java、MainGenerator.java、StaticGenerator.java，最终通过调用 MainGenerator 来生成代码。

但是，之前是直接将项目文件路径硬编码到生成文件中的，如图 4-11 所示。

```java
public class FileGenerator {
     * @param model 数据模型
     * @throws TemplateException
     * @throws IOException
     */
    public static void doGenerate(Object model) throws TemplateException, IOException {
        String projectPath = System.getProperty("user.dir");
        // 整个项目的根路径
        File parentFile = new File(projectPath).getParentFile();
        // 输入路径
        String inputPath = new File(parentFile, "yuzi-generator-demo-projects/acm-template").getAbsolutePath();
        String outputPath = projectPath;
        // 生成静态文件
        StaticFileGenerator.copyFilesByHutool(inputPath, outputPath);
        // 生成动态文件
        String inputDynamicFilePath = projectPath + File.separator + "src/main/resources/templates/DataModel.java.ftl.ftl";
        String outputDynamicFilePath = outputPath + File.separator + "acm-template/src/com/yupi/acm/MainTemplate.java";
        DynamicFileGenerator.doGenerate(inputDynamicFilePath, outputDynamicFilePath, model);
    }
}
```

图 4-11 硬编码文件路径

如果要生成多个动态文件，还要手动填写多个模板文件的路径，这种方式太不优雅了！所以现在要改为通过元信息自动生成这些文件。

4.3.5.1 元信息定义

可以通过分析之前的 MainGenerator.java 文件来确认需要的元信息，代码如下：

```
{
    ...
  "fileConfig": {
    "inputRootPath": "/Users/yupi/Code/yuzi-generator/yuzi-generator-demo-projects/acm-template-pro",
    "outputRootPath": "generated",
    "type": "dir",
    "files": [
      {
        "inputPath": "src/com/yupi/acm/MainTemplate.java.ftl",
        "outputPath": "src/com/yupi/acm/MainTemplate.java",
        "type": "file",
        "generateType": "dynamic"
      },
```

```json
    {
      "inputPath": ".gitignore",
      "outputPath": ".gitignore",
      "type": "file",
      "generateType": "static"
    },
    {
      "inputPath": "README.md",
      "outputPath": "README.md",
      "type": "file",
      "generateType": "static"
    }
  ]
}
```

各字段的含义如下：

- **inputRootPath**：输入模板文件的根路径，即到哪里去找 FTL 模板文件。
- **outputRootPath**：输出最终代码的根路径。
- **type**：文件类别，目录或文件。
- **files**：子文件列表，支持递归。
  - **inputPath**：输入文件的具体路径。
  - **outputPath**：输出文件的具体路径。
  - **generateType**：文件的生成类型，静态或动态。

所有的字段路径，都是支持相对路径的。

注意：需要将 inputRootPath 修改为自己本地的项目模板根目录，路径间用 / 符号分隔，如图 4-12 所示。

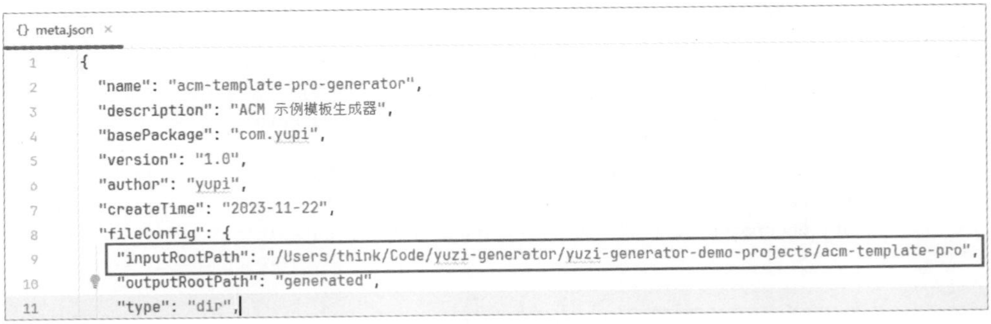

```json
{
  "name": "acm-template-pro-generator",
  "description": "ACM 示例模板生成器",
  "basePackage": "com.yupi",
  "version": "1.0",
  "author": "yupi",
  "createTime": "2023-11-22",
  "fileConfig": {
    "inputRootPath": "/Users/think/Code/yuzi-generator/yuzi-generator-demo-projects/acm-template-pro",
    "outputRootPath": "generated",
    "type": "dir",
```

图 4-12　修改 inputRootPath

4.3.5.2 开发模板

有了上面的元信息，就可以开发用于生成 Generator 文件的模板了。

1. 在 resources/templates/java/generator 目录下新建模板文件 MainGenerator.java.ftl。

这个文件的编写还是有点复杂的，如果没办法一次性编写出 FTL 模板文件，就先编写一个可执行的目标代码。

打开 yuzi-generator-basic 项目，修改 MainGenerator.java 文件，代码如下：

```java
/**
 * 核心生成器
 */
public class MainGenerator {

    /**
     * 生成
     *
     * @param model 数据模型
     * @throws TemplateException
     * @throws IOException
     */
    public static void doGenerate(Object model) throws TemplateException, IOException {
        String inputRootPath = "C:\\code\\yuzi-generator\\yuzi-generator-demo-projects\\acm-template-pro";
        String outputRootPath = "C:\\code\\yuzi-generator\\acm-template-pro";

        String inputPath;
        String outputPath;

        inputPath = new File(inputRootPath, "src/com/yupi/acm/MainTemplate.java.ftl").getAbsolutePath();
        outputPath = new File(outputRootPath, "src/com/yupi/acm/MainTemplate.java").getAbsolutePath();
        DynamicGenerator.doGenerate(inputPath, outputPath, model);

        inputPath = new File(inputRootPath, ".gitignore").getAbsolutePath();
        outputPath = new File(outputRootPath, ".gitignore").getAbsolutePath();
        StaticGenerator.copyFilesByHutool(inputPath, outputPath);

        inputPath = new File(inputRootPath, "README.md").getAbsolutePath();
        outputPath = new File(outputRootPath, "README.md").getAbsolutePath();
        StaticGenerator.copyFilesByHutool(inputPath, outputPath);
    }
}
```

注意，上述代码中的 inputRootPath 和 outputRootPath 都要改为自己本地的绝对路径！

然后可以编写一个 main 方法测试上面的代码能否正确生成文件。如果能够生成，说明目标代码是正确的，就可以参考它来编写模板文件了。

2. 在 resources/templates/java/generator 目录下新建模板文件 DynamicGenerator.java.ftl 和 StaticGenerator.java.ftl。

由于这些文件都是通用的代码生成工具，所以不需要定制，修改包名即可。

新建完上述模板文件后，resources 目录的结构如图 4-13 所示。

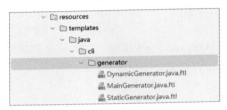

图 4-13　新建模板文件

模板文件代码可以在配套资料中获取。

4.3.5.3　调用测试

在 maker.generator.main 包下的 MainGenerator.java 中编写调用测试代码，测试能否按照预期生成文件。直接在之前的代码中补充，调用 DynamicFileGenerator 来生成命令类相关代码文件。MainGenerator.java 新增代码如下：

```
public class MainGenerator {
    public static void main(String[] args) throws TemplateException, IOException {
        ...
        // generator.DynamicGenerator
        inputFilePath = inputResourcePath + File.separator + "templates/java/generator/DynamicGenerator.java.ftl";
        outputFilePath = outputBaseJavaPackagePath + "/generator/DynamicGenerator.java";
        DynamicFileGenerator.doGenerate(inputFilePath, outputFilePath, meta);

        // generator.MainGenerator
        inputFilePath = inputResourcePath + File.separator + "templates/java/generator/MainGenerator.java.ftl";
        outputFilePath = outputBaseJavaPackagePath + "/generator/MainGenerator.java";
        DynamicFileGenerator.doGenerate(inputFilePath, outputFilePath, meta);

        // generator.StaticGenerator
        inputFilePath = inputResourcePath + File.separator + "templates/java/generator/StaticGenerator.java.ftl";
        outputFilePath = outputBaseJavaPackagePath + "/generator/StaticGenerator.java";
```

```
            DynamicFileGenerator.doGenerate(inputFilePath , outputFilePath, meta);
    }
}
```

测试执行上述代码，成功在指定位置生成了文件。

之后，如果要更换输入项目模板的路径或生成目标代码的输出路径，直接修改 fileConfig 的相关配置即可，不用再自己修改代码了。

4.3.6　程序构建 jar 包

之前是通过手动执行 Maven 命令来构建 jar 包的，那么如果要实现程序自动构建 jar 包，只需要让程序来执行 Maven 打包命令即可。

4.3.6.1　开发实现

1. 在本地（或服务器）安装 Maven 并配置环境变量。

> 参考教程可在配套资料中获取。

安装完成后，打开终端，执行 mvn -v 命令检测是否安装成功。

2. 在 generator 目录下新建 JarGenerator.java 类，编写构建 jar 包的逻辑。

程序实现的关键是：使用 Java 内置的 Process 类执行 Maven 打包命令，并获取到命令的输出信息。需要注意的是，不同的操作系统，执行的命令代码不同。代码如下：

```java
public class JarGenerator {
    public static void doGenerate(String projectDir) throws IOException, InterruptedException {
        // 清理之前的构建并打包
        // 注意不同操作系统，执行的命令不同
        String winMavenCommand = "mvn.cmd clean package -DskipTests=true";
        String otherMavenCommand = "mvn clean package -DskipTests=true";
        String mavenCommand = winMavenCommand;
        // 这里一定要拆分！
        ProcessBuilder processBuilder = new ProcessBuilder(mavenCommand.split(" "));
        processBuilder.directory(new File(projectDir));
        Process process = processBuilder.start();
        // 读取命令的输出
        InputStream inputStream = process.getInputStream();
        BufferedReader reader = new BufferedReader(new InputStreamReader(inputStream));
        String line;
        while ((line = reader.readLine()) != null) {
            System.out.println(line);
```

```java
        }
        // 等待命令执行完成
        int exitCode = process.waitFor();
        System.out.println("命令执行结束，退出码：" + exitCode);
    }

    public static void main(String[] args) throws IOException, InterruptedException {
        doGenerate("C:\\code\\yuzi-generator\\yuzi-generator-maker\\generated\\acm-template-pro-generator");
    }
}
```

注意：要把上述代码 main 方法中的生成路径改为自己本地的项目路径。

3）想使用 Maven 打包项目，项目的根目录下必须要有 pom.xml 项目管理文件。这个文件也是需要根据元信息动态生成的。

在 resources/templates 目录下新建 pom.xml.ftl 模板文件，用于动态生成 pom.xml。需要根据元信息动态替换项目信息、主运行类（mainClass）的包路径等。部分代码如下：

```xml
<?xml version="1.0" encoding="UTF-8"?>
<project xmlns="http://maven.apache.org/POM/4.0.0"
         xmlns:xsi="http://www.w3.org/2001/XMLSchema-instance"
         xsi:schemaLocation="http://maven.apache.org/POM/4.0.0 http://maven.apache.org/xsd/maven-4.0.0.xsd">
    <modelVersion>4.0.0</modelVersion>

    <groupId>${basePackage}</groupId>
    <artifactId>${name}</artifactId>
    <version>${version}</version>

    ...
</project>
```

完整代码可以在配套资料中获取。

在 MainGenerator 中追加代码，生成 pom.xml 文件，然后调用构建 jar 包的方法：

```java
public class MainGenerator {
    public static void main(String[] args) throws TemplateException, IOException, InterruptedException {
        ...
        // pom.xml
        inputFilePath = inputResourcePath + File.separator + "templates/pom.xml.ftl";
        outputFilePath = outputPath + File.separator + "pom.xml";
        DynamicFileGenerator.doGenerate(inputFilePath, outputFilePath, meta);
```

```
        // 构建jar包
        JarGenerator.doGenerate(outputPath);
    }
}
```

4.3.6.2　调用测试

执行 MainGenerator，首次构建需要拉取依赖信息，要等一段时间。

最后看到"BUILD SUCCESS"的输出信息，表示打包成功。可以在生成的目录中看到 pom.xml 和 jar 包文件，如图 4-14 所示。

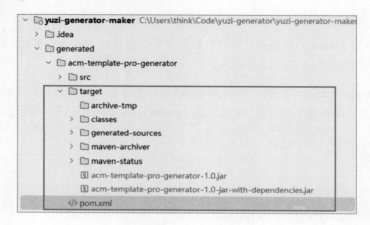

图 4-14　打包成功

4.3.7　程序封装脚本

有了 jar 包后，就可以根据 jar 包的路径，让程序自动生成脚本文件了。

4.3.7.1　开发实现

1. 在 generator 目录下新建 ScriptGenerator.java 类，编写脚本文件生成逻辑。

先要将生成逻辑封装为一个方法，方法需要传入 jar 包路径（jarPath），因为不同的元信息构建出的 jar 包名称和路径是不同的。

由于脚本文件的内容非常简单，只有几行代码，所以不用编写 FTL 模板了，直接使用 StringBuilder 拼接字符串，然后写入文件。

注意，如果不是 Windows 系统，还需要在生成文件后，使用 PosixFilePermissions 类给文件默认添加可执行权限，代码如下：

```java
public class ScriptGenerator {
    public static void doGenerate(String outputPath, String jarPath) throws IOException {
        // 直接写入脚本文件
        // 生成 Linux 脚本
        StringBuilder sb = new StringBuilder();
        sb.append("#!/bin/bash").append("\n");
        sb.append(String.format("java -jar %s \"$@\"", jarPath)).append("\n");
        FileUtil.writeBytes(sb.toString().getBytes(StandardCharsets.UTF_8), outputPath);
        // 添加可执行权限
        try {
            Set<PosixFilePermission> permissions = PosixFilePermissions.fromString("rwxrwxrwx");
            Files.setPosixFilePermissions(Paths.get(outputPath), permissions);
        } catch (Exception e) {}
        // 生成 Windows 脚本
        sb = new StringBuilder();
        sb.append("@echo off").append("\n");
        sb.append(String.format("java -jar %s %%*", jarPath)).append("\n");
        FileUtil.writeBytes(sb.toString().getBytes(StandardCharsets.UTF_8), outputPath + ".bat");
    }
}
```

2）在 MainGenerator 中追加代码，根据元信息拼接 jar 包路径，并传给 ScriptGenerator 来生成脚本。追加代码如下：

```java
public class MainGenerator {
    public static void main(String[] args) throws TemplateException, IOException, InterruptedException {
        ...
        // 封装脚本
        String shellOutputFilePath = outputPath + File.separator + "generator";
        String jarName = String.format("%s-%s-jar-with-dependencies.jar", meta.getName(), meta.getVersion());
        String jarPath = "target/" + jarName;
        ScriptGenerator.doGenerate(shellOutputFilePath, jarPath);
    }
}
```

4.3.7.2 调用测试

执行 MainGenerator，可以在生成的项目目录下生成 2 个脚本文件。在终端中进入生成的项目目录，并运行脚本文件，看到如图 4-15 所示的输出信息，表示生成脚本成功。

```
C:\Users\think\Code\yuzi-generator\yuzi-generator-maker\generated\acm-template-pro-generator>.\generator --help
Usage: acm-template-pro-generator [-hV] [COMMAND]
  -h, --help      Show this help message and exit.
  -V, --version   Print version information and exit.
Commands:
  generate   生成代码
  config     查看参数信息
  list       查看文件列表
```

图 4-15　运行脚本文件

4.3.8　测试验证

通过前面的几个步骤，已经能通过执行 MainGenerator 快速生成一个代码生成器的代码和执行脚本了，可以验证该脚本各功能是否能够正常使用。

例如执行 generator generate 命令，应该能够正常使用并生成代码，如图 4-16 所示。

```
C:\Users\think\Code\yuzi-generator\yuzi-generator-maker\generated\acm-template-pro-generator>.\generator generate -a -o -l
Enter value for --author (作者注释): yupi
Enter value for --outputText (输出信息): nice output
Enter value for --loop (是否生成循环): true
C:\Users\think\Code\yuzi-generator\yuzi-generator-maker\generated\acm-template-pro-generator>
```

图 4-16　命令正确执行

4.4　本章小结

以上就是本章内容，以定义元信息为核心，实现了基础的代码生成器制作工具。开发者可以通过修改配置文件快速制作代码生成器，整个程序也变得更加灵活。

一定要把这种思维刻在 DNA 里：只要项目中出现了硬编码，就要思考能否通过配置提升代码的灵活性和可扩展性。

但是目前代码生成器制作工具还存在很多的不足，例如实现不够优雅、机制不够完善、能力不够丰富，在后面的章节中，会不断优化制作工具。

4.5　本章作业

1. 理解元信息文件的作用。
2. 编写代码实现本章项目，并且在自己的代码仓库完成一次提交。
3. 思考现在的制作工具项目还有哪些不足之处，如何优化。

第 5 章
制作工具的优化

我们在第 4 章已经实现了基础的代码生成器制作工具，能够根据配置文件自动生成代码生成器项目，并自动生成 jar 包和脚本文件。但目前的制作工具还存在很多不足，不仅功能不够丰富，项目本身的代码也有一定的问题和优化空间。本章会针对之前的制作工具项目进行多个角度的优化，帮助读者开拓项目优化思路。重点内容包括：

1. 可移植性优化。
2. 功能优化。
3. 健壮性优化。
4. 可扩展性优化。

5.1 可移植性优化

现在的制作工具存在一个很严重的问题：由于生成代码所依赖的原始模板文件并没有被打包到代码生成器项目中，因此，当把代码生成器脚本分享给别人，或者更换一台计算机时，项目就无法正常运行了。

如图 5-1 所示，MainGenerator 生成代码时依赖的 inputRootPath（模板文件路径）是固定的。

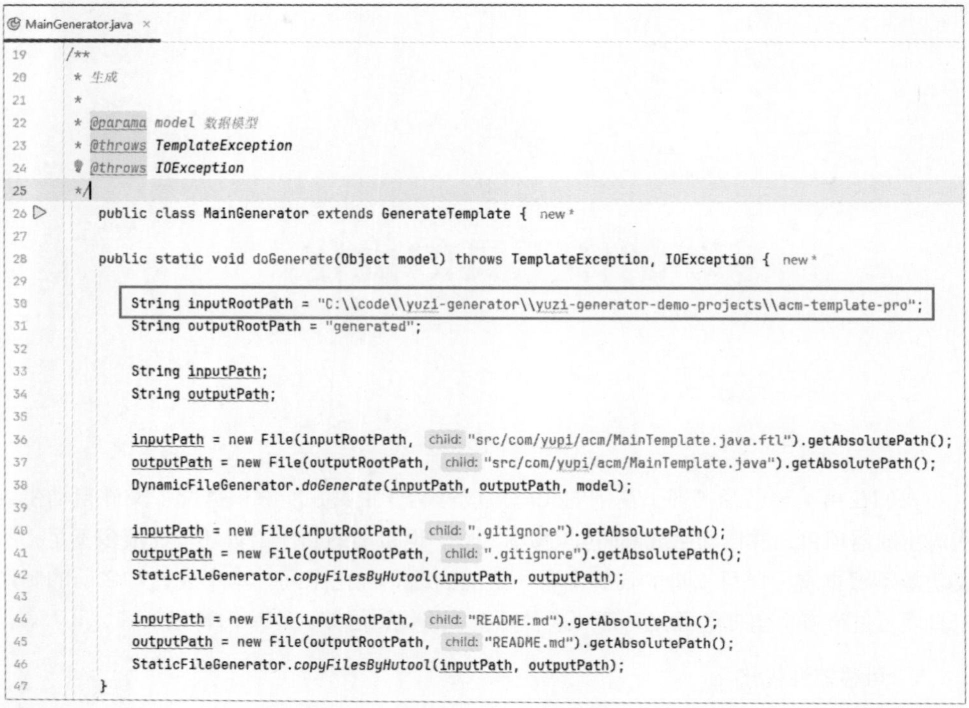

```java
/**
 * 生成
 *
 * @parama model 数据模型
 * @throws TemplateException
 * @throws IOException
 */
public class MainGenerator extends GenerateTemplate { new*

    public static void doGenerate(Object model) throws TemplateException, IOException { new*

        String inputRootPath = "C:\\code\\yuzi-generator\\yuzi-generator-demo-projects\\acm-template-pro";
        String outputRootPath = "generated";

        String inputPath;
        String outputPath;

        inputPath = new File(inputRootPath, child: "src/com/yupi/acm/MainTemplate.java.ftl").getAbsolutePath();
        outputPath = new File(outputRootPath, child: "src/com/yupi/acm/MainTemplate.java").getAbsolutePath();
        DynamicFileGenerator.doGenerate(inputPath, outputPath, model);

        inputPath = new File(inputRootPath, child: ".gitignore").getAbsolutePath();
        outputPath = new File(outputRootPath, child: ".gitignore").getAbsolutePath();
        StaticFileGenerator.copyFilesByHutool(inputPath, outputPath);

        inputPath = new File(inputRootPath, child: "README.md").getAbsolutePath();
        outputPath = new File(outputRootPath, child: "README.md").getAbsolutePath();
        StaticFileGenerator.copyFilesByHutool(inputPath, outputPath);
    }
```

图 5-1　生成代码时依赖的模板文件路径是固定的

用一个专业术语总结就是，现在的程序不具备"可移植性"。

一般来说，程序的可移植性是指程序在不同计算机、操作系统或编程语言环境下能够正确运行的能力。具有良好可移植性的程序能够在不同的环境中轻松运行，而不需要经过大量的修改以适应新环境。

对应到本项目上，可移植性是指能够让程序在不同的计算机上正常运行，而不需要再人工复制项目模板文件和调整路径。实现可移植性是至关重要的，不仅有利于代码生成器的分享，而且可以为以后将平台线上化做好准备。

那么如何实现可移植性呢？其实很简单，核心思路是"把绝对路径改为相对路径"。只需要把代码生成器依赖的模板文件移动到生成后的代码生成器目录下，例如".source/项目名"，然后就可以在生成器中通过相对路径找到模板文件了。

之前已经在元信息中定义了 fileConfig.inputRootPath，用于控制实际生成时的模板文件路径。那么现在可以新增 fileConfig.sourceRootPath 字段，表示模板文件所在的原始路径（相当于之前的 fileConfig.inputRootPath），然后将 fileConfig.inputRootPath 改为相对路径，这样就不用修改生成器代码了。修改后的元信息文件如下：

```
"fileConfig": {
    "inputRootPath": ".source/acm-template-pro",
    "outputRootPath": "/Users/yupi/Code/yuzi-generator/acm-template-pro",
    "sourceRootPath": "/Users/yupi/Code/yuzi-generator/yuzi-generator-demo-projects/acm-template-pro",
    "type": "dir"
}
```

需要同步修改 Meta.java 实体类，增加 sourceRootPath 字段，代码如下：

```
@NoArgsConstructor
@Data
public static class FileConfig {
    private String inputRootPath;
    private String outputRootPath;
    private String sourceRootPath;
    private String type;
    private List<FileInfo> files;

    ...
}
```

接着在 MainGenerator 中增加复制原始模板文件的逻辑，将其放到所有生成代码操作之前（即读取 resources 目录的前面）。修改代码如下：

```
public class MainGenerator {
    public static void main(String[] args) throws TemplateException, IOException, InterruptedException {
        ...
        // 输出根路径
        ...
        // 复制原始模板文件
        String sourceRootPath = meta.getFileConfig().getSourceRootPath();
        String sourceCopyDestPath = outputPath + File.separator + ".source";
        FileUtil.copy(sourceRootPath, sourceCopyDestPath, false);
        // 读取 resources 目录
        ...
    }
}
```

执行测试，成功在生成的项目中复制了原始模板文件。

> 注意，不同操作系统（例如 Windows 和其他操作系统）的路径规则不太一致，需要保证路径的处理可以兼容多个平台。

5.2 功能优化

接下来优化制作工具的基本功能，目标是让制作的代码生成器项目更规范。

这里提供两种思路：增加项目介绍文件、制作精简版代码生成器。

5.2.1 增加项目介绍文件

优秀的开源项目会在根目录下提供 README.md 文件（项目介绍文件），帮助用户快速了解整个项目的背景、价值、用法、参与方式等。代码生成器作为一个工具，用法介绍是必不可少的，所以要让制作工具额外生成一个 README.md 文件。

预期生成的 README.md 文件如图 5-2 所示。

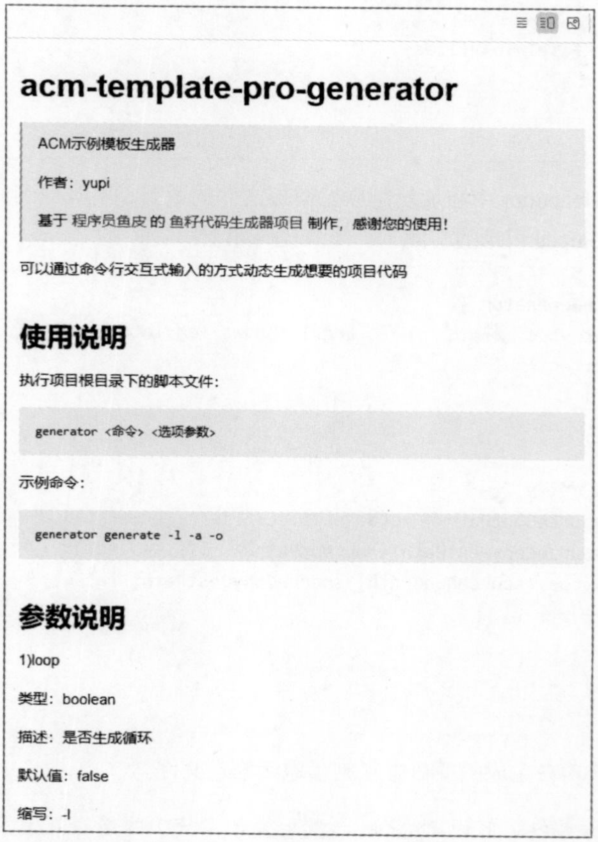

acm-template-pro-generator

> ACM示例模板生成器
>
> 作者：yupi
>
> 基于 程序员鱼皮 的 鱼籽代码生成器项目 制作，感谢您的使用！

可以通过命令行交互式输入的方式动态生成想要的项目代码

使用说明

执行项目根目录下的脚本文件：

```
generator <命令> <选项参数>
```

示例命令：

```
generator generate -l -a -o
```

参数说明

1)loop

类型：boolean

描述：是否生成循环

默认值：false

缩写：-l

图 5-2 预期生成的 README.md 文件

实现方式和之前类似，读取元信息并使用 FreeMarker 动态生成即可。

1. 打开制作工具项目，在 resources/templates 目录下编写 README.md.ftl 模板文件。读者可以根据自己的想法编写，例如引导用户关注项目等。

> 代码可以在配套资料中获取。

2. 然后在 MainGenerator 构建 jar 包的代码前增加 README.md 文件的生成功能，追加代码如下：

```java
public class MainGenerator {
    public static void main(String[] args) throws TemplateException, IOException,
InterruptedException {
        ...
        // README.md
        inputFilePath = inputResourcePath + File.separator + "templates/README.md.ftl";
        outputFilePath = outputPath + File.separator + "README.md";
        DynamicFileGenerator.doGenerate(inputFilePath , outputFilePath, meta);
        // 构建 jar 包
        JarGenerator.doGenerate(outputPath);
        ...
    }
}
```

测试执行，会在项目根目录下成功生成 README.md 文件。

5.2.2 制作精简版代码生成器

观察现在的制作工具生成的代码生成器文件，其中不仅包含了实际执行的 jar 包和脚本文件，还包含了生成器源码文件、target 目录中的编译代码文件等，如图 5-3 所示。

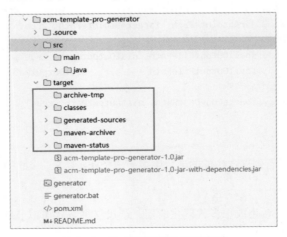

图 5-3 生成的代码生成器文件

但其实，对于使用代码生成器的用户来说，他们可能并不关注这些文件，只要能运行脚本就可以。

所以，可以生成更为精简的代码生成器，只需要保留 jar 包、脚本文件、原始模板文件，其他的都可以移除，从而节约存储空间。

由于项目还在开发阶段，因此并不会修改原有的代码生成方式，而是会额外生成一套精简版的代码生成器并放到 dist 目录下，便于后续调试，或者交给用户自己选择生成方式。

实现起来并不难，在 **MainGenerator** 的末尾补充生成精简版项目的逻辑。修改后的代码如下：

```java
public class MainGenerator {
    public static void main(String[] args) throws TemplateException, IOException, InterruptedException {
        ...
        // 封装脚本
        String shellOutputFilePath = outputPath + File.separator + "generator";
        String jarName = String.format("%s-%s-jar-with-dependencies.jar", meta.getName(), meta.getVersion());
        String jarPath = "target/" + jarName;
        ScriptGenerator.doGenerate(shellOutputFilePath, jarPath);

        // 生成精简版的程序（产物包）
        String distOutputPath = outputPath + "-dist";
        // - 复制 jar 包
        String targetAbsolutePath = distOutputPath + File.separator + "target";
        FileUtil.mkdir(targetAbsolutePath);
        String jarAbsolutePath = outputPath + File.separator + jarPath;
        FileUtil.copy(jarAbsolutePath, targetAbsolutePath, true);
        // - 复制脚本文件
        FileUtil.copy(shellOutputFilePath, distOutputPath, true);
        FileUtil.copy(shellOutputFilePath + ".bat", distOutputPath, true);
        // - 复制原始模板文件
        FileUtil.copy(sourceCopyDestPath, distOutputPath, true);
    }
}
```

测试执行，可以看到这次生成的项目中多了一个 dist 目录，里面的文件更少、更轻量，如图 5-4 所示。

如果以后要在平台生成很多代码生成器，通过这种方式可以节约存储空间，从而降低成本。

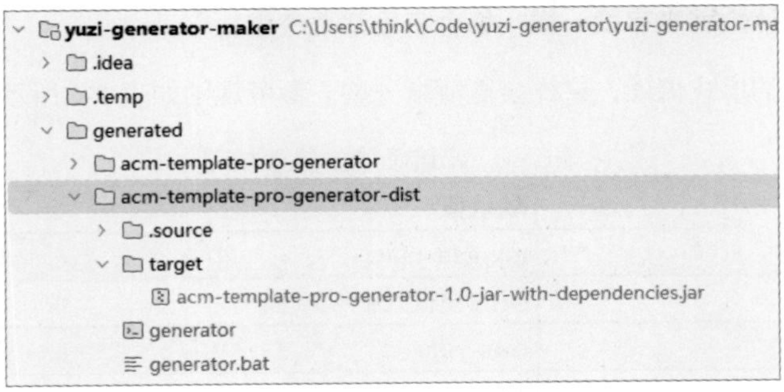

```
v ⌂ yuzi-generator-maker  C:\Users\think\Code\yuzi-generator\yuzi-generator-ma
  > ⌂ .idea
  > ⌂ .temp
  v ⌂ generated
    > ⌂ acm-template-pro-generator
    v ⌂ acm-template-pro-generator-dist
      > ⌂ .source
      v ⌂ target
          ▤ acm-template-pro-generator-1.0-jar-with-dependencies.jar
      ▤ generator
      ▤ generator.bat
```

图 5-4　生成的 dist 目录

> **小知识 – 更多扩展思路**
> 制作工具生成的代码生成器可以支持使用 Git 版本控制工具来托管，还可以根据元信息配置让开发者选择是否开启该功能。

实现思路：可以通过 Process 执行 git init 命令，并将 Java 的 .gitignore 模板文件复制到代码生成器中。

5.3　健壮性优化

健壮性是企业项目至关重要的特性，通常是指程序在不同条件下能否稳定运行。一个健壮的程序能够在各种不同的用户输入和使用方式下保持正常运行，并且正确处理异常情况，而不会崩溃或出现严重错误。

5.3.1　健壮性优化策略

常用的健壮性优化策略有：输入校验、异常处理、故障恢复、自动重试、降级等。

对于代码生成器制作工具项目，影响代码生成结果的，也是需要用户修改的核心内容是元信息配置文件，所以一定要对元信息进行校验，并且使用默认值来填充空值，防止因用户错误输入而导致异常，从而提高健壮性。

5.3.2　元信息校验和默认值填充

5.3.2.1　规则梳理

在编写代码前，要先梳理元信息的每个字段的校验规则和默认值填充规则。

注意，和设计数据表字段一样，每个字段都要考虑！

建议用表格的形式梳理，这样会更清晰一些。参考规则如表 5-1 所示。

表5–1　元信息校验参考规则

字段	默认值	校验规则
name	my-generator	
description	我的模板代码生成器	
basePackage	com.yupi	
version	1.0	
author	yupi	
createTime	当前日期	
fileConfig.sourceRootPath		必填
fileConfig.inputRootPath	.source + sourceRootPath的最后一个层级路径	
fileConfig.outputRootPath	当前路径下的generated	
fileConfig.type	dir	
fileConfig.files.inputPath		必填
fileConfig.files.outputPath	inputPath	
fileConfig.files.type	默认inputPath 有文件后缀（如 .java），type 为file，否则为dir	
fileConfig.files.generateType	如果文件结尾不为.ftl，则generateType 默认为static，否则为dynamic	
modelConfig.models.fieldName		必填
modelConfig.models.description		
modelConfig.models.type	String	
modelConfig.models.defaultValue		
modelConfig.models.abbr		

5.3.2.2　自定义异常类

由于元信息校验是一个很重要的操作，因此要专门定义一个元信息异常类，便于后续集中处理由于元信息输入错误而导致的异常。

在 maker.meta 目录下新增 MetaException.java 文件，代码如下：

```java
public class MetaException extends RuntimeException {
    public MetaException(String message) {
        super(message);
    }

    public MetaException(String message, Throwable cause) {
```

```
        super(message, cause);
    }
}
```

如果配置不符合元信息校验规则，则可以抛出该异常。示例代码如下：

```
String inputPath = fileInfo.getInputPath();
if (StrUtil.isBlank(inputPath)) {
    throw new MetaException("未填写 inputPath");
}
```

5.3.2.3 编写校验类

由于要校验很多字段且有很多不同的规则（可以想象校验代码将多么复杂），因此可以新建一个独立的校验类，而不是把校验代码和填充默认值的代码混在初始化 Meta 对象的方法中。

在 maker.meta 目录下新增 MetaValidator.java 文件，根据前文的元信息校验参考规则表编写校验逻辑，部分参考代码如下：

```
public class MetaValidator {
    public static void doValidAndFill(Meta meta) {
        // 基础信息校验和默认值填充
        String name = meta.getName();
        if (StrUtil.isBlank(name)) {
            name = "my-generator";
            meta.setName(name);
        }
        ...
        // fileConfig 校验和默认值填充
        Meta.FileConfig fileConfig = meta.getFileConfig();
        if (fileConfig != null) {
            // sourceRootPath：必填
            ...
            // inputRootPath：.source + sourceRootPath 的最后一个层级路径
            String inputRootPath = fileConfig.getInputRootPath();
            String defaultInputRootPath = ".source/" + FileUtil.getLastPathEle(Paths.get(sourceRootPath)).getFileName().toString();
            if (StrUtil.isEmpty(inputRootPath)) {
                fileConfig.setInputRootPath(defaultInputRootPath);
            }
            // outputRootPath：当前路径下的 generated
            String outputRootPath = fileConfig.getOutputRootPath();
            String defaultOutputRootPath = "generated";
            if (StrUtil.isEmpty(outputRootPath)) {
                fileConfig.setOutputRootPath(defaultOutputRootPath);
            }
```

```java
// fileInfo 默认值填充
List<Meta.FileConfig.FileInfo> fileInfoList = fileConfig.getFiles();
if (CollectionUtil.isNotEmpty(fileInfoList)) {
    for (Meta.FileConfig.FileInfo fileInfo : fileInfoList) {
        // inputPath: 必填
        ...
        // outputPath: 默认等于 inputPath
        String outputPath = fileInfo.getOutputPath();
        if (StrUtil.isEmpty(outputPath)) {
            fileInfo.setOutputPath(inputPath);
        }
        // type: 默认 inputPath 有文件后缀(如 .java), type 为 file, 否则为 dir
        String type = fileInfo.getType();
        if (StrUtil.isBlank(type)) {
            if (StrUtil.isBlank(FileUtil.getSuffix(inputPath))) {
                fileInfo.setType("dir");
            } else {
                fileInfo.setType("file");
            }
        }
        // generateType: 如果文件结尾不为 .ftl, 则 generateType 默认为 static,
        // 否则为 dynamic
        String generateType = fileInfo.getGenerateType();
        if (StrUtil.isBlank(generateType)) {
            if (inputPath.endsWith(".ftl")) {
                fileInfo.setGenerateType("dynamic");
            } else {
                fileInfo.setGenerateType("static");
            }
        }
    }
}
// modelConfig 校验和默认值填充
Meta.ModelConfig modelConfig = meta.getModelConfig();
if (modelConfig != null) {
    List<Meta.ModelConfig.ModelInfo> modelInfoList = modelConfig.getModels();
    if (CollectionUtil.isNotEmpty(modelInfoList)) {
        for (Meta.ModelConfig.ModelInfo modelInfo : modelInfoList) {
            ...
            String modelInfoType = modelInfo.getType();
            if (StrUtil.isEmpty(modelInfoType)) {
                modelInfo.setType("String");
            }
        }
    }
}
}
```

> 完整代码可以在配套资料中获取。

5.3.2.4 圈复杂度优化

上述代码虽然能够运行，但是过于复杂，所有的校验规则全写在一起，这会导致圈复杂度过高。

圈复杂度（Cyclomatic Complexity）是一种用于评估代码复杂性的软件度量方法。一般情况下，代码的分支判断越多，圈复杂度越高。代码的圈复杂度建议小于或等于10，不能超过20！

在IDEA开发工具中，可以通过MetricsReloaded插件来计算代码的圈复杂度。

安装好插件后，找到需要计算圈复杂度的类或方法（此处是MetaValidator），先通过鼠标右键单击该方法，然后按照图5-5中的提示进行计算。

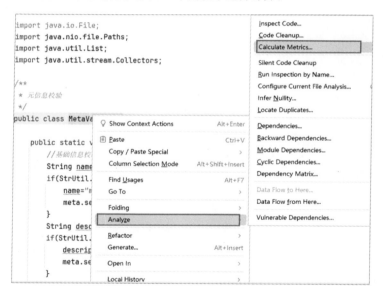

图5-5 计算圈复杂度

计算结果如图5-6所示，发现圈复杂度（CogC）过高。

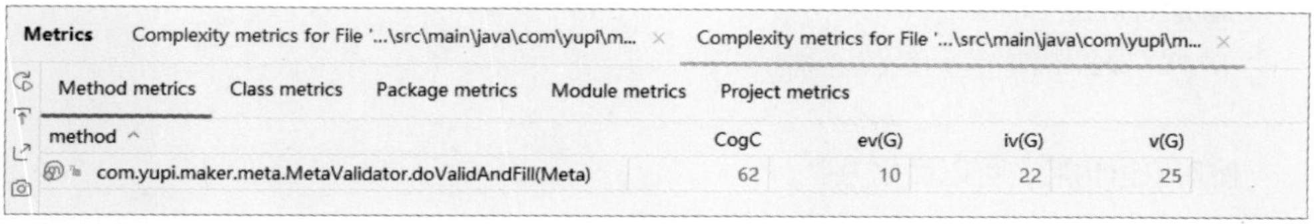

method	CogC	ev(G)	iv(G)	v(G)
com.yupi.maker.meta.MetaValidator.doValidAndFill(Meta)	62	10	22	25

图5-6 圈复杂度过高

更多关于圈复杂度的知识和参数介绍，请阅读配套资料中的文章。

如何优化圈复杂度呢？下面演示 3 种实用的方法。

1）方法 1：抽取方法

可以按照元信息配置的层级，将整段校验代码抽取为 3 个方法：基础元信息校验、fileConfig 校验、modelConfig 校验。

小知识 – 快速抽取

在 IDEA 中可以使用 Refactor 重构能力来快速抽取方法，具体操作如图 5-7 所示。

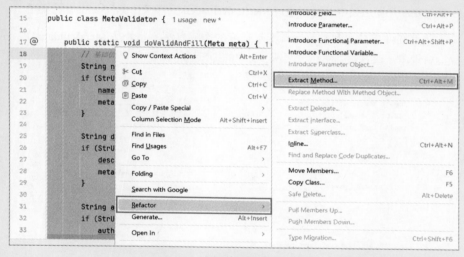

图 5-7　快速抽取方法

2）方法 2：在抽取出的方法中使用卫语句，尽早返回

卫语句是在进入主要逻辑之前添加的条件检查语句，以确保程序在执行主要逻辑之前可以满足某些前提条件，有助于提高代码的可读性和可维护性。

例如以下代码：

```
Meta.ModelConfig modelConfig = meta.getModelConfig();
if (modelConfig != null) {
    // 执行复杂逻辑
}
```

使用卫语句后，可以优化为：

```
Meta.ModelConfig modelConfig = meta.getModelConfig();
if (modelConfig == null) {
```

```
        return;
    }
    // 执行复杂逻辑
```

3)方法 3:使用工具类减少判断代码

例如在基础元信息校验中,使用 Hutool 工具库的 StrUtil.blankToDefault 方法来代替 if (StrUtil.isBlank(xxx)) {},示例代码如下:

```
String name = StrUtil.blankToDefault(meta.getName(), "my-generator");
```

经过以上方法的优化后,再次计算圈复杂度,发现平均圈复杂度降低了很多,如图 5-8 所示。

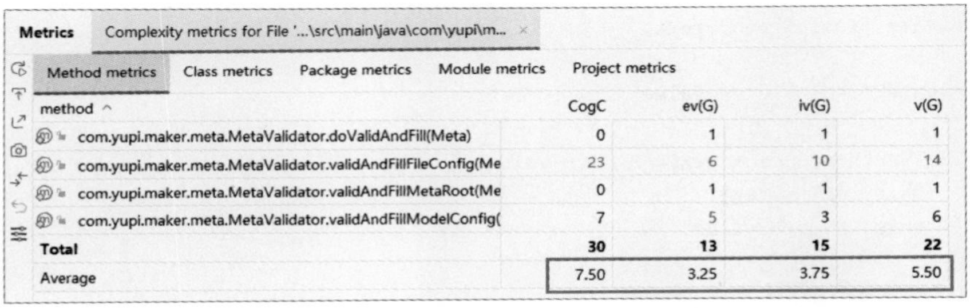

图 5-8 平均圈复杂度降低

> 优化后的 MetaValidator 完整代码可以在配套资料中获取。

然后就可以在初始化 Meta 对象时调用校验方法了。修改后的 MetaManager 代码如下:

```
private static Meta initMeta() {
    String metaJson = ResourceUtil.readUtf8Str("meta.json");
    Meta newMeta = JSONUtil.toBean(metaJson, Meta.class);
    // 校验和处理默认值
    MetaValidator.doValidAndFill(newMeta);
    return newMeta;
}
```

5.4 可扩展性优化

可扩展性通常是指在不修改程序结构或代码的情况下,能够灵活地向程序中添加新的功能,并使程序适应新的需求和项目变化。可扩展性又分为功能可扩展性、性能可扩展性、资源可扩展性等。作为开发人员,最常关注的还是功能可扩展性。

5.4.1 定义枚举值

有时候，一个细节的变化或代码写法的微调，就能大幅提高代码的可扩展性。

例如为元信息中的字段定义枚举值来替代程序中的硬编码，可以使代码更规范、更好理解、更利于维护和扩展。

新建 meta.enums 包，用于存放与元信息相关的枚举类，包括文件类型枚举类、文件生成类型枚举类、模型类型枚举类等。以文件类型枚举类为例，代码如下：

```java
public enum FileTypeEnum {
    DIR("目录", "dir"),
    FILE("文件", "file");

    private final String text;

    private final String value;

    FileTypeEnum(String text, String value) {
        this.text = text;
        this.value = value;
    }

    public String getText() {
        return text;
    }

    public String getValue() {
        return value;
    }
}
```

> 枚举类的代码可以在配套资料中获取。

有了枚举类后，就可以把 MetaValidator 中的默认值由硬编码字符串替换为读取枚举值的 value，要修改的部分代码如下：

```java
String defaultType = FileTypeEnum.DIR.getValue();
if (StrUtil.isEmpty(fileConfigType)) {
    fileConfig.setType(defaultType);
}
...
// type：默认 inputPath 有文件后缀（如 .java），type 为 file，否则为 dir
String type = fileInfo.getType();
if (StrUtil.isBlank(type)) {
    // 无文件后缀
```

```
    if (StrUtil.isBlank(FileUtil.getSuffix(inputPath))) {
        fileInfo.setType(FileTypeEnum.DIR.getValue());
    } else {
        fileInfo.setType(FileTypeEnum.FILE.getValue());
    }
}
// generateType：如果文件结尾不为 .ftl，则 generateType 默认为 static，否则为 dynamic
String generateType = fileInfo.getGenerateType();
if (StrUtil.isBlank(generateType)) {
    // 为动态模板
    if (inputPath.endsWith(".ftl")) {
        fileInfo.setGenerateType(FileGenerateTypeEnum.DYNAMIC.getValue());
    } else {
        fileInfo.setGenerateType(FileGenerateTypeEnum.STATIC.getValue());
    }
}
...
// 模型配置
String modelInfoType = modelInfo.getType();
if (StrUtil.isEmpty(modelInfoType)) {
    modelInfo.setType(ModelTypeEnum.STRING.getValue());
}
```

5.4.2 模板方法模式

除了前文提到的校验类，项目中还有一个实现流程比较复杂的文件 MainGenerator。这个文件的作用是读取元信息，然后根据流程生成不同的代码或执行不同的操作。

之前我们把所有的流程都写在了 main 方法中，大概有 120 行代码。对于不熟悉本项目的开发者来说，这段代码读起来其实已经很吃力了。如果后续要增加新的流程，或者根据元信息指定不同的生成方式，则会很麻烦。那有没有办法优化一下呢？

当然有！对于有**标准流程的**代码优化，第一时间要想到的就是模板方法模式。

5.4.2.1　什么是模板方法模式

模板方法模式通过父类定义了一套算法的标准执行流程，然后由子类具体实现每个流程的操作。子类在不改变执行流程的情况下，可以自主定义某些步骤的实现。

举个例子，老师让所有的学生每天必须按顺序做 3 件事：

1. 吃饭。
2. 睡觉。

3. 读鱼皮的教程。

这相当于定义了一套标准的执行流程，每位学生都必须遵循这个流程去行动，但是可以有不同的做法。

例如，小王可以先吃拉面，再坐着睡觉，再站着读鱼皮的教程；而小李可以先吃米饭，再躺着睡觉，再躺着读鱼皮的教程。

这样不仅可以复用父类现成的执行流程，让子类的行为更加规范，还可以通过创建新的子类来自定义每一步的具体操作，提高程序的可扩展性。

5.4.2.2　实现过程

实现过程如下：

(1) 流程梳理

首先要对已有 MainGenerator 程序的流程进行梳理，包括复制原始文件、代码生成、构建 jar 包、封装脚本、生成精简版的程序。

2) 新建父类，定义代码生成器程序的流程

在 maker.generator.main 包下新建 GenerateTemplate 抽象类。先把 MainGenerator 文件的 main 方法复制过来，改为 doGenerate 方法，之后在这个方法内定义代码生成器程序的流程。示例代码如下：

```java
public abstract class GenerateTemplate {
    public void doGenerate() throws TemplateException, IOException, InterruptedException {
        Meta meta = MetaManager.getMetaObject();
        // 之前的代码
        ...
    }
}
```

3) 方法抽取

从 doGenerate 方法的代码中抽取方法，将每一个步骤都抽取为一个独立的方法。

注意，要确保每个方法的作用域均为 protected，且不能为 static，这样可以保证这些方法能被子类重写。

抽取方法后的示例代码如下，可以看到 doGenerate 的代码已经大大简化了，主体流程更加清晰：

```java
public abstract class GenerateTemplate {
```

```java
public void doGenerate() throws TemplateException, IOException, InterruptedException {
    Meta meta = MetaManager.getMetaObject();
    // 输出根路径
    String projectPath = System.getProperty( "user.dir" );
    String outputPath = projectPath + File.separator + "generated" + File.separator + meta.getName();
    if (!FileUtil.exist(outputPath)) {
        FileUtil.mkdir(outputPath);
    }
    // 复制原始文件
    String sourceCopyDestPath = copySource(meta, outputPath);
    // 代码生成
    generateCode(meta, outputPath);
    // 构建 jar 包
    String jarPath = buildJar(meta, outputPath);
    // 封装脚本
    String shellOutputFilePath = buildScript(outputPath, jarPath);
    // 生成精简版的程序（产物包）
    buildDist(outputPath, sourceCopyDestPath, jarPath, shellOutputFilePath);
}

/**
 * 复制原始文件
 */
protected String copySource(Meta meta, String outputPath) {
    ...
}

/**
 * 代码生成
 */
protected void generateCode(Meta meta, String outputPath) throws IOException,
TemplateException {
    ...
}

/**
 * 构建 jar 包
 */
protected String buildJar(Meta meta, String outputPath) throws IOException,
InterruptedException {
    ...
}

/**
 * 生成精简版的程序
 */
```

```java
    protected void buildDist(String outputPath, String sourceCopyDestPath, String jarPath, String shellOutputFilePath) {
        ...
    }

    /**
     * 封装脚本
     */
    protected String buildScript(String outputPath, String jarPath) throws IOException {
        ...
    }
}
```

6）编写模板方法的具体实现子类

已经有了抽象模板类，就可以让 MainGenerator 继承模板类，通过方法覆盖实现不同的功能。例如覆写 buildDist 方法，不再生成精简版的程序。示例代码如下：

```java
/**
 * 生成代码生成器
 */
public class MainGenerator extends GenerateTemplate {
    @Override
    protected void buildDist(String outputPath, String sourceCopyDestPath, String jarPath, String shellOutputFilePath) {
        System.out.println("不要给我输出 dist 啦！");
    }
}
```

5）调用生成器

修改 maker 包下的 Main 类，在 main 方法中创建 MainGenerator 对象并调用生成方法。代码如下：

```java
public class Main {
    public static void main(String[] args) throws TemplateException, IOException, InterruptedException {
        MainGenerator mainGenerator = new MainGenerator();
        mainGenerator.doGenerate();
    }
}
```

> 模板方法的核心文件 GenerateTemplate.java 的完整代码可以在配套资料中获取。

之后，如果要根据元信息配置指定不同的生成规则，只需要覆写某个步骤的方法，或者新增具体的实现子类，就可以在不修改模板类代码的基础上实现灵活扩展了。

5.5 本章小结

本章从可移植性、功能、健壮性、可扩展性等多个角度对制作工具项目进行了优化。

建议读者在完成项目需求后，多自主思考如何优化。尤其是在企业级开发中，不能只是完成功能，还要保证功能尽量不出问题、没有 Bug，让同事和上级更放心。

下一章将学习如何增强制作工具的配置能力，为快速制作 Spring Boot 模板项目的代码生成器做准备。

5.6 本章作业

1. 掌握几种常见的项目优化方式，并尝试优化自己之前做过的项目。
2. 掌握圈复杂度优化、模板方法模式等重要知识点。
3. 编写代码实现本章的项目，并且在自己的代码仓库完成一次提交。

第 6 章 / 配置能力增强

在前两章中，我们开发并优化了基础的代码生成器制作工具。但目前工具的能力比较有限，虽然能够生成 ACM 示例代码生成器，但无法满足复杂项目生成器的制作需求。本章的目标是增强制作工具的配置能力，让元信息能够支持更多、更灵活的配置方式，以支持制作更复杂的代码生成器，重点内容包括：

1. 需求分析（制作 Spring Boot 模板项目生成器）。
2. 实现思路。
3. 开发实现。

6.1 需求分析

还记得我们第二阶段的目标吗？通过制作工具得到 Spring Boot 模板项目的代码生成器，让开发者快速生成定制化的后端初始化项目。下面先介绍预期生成的 Spring Boot 模板项目代码。

6.1.1 了解 Spring Boot 模板项目

将准备好的 Spring Boot 模板项目代码放到 yuzi-generator-demo-projects 目录下。

需要注意的是：模板项目代码仅供参考，目的是辅助代码生成器制作工具的开发，帮助读者学习，不保证能够完全正常运行。

> 代码压缩包可以从配套资料中获取。

在模板项目的 README.md 文件中，可以看到项目介绍，比如运用的技术、业务特性、业务功能等。模板项目的能力如下：

1. 实现了用户登录、注册、注销、更新、检索、权限管理。
2. 支持创建、删除、编辑、更新帖子，数据库检索，Elasticsearch 灵活检索。
3. 使用了 MySQL、Redis、Elasticsearch 数据存储。
4. 使用 Swagger + Knife4j 实现了接口文档生成。
5. 支持全局跨域处理。

6.1.2 生成器应具备的功能

基于模板项目的能力，可以分析用户会有哪些定制化的代码生成需求，并以此来明确代码生成器应该具备的功能，比如：

1. 替换生成的代码包名。
2. 控制是否生成帖子相关功能的文件。
3. 控制是否需要开启跨域功能。
4. 自定义 Knife4jConfig 接口文档配置信息。
5. 自定义 MySQL 配置信息。
6. 控制是否开启 Redis。
7. 控制是否开启 Elasticsearch。

6.2 实现思路

以上 Spring Boot 模板项目只是一个示例，目标是通过该示例从特定需求中抽象出制作工具应具备的**通用能力**。下面依次分析上述功能的实现思路，并挖掘通用能力。

6.2.1 依次分析

（1）需求 1：替换生成的代码包名

实现思路：和之前替换包名的实现方式类似，可以在代码中所有出现包名的地方"挖坑"，指定类似于 basePackage 的模型参数，让用户自己输入。

通用能力：用到包名的代码非常多，如果都要自己"挖坑"并制作 FTL 动态模板，不仅成本高，还容易出现遗漏。所以，需要利用制作工具来自动"挖坑"并生成模板文件。

2）需求 2：控制是否生成帖子相关功能的文件

实现思路：允许用户输入一个开关参数来控制是否生成帖子相关功能的文件，比如 PostController、PostService、PostMapper、PostMapper.xml、Post 实体类等。

通用能力：用一个参数同时控制多个文件是否生成，而不仅仅是某段代码是否生成。

3）需求 3：控制是否需要开启跨域功能

实现思路：允许用户输入一个开关参数来控制跨域相关文件是否生成，比如 CorsConfig.java 文件。

通用能力：用一个参数控制某个文件是否生成，而不仅仅是控制代码是否生成。

4）需求 4：自定义 Knife4jConfig 接口文档配置信息

实现思路：修改 Knife4jConfig 文件中的配置信息，比如 title、description、version、apis 扫描包路径等。

通用能力：由于要支持的用户输入参数较多，因此可以用一个参数控制是否要开启接口文档配置功能。如果开启，则要让用户再输入**一组**配置参数。

5）需求 5：自定义 MySQL 配置信息

实现思路：修改 application.yml 配置文件中 MySQL 的 url、username、password 参数。

通用能力：由于要支持的用户输入参数较多，因此可以定义一组隔离的配置参数。

6）需求 6：控制是否开启 Redis

实现思路：修改和开启与 Redis 相关的代码，比如 application.yml、pom.xml、MainApplication.java 等多个文件的部分代码。

通用能力：用一个参数同时控制多个文件的代码修改。目前的制作工具已经能实现该需求。

7）需求 7：控制是否开启 Elasticsearch

实现思路：

★ 修改与 Elasticsearch 相关的代码，比如 PostController、PostService、PostServiceImpl、application.yml 等多个文件的部分代码。

★ 用参数控制是否生成 PostEsDTO 文件。

通用能力：用一个参数同时控制多个文件的代码修改，以及某个文件是否生成。

6.2.2　实现流程

通过上面的分析可以发现，每个功能的实现所需的通用能力都不相同。那应该先做什么，后做什么，怎么安排实现流程才最合理呢？

一定要综合考虑所有的需求，顾全大局；并且根据需求间的依赖关系或实现难易程度进行综合排序，一步步实现。

现在的制作工具已经具备的能力是：根据某个模型参数同时控制多处代码的修改。

而根据排序，制作工具需要增强的能力有：

1. 一个模型参数对应某个文件是否生成。
2. 一个模型参数对应多个文件是否生成。
3. 一个模型参数同时控制多处代码修改及文件是否生成。
4. 定义一组相关的模型参数，控制代码修改或文件生成。
5. 定义一组相关的模型参数，并能够通过其他的模型参数控制是否需要输入该组参数。

这些能力基本上都与制作工具的**元信息配置文件**有关，所以需要增强它的能力，允许开发者通过修改元信息配置文件，制作能让用户更灵活地生成代码的代码生成器。

如果实现了上述增强能力，我们就能实现大多数前文提到的"生成器应具备的功能"。那么想制作一个 Spring Boot 模板项目代码生成器，就很简单了。

对于"替换生成的代码包名"的需求，其实现方式和其他需求的实现方式有较大的区别，我们会在第 7 章中介绍。

6.3　开发实现

下面依次实现前文提到的 5 点制作工具需要增强的能力。

在开发实现的过程中，元信息配置文件的能力会持续增强。为了防止随着能力增强而出现的逻辑冲突，要先明确两点实现原则：

1. 配置文件中的 **fileConfig** 应专注于生成与文件相关的逻辑。
2. 配置文件中的 **modelConfig** 应专注于数据模型的定义。只定义某个参数，但该参数的具体作用是什么不应该放在 modelConfig 中来控制。比如 model 可以用作配置开关、替换代码内容、控制文件是否生成等。

6.3.1 参数控制文件生成

还是以 ACM 模板项目为例,我们的需求是用一个模型参数 needGit 来控制是否生成 .gitignore 静态文件。

6.3.1.1 元信息修改

修改元信息配置文件,在 modelConfig.models 下新增 needGit 模型参数,代码如下:

```
{
  ...
  "modelConfig": {
    "models": [
      {
        "fieldName": "needGit",
        "type": "boolean",
        "description": "是否生成 .gitignore 文件",
        "defaultValue": true
      },
      ...
    ]
  }
}
```

6.3.1.2 代码生成器实现

如何使用 needGit 参数控制文件生成呢?

不妨先手动修改代码生成器来实现上述需求,获取一些实现思路。

可以先使用制作工具生成一个代码生成器 acm-template-pro-generator 项目,项目目录如图 6-1 所示。

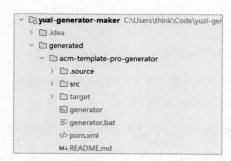

图 6-1 项目目录

然后修改该项目的 MainGenerator 文件,补充控制文件是否生成的逻辑,代码如下:

```java
public class MainGenerator {
    public static void doGenerate(DataModel model)
throws TemplateException, IOException {
        ...
        boolean needGit = model.isNeedGit();
        if(needGit) {
            inputPath = new File(inputRootPath, ".gitignore").getAbsolutePath();
            outputPath = new File(outputRootPath, ".gitignore").getAbsolutePath();
            StaticGenerator.copyFilesByHutool(inputPath, outputPath);
        }
        ...
    }
}
```

修改主要有两点：

1. 将 doGenerate 方法的入参类型修改为 DataModel，便于后续获取对象的属性。

2. 将模型的 needGit 作为 if 条件，判断是否生成 .gitignore 文件。

然后修改 main 方法的代码，指定命令行参数 --needGit=false 并运行，发现这次没有生成 .gitignore 文件；当指定 --needGit=true 时，会生成 .gitignore 文件，符合预期。

6.3.1.3 制作工具实现

通过手动修改代码实现需求后，接下来的目标是增强制作工具的能力，让它能自动生成上述代码。

1. 修改 MainGenerator.java.ftl 模板文件，将方法参数类型改为 DataModel，修改的代码如下：

```
public static void doGenerate(DataModel model) throws TemplateException, IOException {
```

2. 将模型参数和文件生成功能进行关联。

在前文的代码中，先获取了模型对象的 needGit 值，然后将其作为 if 条件来判断是否生成 .gitignore 文件。基于此，只需要在文件配置中增加一个条件字段 condition，作为 if 代码块中的内容，就可以生成同样的代码了。

修改元信息配置文件，给 fileConfig.files 对象新增 condition 字段。condition 字段的值可以是某个模型参数的名称，甚至可以是表达式。

比如指定值为 needGit，配置如下：

```
{
    ...
  "fileConfig": {
    "files": [
      {
        "inputPath": ".gitignore",
        "outputPath": ".gitignore",
        "type": "file",
        "generateType": "static",
        "condition": "needGit"
      },
    ]
  },
  ...
}
```

同步修改 Meta 类，给 FileInfo 新增 String 类型的 condition 属性，代码如下：

```
@NoArgsConstructor
@Data
public static class FileInfo {
    private String inputPath;
    private String outputPath;
    private String type;
    private String generateType;
    private String condition;
}
```

3. 获取属性值。要想在 if 代码块中直接使用模型参数的名称，需要先通过 get 方法获取到 dataModel 的所有属性值，并将模型参数的名称作为变量名，参考代码如下：

```
boolean needGit = model.isNeedGit();
boolean loop = model.isLoop();
String author = model.getAuthor();
String outputText = model.getOutputText();
```

但是这里出现了一个问题：对于 boolean 类型的变量，获取对象属性的 get 方法是以 is 为前缀的，而不是以 get 为前缀的，这会给生成代码的过程带来一定的麻烦。

解决方案很简单，把 DataModel 类的所有字段作用域调整为 public 就可以直接使用属性名称获取到值了，从而保证规则统一，代码如下：

```
boolean needGit = model.needGit;
if(needGit) {
    ...
}
```

需要同步修改 maker 项目的 DataModel.java.ftl 模板文件，将属性的作用域修改为 public，代码如下：

```
public ${modelInfo.type} ${modelInfo.fieldName}<#if modelInfo.defaultValue??> = ${modelInfo.defaultValue?c}</#if>;
```

4. 最后，修改 MainGenerator.java.ftl 模板文件，补充 DataModel 参数的获取逻辑，以及条件判断的逻辑，修改的部分代码如下：

```
public static void doGenerate(DataModel model) throws TemplateException, IOException {
    String inputRootPath = "${fileConfig.inputRootPath}";
    String outputRootPath = "${fileConfig.outputRootPath}";

    String inputPath;
    String outputPath;

<#list modelConfig.models as modelInfo>
    ${modelInfo.type} ${modelInfo.fieldName} = model.${modelInfo.fieldName};
</#list>

<#list fileConfig.files as fileInfo>
    <#if fileInfo.condition??>
    if(${fileInfo.condition}) {
        inputPath = new File(inputRootPath, "${fileInfo.inputPath}").getAbsolutePath();
        outputPath = new File(outputRootPath, "${fileInfo.outputPath}").getAbsolutePath();
        <#if fileInfo.generateType == "static">
        StaticGenerator.copyFilesByHutool(inputPath, outputPath);
        <#else>
        DynamicGenerator.doGenerate(inputPath, outputPath, model);
        </#if>
    }
    <#else>
    inputPath = new File(inputRootPath, "${fileInfo.inputPath}").getAbsolutePath();
    outputPath = new File(outputRootPath, "${fileInfo.outputPath}").getAbsolutePath();
    <#if fileInfo.generateType == "static">
    StaticGenerator.copyFilesByHutool(inputPath, outputPath);
    <#else>
    DynamicGenerator.doGenerate(inputPath, outputPath, model);
    </#if>
    </#if>
</#list>
}
```

上述代码通过 <#list> 循环读取模型和文件配置，并生成对应的代码。

> 完整代码可以在配套资料中获取。

然后再次制作代码生成器并运行，结果符合预期，如图 6-2 所示。

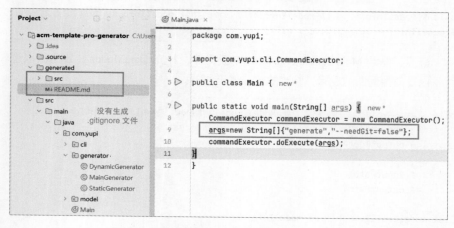

图 6-2　生成结果

6.3.2　同参数控制多个文件生成

想要用同一个参数来控制多个文件是否生成，最简单的方式是直接给多个文件配置相同的 condition，比如：

```
"files": [
  {
    "inputPath": "src/com/yupi/acm/MainTemplate.java.ftl",
    "outputPath": "src/com/yupi/acm/MainTemplate.java",
    "type": "file",
    "generateType": "dynamic",
    "condition": "needGit"
  },
  {
    "inputPath": ".gitignore",
    "outputPath": ".gitignore",
    "type": "file",
    "generateType": "static",
    "condition": "needGit"
  }
]
```

但如果之后想统一更改这些字段的 condition 条件，或者查看某个模型参数同时控制的多个文件，该怎么办呢？文件越多，会不会越难维护和管理？

为了解决这个问题，可以根据生成条件来对文件进行分组。

6.3.2.1 方案设计

把文件组当成一个特殊的文件夹，可以把相关文件都放到该组配置下，并且支持给整组文件设置生成条件，比如：

```json
"files": [
  {
    "groupKey": "git",
    "groupName": "开源",
    "type": "group",
    "condition": "needGit",
    "files": [
      {
        "inputPath": ".gitignore",
        "outputPath": ".gitignore",
        "type": "file",
        "generateType": "static"
      },
      {
        "inputPath": "README.md",
        "outputPath": "README.md",
        "type": "file",
        "generateType": "static"
      }
    ]
  },
  {
    "inputPath": "src/com/yupi/acm/MainTemplate.java.ftl",
    "outputPath": "src/com/yupi/acm/MainTemplate.java",
    "type": "file",
    "generateType": "dynamic"
  }
]
```

上述代码中新增字段的含义如下：

★ groupKey：组的唯一标识。

★ groupName：组的名称。

★ type：值为 group 代表是分组。

★ condition：该组共享的生成条件，同时控制组内多个文件的生成。

这种方式的优点显而易见，可以直接从配置中看出文件的层级关系，便于理解和维护；

而且更容易获取同组文件信息，控制同组文件的生成。

采用这种方式后，MainGenerator 生成代码的逻辑会更清晰，可以将同组文件放到同一个 if 代码块中，示例代码如下：

```java
boolean needGit = model.needGit;

// groupKey = git
if (needGit) {
    inputPath = new File(inputRootPath, ".gitignore").getAbsolutePath();
    outputPath = new File(outputRootPath, ".gitignore").getAbsolutePath();
    StaticGenerator.copyFilesByHutool(inputPath, outputPath);

    inputPath = new File(inputRootPath, "README.md").getAbsolutePath();
    outputPath = new File(outputRootPath, "README.md").getAbsolutePath();
    StaticGenerator.copyFilesByHutool(inputPath, outputPath);
}
```

采用这种方式后，可以将同一个文件放在多个不同的组中，从而实现：当有任一组的条件满足时，即可生成该文件。

6.3.2.2　方案实现

1. 修改 Meta 实体类的 FileInfo 文件配置信息，新增分组相关属性，代码如下：

```java
@NoArgsConstructor
@Data
public static class FileInfo {
    private String inputPath;
    private String outputPath;
    private String type;
    private String generateType;
    private String condition;
    private String groupKey;
    private String groupName;
    private List<FileInfo> files;
}
```

2. 修改 FileTypeEnum 枚举类，增加 GROUP 分组枚举代码：

```java
public enum FileTypeEnum {
    ...
    GROUP("文件组", "group");
    ...
}
```

3. 由于新增了分组类别，因此当文件类别为 group 时，可以不填写文件输入 / 输出路径等信息，但需要修改 MetaValidator 校验逻辑，类型为 group 时不校验，代码如下：

```
for (Meta.FileConfig.FileInfo fileInfo : fileInfoList) {
    String type = fileInfo.getType();
    // 类型为 group，不校验
    if (FileTypeEnum.GROUP.getValue().equals(type)) {
        continue;
    }
    // inputPath: 必填
    String inputPath = fileInfo.getInputPath();
    if (StrUtil.isBlank(inputPath)) {
        throw new MetaException(" 未填写 inputPath");
    }
    ...
}
```

4. 修改 MainGenerator.java.ftl 模板文件。

多了文件分组信息后，生成文件的逻辑就变得复杂了：

★ 先判断 fileInfo 是否有 groupKey，有则表示分组。如果分组有 condition，则根据 condition 生成 if 代码块，然后将该分组下的所有文件生成逻辑都放在 if 代码块中。

★ 如果 fileInfo 没有 groupKey，则复用之前的文件生成逻辑。

修改后的 MainGenerator.java.ftl 部分代码如下：

```
public class MainGenerator {
    public static void doGenerate(DataModel model)
throws TemplateException, IOException {
    <#list modelConfig.models as modelInfo>
        ${modelInfo.type} ${modelInfo.fieldName} = model.${modelInfo.fieldName};
    </#list>

    <#list fileConfig.files as fileInfo>
        <#if fileInfo.groupKey??>
        // groupKey = ${fileInfo.groupKey}
        <#if fileInfo.condition??>
        if(${fileInfo.condition}) {
            <#list fileInfo.files as fileInfo>
            inputPath = new File(inputRootPath, "${fileInfo.inputPath}").getAbsolutePath();
            outputPath = new File(outputRootPath, "${fileInfo.outputPath}").getAbsolutePath();
            <#if fileInfo.generateType == "static">
            StaticGenerator.copyFilesByHutool(inputPath, outputPath);
```

```
            <#else>
            DynamicGenerator.doGenerate(inputPath, outputPath, model);
            </#if>
            </#list>
        }
        <#else>
        <#list fileInfo.files as fileInfo>
        inputPath = new File(inputRootPath, "${fileInfo.inputPath}").getAbsolutePath();
        outputPath = new File(outputRootPath, "${fileInfo.outputPath}").getAbsolutePath();
            <#if fileInfo.generateType == "static">
            StaticGenerator.copyFilesByHutool(inputPath, outputPath);
            <#else>
            DynamicGenerator.doGenerate(inputPath, outputPath, model);
            </#if>
        </#list>
        </#if>
        <#else>
        <#if fileInfo.condition??>
        if(${fileInfo.condition}) {
            inputPath = new File(inputRootPath, "${fileInfo.inputPath}").getAbsolutePath();
            outputPath = new File(outputRootPath, "${fileInfo.outputPath}").getAbsolutePath();
                <#if fileInfo.generateType == "static">
                StaticGenerator.copyFilesByHutool(inputPath, outputPath);
                <#else>
                DynamicGenerator.doGenerate(inputPath, outputPath, model);
                </#if>
        }
        <#else>
        inputPath = new File(inputRootPath, "${fileInfo.inputPath}").getAbsolutePath();
        outputPath = new File(outputRootPath, "${fileInfo.outputPath}").getAbsolutePath();
            <#if fileInfo.generateType == "static">
            StaticGenerator.copyFilesByHutool(inputPath, outputPath);
            <#else>
            DynamicGenerator.doGenerate(inputPath, outputPath, model);
            </#if>
        </#if>
        </#if>
    </#list>
    }
}
```

显然，上面这段代码太复杂了，而且重复的代码太多，不利于维护，怎么办呢？

可以采用 FreeMarker 的宏定义，将重复的代码定义成一个"组件"，支持传递不同的参数，并可以在其他地方引用。

比如将文件生成逻辑定义为宏，将 fileInfo（文件信息）和 indent（缩进）作为参数传递。需要将下面这段代码放到 FreeMarker 模板文件的开头：

```
<#macro generateFile indent fileInfo>
${indent}inputPath = new File(inputRootPath, "${fileInfo.inputPath}").getAbsolutePath();
${indent}outputPath = new File(outputRootPath, "${fileInfo.outputPath}").getAbsolutePath();
<#if fileInfo.generateType == "static">
${indent}StaticGenerator.copyFilesByHutool(inputPath, outputPath);
<#else>
${indent}DynamicGenerator.doGenerate(inputPath, outputPath, model);
</#if>
</#macro>
```

然后可以通过以下代码引用宏：

```
<@generateFile fileInfo=fileInfo indent="            " />
```

使用宏修改后的 MainGenerator.java.ftl 代码更简洁、更易维护，部分代码如下：

```
public class MainGenerator {
    public static void doGenerate(DataModel model)
throws TemplateException, IOException {
    <#list fileConfig.files as fileInfo>
        <#if fileInfo.groupKey??>
        // groupKey = ${fileInfo.groupKey}
        <#if fileInfo.condition??>
        if(${fileInfo.condition}) {
            <#list fileInfo.files as fileInfo>
            <@generateFile fileInfo=fileInfo indent="            " />
            </#list>
        }
        <#else>
        <#list fileInfo.files as fileInfo>
        <@generateFile fileInfo=fileInfo indent="        " />
        </#list>
        </#if>
        <#else>
        <#if fileInfo.condition??>
        if(${fileInfo.condition}) {
```

```
            <@generateFile fileInfo=fileInfo indent="        " />
        }
    <#else>
        <@generateFile fileInfo=fileInfo indent="    " />
    </#if>
    </#if>
</#list>
    }
}
```

> 完整代码可以在配套资料中获取。

6.3.3 同参数控制代码和文件生成

其实这个能力已经实现了，不需要额外开发。只要让同一个参数既出现在 condition 中来控制文件生成，又出现在 FreeMarker 动态模板中作为生成代码的参数即可。

6.3.4 定义一组相关的参数

对于复杂的代码生成器，可能会有很多允许用户自定义的参数，比如仅仅是 MySQL 数据库的配置信息，就可能有十几条。

如果把所有参数全部按顺序写在元信息配置文件中，那么用户在使用时，就会被要求一次性输入大量的参数，这增加了使用和理解成本。而且，配置之间可能会有名称冲突，比如 MySQL 和其他数据库可能都有 URL 配置。

对于这种情况，最常用的方式就是分组，和上述文件分组类似，也可以对数据模型进行分组。不同分组下的模型参数互相隔离，从而减少了参数命名冲突。

> TypeScript、FreeMarker 等很多框架都会采用类似命名空间（分组）的概念来隔离参数。

6.3.4.1 元信息修改

在元信息的 modelConfig.models 配置文件下新增 groupKey，作为 mainTemplate 的模型参数组，并将 author 和 outputText 这两个用于生成 MainTemplate.java 文件的模型配置参数移动到分组下。修改的元信息代码如下：

```
{
    ...
    "modelConfig": {
        "models": [
            ...
            {
```

```json
        "groupKey": "mainTemplate",
        "groupName": "核心模板",
        "type": "MainTemplate",
        "description": "用于生成核心模板文件",
        "models": [
          {
            "fieldName": "author",
            "type": "String",
            "description": "作者注释",
            "defaultValue": "yupi",
            "abbr": "a"
          },
          {
            "fieldName": "outputText",
            "type": "String",
            "description": "输出信息",
            "defaultValue": "sum = ",
            "abbr": "o"
          }
        ]
      }
    ]
  }
}
```

和文件分组一样，需要在上述代码的模型配置中新增如下字段：

★ groupKey：组的唯一标识，有 groupKey 表示开启分组，必须为英文。

★ groupName：组的名称。

★ type：组对应的 Java Class 类型，必须以大写英文开头。

需要同步修改 Meta.java 元信息对应的实体类，为 ModelInfo 补充新字段，代码如下：

```java
@NoArgsConstructor
@Data
public static class ModelInfo {
    private String fieldName;
    private String type;
    private String description;
    private Object defaultValue;
    private String abbr;
    private String groupKey;
    private String groupName;
    private List<ModelInfo> models;
}
```

还需要修改 MetaValidator 的校验逻辑。如果模型的 groupKey 不为空，则表示其为模型组配置，此时不校验 fieldName 等。修改的代码如下：

```java
for (Meta.ModelConfig.ModelInfo modelInfo : modelInfoList) {
    // groupKey 不为空，不校验
    String groupKey = modelInfo.getGroupKey();
    if (StrUtil.isNotEmpty(groupKey)) {
        continue;
    }
    ...
}
```

6.3.4.2 代码生成器实现

接下来试着根据分组配置来编写一个实现分组功能的代码生成器。

还是先在制作工具生成的 acm-template-pro-generator 项目中进行修改，便于理解实现思路。

1. 同组参数封装。既然参数都已经分组了，那么为了统一管理同组参数，可以将同组参数封装为一个类：

```java
/**
 * 用于生成核心模板文件
 */
@Data
public class MainTemplate {
    /**
     * 作者注释
     */
    public String author = "yupi";

    /**
     * 输出信息
     */
    public String outputText = "sum = ";
}
```

然后可以在 DataModel.java 中定义该类型的属性字段，代码如下：

```java
/**
 * 核心模板
 */
public MainTemplate mainTemplate;
```

2. 自动填充。

如何将用户的输入自动填充到该对象中呢？最直接的方式是：像原来一样让用户依次输入所有参数，然后将参数一个个地设置到参数组对象中。

但这种方式并不优雅，Picocli 作为一个强大的命令行开发框架，支持复杂参数的场景，并提供了参数组特性。

在 GenerateCommand 类的基础上新建 TestArgGroupCommand 类，用于测试参数组的特性。在该命令类中，定义参数组的属性并添加 @ArgGroup 注解，用于标识分组，代码如下：

```java
@CommandLine.ArgGroup(exclusive = false, heading = "核心模板 %n")
MainTemplate mainTemplate;
```

然后在命令类中新建对应的静态内部类，定义 author 和 outputText 属性，并给选项注解的 names 属性增加参数组的 groupKey 前缀，比如 -mainTemplate.a，从而实现同名参数相互隔离，代码如下：

```java
@Data
static class MainTemplate {
    @CommandLine.Option(names = {"-mainTemplate.a", "--mainTemplate.author"}, arity = "0..1", description = "作者注释", interactive = true, echo = true)
    private String author = "yupi";

    @CommandLine.Option(names = {"-mainTemplate.o", "--mainTemplate.outputText"}, arity = "0..1", description = "输出信息", interactive = true, echo = true)
    private String outputText = "sum = ";
}
```

接着在命令类的 run 方法中打印所有的属性值，并在 main 方法中编写测试调用逻辑。TestArgGroupCommand 类的核心代码如下：

```java
@CommandLine.Command(name = "test", mixinStandardHelpOptions = true)
public class TestArgGroupCommand implements Runnable {

    @CommandLine.Option(names = {"--needGit"}, arity = "0..1", description = "是否生成 .gitignore 文件", interactive = true, echo = true)
    private boolean needGit = true;

    @CommandLine.Option(names = {"-l", "--loop"}, arity = "0..1", description = "是否生成循环", interactive = true, echo = true)
    private boolean loop = false;

    @CommandLine.ArgGroup(exclusive = false, heading = "核心模板 %n")
    MainTemplate mainTemplate;
```

```java
    @Override
    public void run() {
        System.out.println(needGit);
        System.out.println(loop);
        System.out.println(mainTemplate);
    }

    @Data
    static class MainTemplate {
        @CommandLine.Option(names =
{"-mainTemplate.a", "--mainTemplate.author"}, arity = "0..1", description =
"作者注释", interactive = true, echo = true)
        private String author = "yupi";

        @CommandLine.Option(names =
{"-mainTemplate.o", "--mainTemplate.outputText"}, arity = "0..1", description =
"输出信息", interactive = true, echo = true)
        private String outputText = "sum = ";
    }

    public static void main(String[] args) {
        CommandLine commandLine = new CommandLine(TestArgGroupCommand.class);
//        commandLine.execute("-l", "-mainTemplate.a", "--mainTemplate.outputText");
        commandLine.execute( "--help");
    }
}
```

执行 main 方法进行测试，当输入 --help 参数时，发现帮助手册已经支持自动分组，如图 6-3 所示。

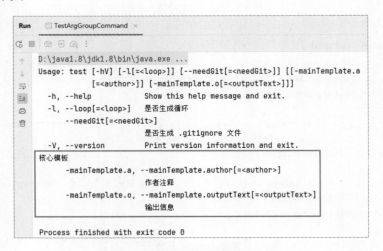

图 6-3　帮助手册支持自动分组

再次输入各选项参数进行测试，从输出结果可以看到用户输入的值已经填充到了组对象中，如图 6-4 所示。

图 6-4 输出结果

这种方式虽然能够实现参数分组，但对于用户而言，还是不要一次性输入那么多参数，以免使用成本过高。所以，暂时不要修改制作工具，而是要思考是否存在更好的实现方式。

6.3.5 定义可选择开启的参数组

明确需求：可以根据用户输入的某个开关参数来控制是否要让用户输入其他的参数组。

也就是说，模型参数之间是存在依赖关系的，必须按照某个顺序依次引导用户输入。

那其实可以考虑一种更优雅的交互方式：首先让用户输入最外层未分组的模型参数，然后根据用户的输入情况引导用户依次输入分组内的参数。简单来说，就是对复杂的输入操作进行分步，让用户一步步填写。

6.3.5.1 实现思路

如何实现呢？这里鱼皮想到的方案是——套娃。输入完一个命令（Command）类，然后让这个命令类去触发另一个命令类。步骤如下：

1. 给每个参数组创建一个独立的 Picocli 命令类，用于通过命令行接收该组参数的值。
2. 先用根命令类 GenerateCommand 接收最外层未分组的参数。

3. 外层参数输入完成后，在 run 方法中判断输入的参数；如果需要使用参数组，就再次使用步骤 1) 中创建的命令类与用户交互。

有了实现思路后，还是先自主实现代码生成器，再考虑用制作工具来制作代码生成器。

6.3.5.2　代码生成器具体实现

1. 首先在 **DataModel.java** 中新建参数组对应的静态内部类和对应的属性，注意要给属性填充默认值，代码如下：

```java
/**
 * 核心模板
 */
public MainTemplate mainTemplate = new MainTemplate();

/**
 * 用于生成核心模板文件
 */
@Data
public static class MainTemplate {
    /**
     * 作者注释
     */
    public String author = "yupi";

    /**
     * 输出信息
     */
    public String outputText = "sum = ";
}
```

2. 编写 **Picocli** 命令类，在类中定义属性。

先复制 **TestArgGroupCommand** 类，得到 **TestGroupCommand** 类，接下来的实现代码都写在这个类中。

根据元信息编写命令类具有的属性和选项。对于参数组对象，我们要使用 static 关键字进行标识，便于后面接收参数值：

```java
@CommandLine.Option(names = {"--needGit"}, arity = "0..1", description =
" 是否生成 .gitignore 文件 ", interactive = true, echo = true)
private boolean needGit = true;

@CommandLine.Option(names = {"-l", "--loop"}, arity = "0..1", description =
" 是否生成循环 ", interactive = true, echo = true)
```

```
private boolean loop = false;

static DataModel.MainTemplate mainTemplate = new DataModel.MainTemplate();
```

3. 编写独立的参数组命令类。

按照上面的步骤，先根据参数组创建一个独立的 Picocli 命令类，作为静态内部类将其放在 TestGroupCommand 主类中。由于是分步输入的，因此这次 Option 注解的 names 属性可以不用再带有 groupKey 前缀了。

然后在该类的 run 方法中将接收到的用户输入依次赋值给外层的参数组对象，代码如下：

```
@CommandLine.Command(name = "mainTemplate")
@Data
public static class MainTemplateCommand implements Runnable {

    @CommandLine.Option(names = {"-a", "--author"}, arity = "0..1", description = "作者注释", interactive = true, echo = true)
    private String author = "yupi";

    @CommandLine.Option(names = {"-o", "--outputText"}, arity = "0..1", description = "输出信息", interactive = true, echo = true)
    private String outputText = "sum = ";

    @Override
    public void run() {
        mainTemplate.author = author;
        mainTemplate.outputText = outputText;
    }
}
```

4. 控制参数组命令交互。

在主命令类的 run 方法中，添加根据条件判断是否要输入分组参数的逻辑。可以通过 commandLine.execute 方法及自己构造的完整命令行参数，触发分组下所有字段的交互式输入。最后将获取到的参数对象赋值给 DataModel 对象。代码如下：

```
@Override
public void run() {
    System.out.println(needGit);
    System.out.println(loop);
    if (true) {
        System.out.println("输入核心模板配置：");
        CommandLine commandLine = new CommandLine(MainTemplateCommand.class);
```

```
        commandLine.execute( "-a", "-o");
        System.out.println(mainTemplate);
    }
    // 需要赋值给 DataModel
    DataModel dataModel = new DataModel();
    BeanUtil.copyProperties(this, dataModel);
    dataModel.mainTemplate = mainTemplate;
    MainGenerator.doGenerate(dataModel);
}
```

组合上述代码片段，可以得到 TestGroupCommand.java 的完整代码。

完整代码可以在配套资料中获取。

执行 main 方法进行测试，程序会按照顺序引导用户输入，结果符合预期，如图 6-5 所示。

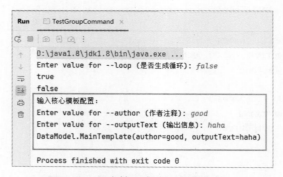

图 6-5　程序按照顺序引导用户输入

6.3.5.3　制作工具实现

已经确定了要制作的代码生成器的代码后，就可以增强制作工具的能力，通过配置自动生成上述代码了。

如何根据一个模型参数来控制是否应输入另一个模型参数组呢？

其实和控制文件是否生成的逻辑一样，我们给模型增加一个 condition 字段，可以将其他模型参数的 fieldName 作为 condition 表达式的值。

1. 修改元信息配置文件的 models 组配置，补充 condition 字段。此处为了演示方便，用 loop 字段来控制是否开启分组，配置如下：

```
{
  "groupKey": "mainTemplate",
  "groupName": "核心模板",
  "type": "MainTemplate",
```

```
    "description": "用于生成核心模板文件",
    "condition": "loop",
    "models": [
      {
        "fieldName": "author",
        "type": "String",
        "description": "作者注释",
        "defaultValue": "yupi",
        "abbr": "a"
      },
      {
        "fieldName": "outputText",
        "type": "String",
        "description": "输出信息",
        "defaultValue": "sum = ",
        "abbr": "o"
      }
    ]
}
```

同步修改 Meta 文件，给 ModelInfo 补充 condition 字段：

```
@NoArgsConstructor
@Data
public static class ModelInfo {
    ...
    private String condition;
}
```

2. 修改 DataModel.java.ftl 模板文件，目标是生成前文已经跑通的代码。编写方法和 MainGenerator.java.ftl 类似，注意重复的代码片段将使用 FreeMarker 宏定义实现。

完整代码可以在配套资料中获取。

3. 模型分组后，MainGenerator 类获取分组下模型字段的代码也要修改，多取一个层级，代码如下：

```
String outputText = model.mainTemplate.outputText;
String author = model.mainTemplate.author;
```

需要同步修改 MainGenerator.java.ftl 模板文件，修改的代码如下：

```
<#-- 获取模型变量 -->
<#list modelConfig.models as modelInfo>
    <#-- 有分组 -->
    <#if modelInfo.groupKey??>
```

```
    <#list modelInfo.models as subModelInfo>
    ${subModelInfo.type} ${subModelInfo.fieldName} = model.${modelInfo.groupKey}.${subModelInfo.fieldName};
    </#list>
<#else>
    ${modelInfo.type} ${modelInfo.fieldName} = model.${modelInfo.fieldName};
    </#if>
</#list>
```

4. 修改 GenerateCommand.java.ftl 模板文件，目标是生成前面已经跑通的代码。

这里最复杂的地方在于：要搞清楚如何根据 models 配置生成包含所有参数的 args 列表。也就是得到下面的代码：

```
commandLine.execute("--author", "--outputText");
```

这里涉及遍历（models）、取特定字段（fieldName）、拼接字符串（用逗号连接）等逻辑，如果都在 FreeMarker 模板中实现就太复杂了。所以此处选择在 Java 代码中处理好变量，然后在模板中直接引用变量。

修改 Meta.java 实体类，给 ModelInfo 补充 allArgsStr 中间参数，记录该分组下所有参数拼接字符串，代码如下：

```java
public static class ModelInfo {
    ...
    // 中间参数
    // 该分组下所有参数拼接字符串
    private String allArgsStr;
}
```

然后在 MetaValidator 中补充生成中间参数的逻辑（字符串拼接），修改的代码如下：

```java
for (Meta.ModelConfig.ModelInfo modelInfo : modelInfoList) {
    // 为 group，不校验
    String groupKey = modelInfo.getGroupKey();
    if (StrUtil.isNotEmpty(groupKey)) {
        // 生成中间参数
        List<Meta.ModelConfig.ModelInfo> subModelInfoList = modelInfo.getModels();
        String allArgsStr = modelInfo.getModels().stream()
                .map(subModelInfo -> String.format("\"--%s\"", subModelInfo.getFieldName()))
                .collect(Collectors.joining(", "));
        modelInfo.setAllArgsStr(allArgsStr);
        continue;
    }
```

```
...
}
```

然后就可以在模板文件中直接使用该变量了，比如定义"生成命令调用代码"的宏，代码如下：

```
<#-- 生成命令调用代码 -->
<#macro generateCommand indent modelInfo>
${indent}System.out.println(" 输入 ${modelInfo.groupName} 配置：");
${indent}CommandLine ${modelInfo.groupKey}CommandLine = new CommandLine(${modelInfo.type}Command.class);
${indent}${modelInfo.groupKey}CommandLine.execute(${modelInfo.allArgsStr});
</#macro>
```

对照着前文编写好的代码生成器命令类 TestGroupCommand.java，可以直接编写 GenerateCommand.java.ftl 模板文件。

> 完整代码可以在配套资料中获取。

最后运行制作工具生成的代码生成器。当输入的 loop 值为 true 时，工具会接着引导用户输入核心模板配置，如图 6-6 所示。

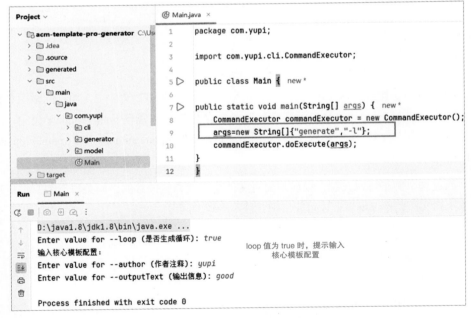

图 6-6　引导用户输入核心模板配置

而当输入的 loop 值为 false 时，程序会直接结束，如图 6-7 所示，结果符合预期。

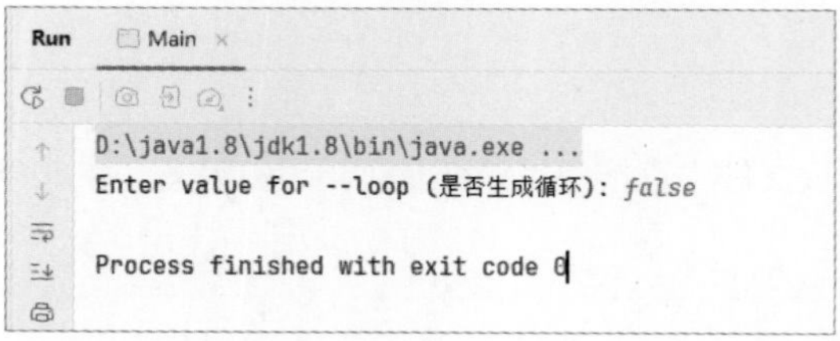

图 6-7 程序直接结束

但是这里还存在一个问题：查看使用制作工具打包的代码生成器生成的目标代码，发现并没有生成 author 的值，如图 6-8 所示。

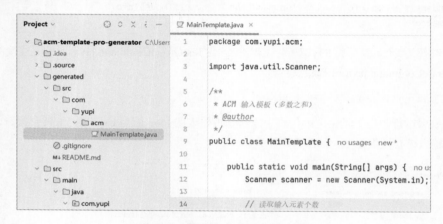

图 6-8 并没有生成 author 的值

经过 Debug 排查，这是因为在之前 ACM 模板项目的 FTL 文件中，用到的模型参数是 ${author} 和 ${outputText}，但现在这些模型参数都被放置于 mainTemplate 类中，所以要同步将通过 FTL 模板获取的参数修改为 ${mainTemplate.author} 和 ${mainTemplate.outputText}。

通过这个例子可以发现，模板和配置文件是有强绑定关系的，如果自己编写模板和修改配置文件，不仅麻烦，还可能出现各种不一致的问题。

6.4 本章小结

本章通过实现 Spring Boot 模板项目代码生成器，梳理出了制作工具应具有的增强配置能力，并且依次实现。本章涉及多个复杂 FreeMarker 模板的编写，这是需要细心和耐心的，建议读者自己编写，并且注意微调缩进格式。

下一章将带大家进一步增强制作工具的功能，开发模板制作工具，帮助开发者自动生成配置文件和 FTL 动态模板文件，解决上面提到的问题，并进一步提高效率。

6.5　本章作业

1. 掌握从特定案例中梳理通用需求的方法，以及复杂业务的实现思路。
2. 理解 FreeMarker 中的宏定义，掌握组件复用的思想，编写出复杂的模板文件。
3. 编写代码实现本章的项目，并且在自己的代码仓库完成一次提交。

第 7 章
模板制作工具

在第 6 章中，我们首先明确了第二阶段的目标：通过代码生成器制作工具快速制作 Spring Boot 模板项目代码生成器，并且介绍了要生成的 Spring Boot 模板项目。然后通过分析得出了 7 个代码生成器应具备的功能，并且从中梳理出了几个制作工具应具备的通用能力，比如支持用一个参数同时控制多个文件的生成、定义可选择开启的参数组等。但仅有这些能力还不够，要想更快地制作代码生成器，还得从"根源"解决问题，直接通过制作工具来生成项目模板和配置文件。本章将进一步提高代码生成器制作效率，重点内容包括：

1. 需求分析。
2. 核心方案设计。
3. 基础功能实现。
4. 更多功能实现。

7.1 需求分析

还记得吗？在第 6 章的最后，我们抛出了一个问题：在更改元信息数据模型配置文件、将模型参数进行分组后，之前已经编写的 FreeMarker 动态模板就无法正确生成内容了。这是因为使用的模型参数发生了变化，导致无法正确获得值。通过这个问题可以发现，动态模板和元信息配置文件是有强绑定关系的，稍有不慎，就可能导致代码生成异常。

此外，第 6 章中还遗留了一个需求无法解决，即替换生成的代码包名。

对于 Spring Boot 模板项目这种相对复杂的项目，用到包名的 Java 文件太多了，如果每个文件都要自己"挖坑"来制作模板，不但成本高，而且容易出现遗漏。也就是说，虽然制作工具已经能够制作代码生成器了，但还存在两大问题：

1. 需要人工提前准备动态模板。项目文件越多，使用成本越高。
2. 需要根据动态模板编写对应的配置。参数越多，越容易出现和模板不一致的风险。

那么，如何解决这两个问题呢？

可以让制作工具根据开发者的想法自动给项目文件"挖坑"，并生成对应的动态模板文件和元信息配置文件。这就是本章需要完成的需求。但是需要明确一点：制作工具的作用只是提高效率，无法覆盖所有的定制需求！因为究竟如何制作代码生成器，这取决于开发者。

7.2 核心方案设计

该需求实现较为复杂，所以要先进行方案设计，明确实现需求的核心思路。

程序的本质就是帮人类完成原本需要人工进行的操作。所以想让程序自动生成模板文件和配置文件，就要先想一想之前是怎么完成这些操作的。

在使用制作工具前，我们依次执行了以下步骤：

1. 先指定一个原始的、待"挖坑"的输入文件。
2. 明确文件中需要被动态替换的内容和模型参数。
3. 人工编写 FreeMarker FTL 模板文件。
4. 人工编写代码生成器的元信息配置文件，包括基本信息、文件配置、模型参数配置。

分析上面的步骤，第 1、2 步都是需要开发者自主确认的内容，制作工具无法插手；有了前两步的信息后，第 3、4 步就可以用制作工具来完成了。

由此，可以分析出快速制作模板的基本公式：

★ 向模板制作工具输入：基本信息 + 输入文件 + 模型参数 + 输出规则。

★ 由模板制作工具输出：模板文件 + 元信息配置文件。

与编写算法题目一样，应先明确算法的输入和输出，再去设计和实现算法。

对应的算法流程如图 7-1 所示。

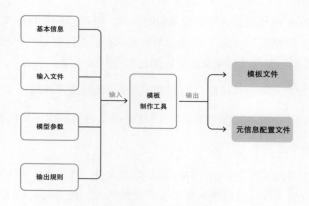

图 7-1 算法流程

图 7-1 中的输入参数解释如下：

1. 基本信息：要制作的代码生成器的基本信息，对应元信息的名称、描述、版本号、作者等信息。

2. 输入文件：要"挖坑"的原始文件，可能是一个文件，也可能是多个文件。

3. 模型参数：要引导用户输入并填充到模板中的模型参数，对应元信息的 modelConfig 模型配置。

4. 输出规则：作为一个后续扩展功能的可选参数，比如多次制作时是否覆盖旧的配置等。

输出参数比较好理解，指在指定目录下生成的 FTL 模板文件，以及 meta.json 元信息配置文件。

明确了输入和输出后，下面我们先实现一个最基础的模板制作工具，然后陆续给工具增加功能。

7.3 基础功能实现

首先打开制作工具项目，在 maker 包下新建 template 包，将所有与模板制作相关的代码都放到该包下，实现功能隔离。

7.3.1 基本流程实现

下面以第一阶段准备好的 ACM 示例模板项目为例，编写模板制作工具的基本流程代码。

预期以 ACM 示例模板项目的目录为根目录，使用 outputText 模型参数来替换 src/com/yupi/acm/MainTemplate.java 文件中的 "Sum: " 输出信息，并在同一包下生成"挖好坑"的 MainTemplate.java.ftl 模板文件，以及在根目录下生成 meta.json 元信息配置文件。

在 template 包下新建 TemplateMaker.java 文件，编写实现代码，步骤如下：

1. 提供输入参数，包括代码生成器项目基本信息、输入文件信息（原始项目目录 + 原始文件）、输入模型参数信息，代码如下：

```java
// 一、提供输入参数
// 1. 代码生成器项目基本信息
String name = "acm-template-generator";
String description = "ACM 示例模板生成器 ";

// 2. 输入文件信息
String projectPath = System.getProperty("user.dir");
String sourceRootPath = new File(projectPath).getParent() + File.separator +
        "yuzi-generator-demo-projects/acm-template";
// 注意 Windows 系统需要对路径进行转义
sourceRootPath = sourceRootPath.replaceAll("\\\\", "/");

String fileInputPath = "src/com/yupi/acm/MainTemplate.java";
String fileOutputPath = fileInputPath + ".ftl";

// 3. 输入模型参数信息
Meta.ModelConfig.ModelInfo modelInfo = new Meta.ModelConfig.ModelInfo();
modelInfo.setFieldName("outputText");
modelInfo.setType("String");
modelInfo.setDefaultValue("sum = ");
```

在上述代码中，要格外注意输入文件的路径，如果是 Windows 系统，需要对路径进行转义。

2. 生成模板文件。可以基于字符串替换算法，使用模型参数的字段名称来替换原始文件中的指定内容，并得到 FTL 动态模板文件，代码如下：

```java
// 二、生成模板文件
String fileInputAbsolutePath = sourceRootPath + File.separator + fileInputPath;
String fileContent = FileUtil.readUtf8String(fileInputAbsolutePath);
String replacement = String.format("${%s}", modelInfo.getFieldName());
String newFileContent = StrUtil.replace(fileContent, "Sum: ", replacement);

// 输出模板文件
```

```
String fileOutputAbsolutePath = sourceRootPath + File.separator + fileOutputPath;
FileUtil.writeUtf8String(newFileContent, fileOutputAbsolutePath);
```

在上述代码中，使用 FileUtil.readUtf8String 快速读取文件内容，使用 StrUtil.replace 快速替换指定的内容，最后使用 FileUtil.writeUtf8String 将替换后的内容快速写入文件。

3. 生成配置文件。思路是先构造 Meta 对象并填充属性，再使用 Hutool 工具库的 JSONUtil.toJsonPrettyStr 方法将对象转为格式化后的 JSON 字符串，最后写入 meta.json 文件，代码如下：

```
// 三、生成配置文件
String metaOutputPath = sourceRootPath + File.separator + "meta.json";

// 1. 构造配置参数
Meta meta = new Meta();
meta.setName(name);
meta.setDescription(description);
// 文件配置
Meta.FileConfig fileConfig = new Meta.FileConfig();
meta.setFileConfig(fileConfig);
fileConfig.setSourceRootPath(sourceRootPath);
List<Meta.FileConfig.FileInfo> fileInfoList = new ArrayList<>();
fileConfig.setFiles(fileInfoList);
Meta.FileConfig.FileInfo fileInfo = new Meta.FileConfig.FileInfo();
fileInfo.setInputPath(fileInputPath);
fileInfo.setOutputPath(fileOutputPath);
fileInfo.setType(FileTypeEnum.FILE.getValue());
fileInfo.setGenerateType(FileGenerateTypeEnum.DYNAMIC.getValue());
fileInfoList.add(fileInfo);
// 模型配置
Meta.ModelConfig modelConfig = new Meta.ModelConfig();
meta.setModelConfig(modelConfig);
List<Meta.ModelConfig.ModelInfo> modelInfoList = new ArrayList<>();
modelConfig.setModels(modelInfoList);
modelInfoList.add(modelInfo);

// 2. 输出元信息配置文件
FileUtil.writeUtf8String(JSONUtil.toJsonPrettyStr(meta), metaOutputPath);
```

组合以上几个步骤的代码，可以得到完整代码。运行 main 方法进行测试，成功生成了需要的模板文件和元信息配置文件，如图 7-2 所示。

TemplateMaker.java 的完整代码可以在配套资料中获取。

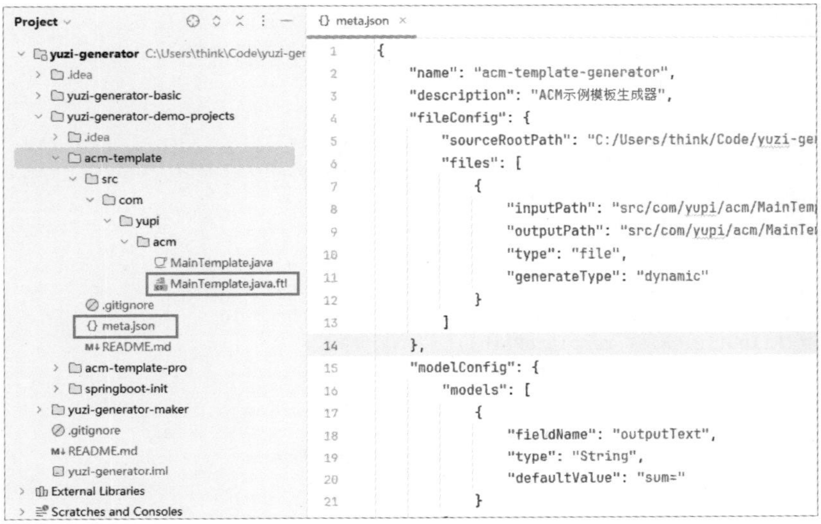

图 7-2　成功生成了需要的模板文件和元信息配置文件

虽然制作模板的流程跑通了，但存在一个问题：上述代码直接在原始项目目录内生成了模板文件和元信息配置文件，这会"污染"原项目。如果用户想重新生成，就得一个个删除之前生成的文件。

7.3.2　工作空间隔离

要想解决上面的问题，其实很简单：每次制作模板时，都不直接修改原始项目的任何文件，而是先将原始项目复制到一个临时的、专门用于制作模板的目录下，在该目录下完成文件的生成和处理。

可以将上述临时目录称为工作空间，每次制作的模板应该属于不同的工作空间，互不影响。

约定将 maker 项目下的 .temp 临时目录作为工作空间的根目录，可以在 TemplateMaker 原有代码的基础上新增复制目录的逻辑，具体如下：

1. 需要用户指定 originProjectPath 变量，表示原始项目路径。

2. 每次制作分配唯一的 id（使用雪花算法），作为工作空间的名称，从而实现隔离。

3. 通过 Hutool 工具库的 FileUtil.copy 方法复制目录。

4. 修改变量 sourceRootPath 的值为复制后的工作空间内的项目根目录，后续的生成逻辑就都可以复用了。

修改的代码如下：

```java
public static void main(String[] args) {
    // 1. 指定原始项目路径
    String projectPath = System.getProperty("user.dir");
    String originProjectPath = new File(projectPath).getParent() + File.separator +
"yuzi-generator-demo-projects/acm-template";
    // 2. 使用雪花算法生成 id，作为工作空间的名称
    long id = IdUtil.getSnowflakeNextId();
    String tempDirPath = projectPath + File.separator + ".temp";
    String templatePath = tempDirPath + File.separator + id;
    if (!FileUtil.exist(templatePath)) {
        FileUtil.mkdir(templatePath);
    }
    // 3. 复制目录
    FileUtil.copy(originProjectPath, templatePath, true);
    ...
    // 4. 修改项目根目录
    String sourceRootPath = templatePath + File.separator +
        FileUtil.getLastPathEle(Paths.get(originProjectPath)).toString();
    String fileInputPath = "src/com/yupi/acm/MainTemplate.java";
    String fileOutputPath = fileInputPath + ".ftl";
    ...
}
```

再次进行测试，可以看到 yuzi-generator-maker 项目下多了一个工作空间，并且生成了模板文件和元信息配置文件，如图 7-3 所示。

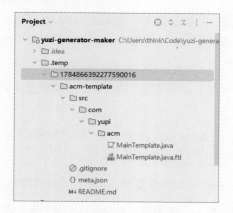

图 7-3　生成的工作空间

7.3.3　分步制作

制作复杂的模板时，一般不会"只挖一个坑"，或只允许用户自定义输入一个参数；

也不会一次"挖完所有坑",而是会一步一步地替换参数、制作模板。

所以,制作工具要有分步制作、追加配置的功能,具体要做到以下 3 点:

1. 输入过一次的信息,就不用重复输入了,比如基本的项目信息。
2. 后续制作模板时,不用再次复制原始项目,而是可以在原有文件的基础上多次追加或覆盖新的文件。
3. 后续制作模板时,可以在原有配置的基础上多次追加或覆盖配置。

想要实现这些功能,首先要让制作工具"有状态"。

7.3.3.1　有状态和无状态

"有状态"是指多次执行程序或请求时,下一次执行会保留对上一次执行的记忆。比如用户登录后服务器会记住用户的信息,下一次执行就能正常使用系统。

与之相对的是"无状态",是指每次程序或请求的执行都像第一次执行一样,没有任何历史信息。很多 RESTful API 会采用无状态的设计方式,能够节省服务器的资源。

7.3.3.2　有状态实现

要想实现有状态,需要满足两个要素:唯一标识和存储。

其实在上一节"工作空间隔离"中,已经给每个工作空间分配了唯一的 id 作为标识,并且将 id 作为工作空间的名称,相当于将本地文件系统作为 id 的存储。那么只要在第一次制作时生成唯一的 id 并在后续制作时使用相同的 id,就能找到之前的工作空间目录,从而追加文件或配置。

修改 TemplateMaker 文件,新建 makeTemplate 方法,并将 id 作为参数,先实现 id 的生成逻辑,代码如下:

```java
private static long makeTemplate(Long id) {
    // 没有 id 则生成
    if (id == null) {
        id = IdUtil.getSnowflakeNextId();
    }
    // 业务逻辑……
    return id;
}
```

7.3.3.3　多次制作实现

如果根据 id 判断出并非首次制作模板,又应该做哪些调整呢?这里主要考虑 3 点:

1. 非首次制作,不需要复制原始项目文件。
2. 非首次制作,可以在已有模板文件的基础上再次"挖坑"。
3. 非首次制作,不需要重复输入已有元信息配置,而是在此基础上覆盖和追加元信息配置。

下面分别介绍这 3 点。

1. 非首次制作,不需要复制原始项目文件。

之前的 TemplateMaker 代码已经判断了某 id 对应的工作空间目录是否存在,现在只需要把复制原始项目文件的逻辑移到"首次制作"的 if 条件中即可,修改后的代码如下:

```
// 复制目录
long id = IdUtil.getSnowflakeNextId();
String tempDirPath = projectPath + File.separator + ".temp";
String templatePath = tempDirPath + File.separator + id;
// 是否为首次制作模板
// 目录不存在,则是首次制作模板
if (!FileUtil.exist(templatePath)) {
    FileUtil.mkdir(templatePath);
    FileUtil.copy(originProjectPath, templatePath, true);
}
```

2. 非首次制作,可以在已有模板文件的基础上再次"挖坑"。

由于制作好的模板文件名称就是在原始文件名称后增加 .ftl 后缀,因此可以将输出文件路径作为判断条件。如果某个原始文件对应的输出文件后缀是 .ftl,则表示不是第一次制作模板,于是可以在这个模板文件的基础上替换内容。修改后的代码如下:

```
// 二、使用字符串替换,生成模板文件
String fileInputAbsolutePath = sourceRootPath + File.separator + fileInputPath;
String fileOutputAbsolutePath = sourceRootPath + File.separator + fileOutputPath;

String fileContent = null;
// 如果已有模板文件,说明不是第一次制作,则在模板文件的基础上再次"挖坑"
if (FileUtil.exist(fileOutputAbsolutePath)) {
    fileContent = FileUtil.readUtf8String(fileOutputAbsolutePath);
} else {
    fileContent = FileUtil.readUtf8String(fileInputAbsolutePath);
}
String replacement = String.format("${%s}", modelInfo.getFieldName());
String newFileContent = StrUtil.replace(fileContent, "Sum: ", replacement);

// 输出模板文件
```

```
FileUtil.writeUtf8String(newFileContent, fileOutputAbsolutePath);
```

3. 非首次制作，不需要重复输入已有元信息配置，而是在此基础上覆盖和追加元信息配置。

与判断模板文件是否重复的逻辑一致，可以通过检查是否已存在 meta.json 配置文件来判断应该新增还是修改配置文件，修改后的代码如下：

```
// 文件配置信息
Meta.FileConfig.FileInfo fileInfo = new Meta.FileConfig.FileInfo();
fileInfo.setInputPath(fileInputPath);
fileInfo.setOutputPath(fileOutputPath);
fileInfo.setType(FileTypeEnum.FILE.getValue());
fileInfo.setGenerateType(FileGenerateTypeEnum.DYNAMIC.getValue());

// 三、生成配置文件
String metaOutputPath = sourceRootPath + File.separator + "meta.json";
// 如果已有 meta 文件，说明不是第一次制作模板，则在 meta 文件的基础上进行修改
if (FileUtil.exist(metaOutputPath)) {
    // 修改配置文件
    Meta oldMeta = JSONUtil.toBean(FileUtil.readUtf8String(metaOutputPath), Meta.class);
    // 1. 追加配置参数
    List<Meta.FileConfig.FileInfo> fileInfoList = oldMeta.getFileConfig().getFiles();
    fileInfoList.add(fileInfo);
    List<Meta.ModelConfig.ModelInfo> modelInfoList = oldMeta.getModelConfig().getModels();
    modelInfoList.add(modelInfo);
    // 2. 更新元信息配置文件
    FileUtil.writeUtf8String(JSONUtil.toJsonPrettyStr(oldMeta), metaOutputPath);
} else {
    // 新增配置文件
    // 1. 构造配置参数
    Meta meta = new Meta();
    meta.setName(name);
    meta.setDescription(description);
    Meta.FileConfig fileConfig = new Meta.FileConfig();
    meta.setFileConfig(fileConfig);
    fileConfig.setSourceRootPath(sourceRootPath);
    List<Meta.FileConfig.FileInfo> fileInfoList = new ArrayList<>();
    fileConfig.setFiles(fileInfoList);
    fileInfoList.add(fileInfo);
    Meta.ModelConfig modelConfig = new Meta.ModelConfig();
    meta.setModelConfig(modelConfig);
    List<Meta.ModelConfig.ModelInfo> modelInfoList = new ArrayList<>();
    modelConfig.setModels(modelInfoList);
    modelInfoList.add(modelInfo);
```

```java
// 2. 输出元信息配置文件
FileUtil.writeUtf8String(JSONUtil.toJsonPrettyStr(meta), metaOutputPath);
}
```

在上述代码中,将 fileInfo 对象的构造代码移到了前面,使得无论是在新增还是修改元信息配置文件时都能使用该对象。

一定要注意,追加完配置后需要去重,否则可能出现多个一模一样的模型参数或文件信息。

文件信息可以根据输入路径 inputPath 来去重,使用新值覆盖旧值,代码如下:

```java
private static List<Meta.FileConfig.FileInfo> distinctFiles(List<Meta.FileConfig.FileInfo> fileInfoList) {
    List<Meta.FileConfig.FileInfo> newFileInfoList = new ArrayList<>(
        fileInfoList.stream()
        .collect(
            Collectors.toMap(Meta.FileConfig.FileInfo::getInputPath, o -> o, (e, r) -> r)
        ).values()
    );
    return newFileInfoList;
}
```

在上述代码中,使用 Java 8 的 Stream API 和 Lambda 表达式来简化代码,其中 Collectors.toMap 表示将列表转换为 Map,详细解释如下:

★ 第一个参数表示 Map 的 key,将 inputPath 作为 key 实现分组。

★ 第二个参数表示 Map 的 value,o -> o 表示将原始对象作为 value。

★ 最后的 (e, r) -> r 其实是 (exist, replacement) -> replacement 的缩写,表示遇到重复的值时保留新值,返回 exist 表示保留旧值。

经过这番处理后,相同 key 对应的文件只会保留一个,最后通过 Map 的所有 value 获取文件信息列表即可。

> 除了这种方式,读者也可以尝试使用 TreeSet,自定义 Comparator 来实现去重。

模型参数可以根据属性名称 fieldName 实现去重,使用新值覆盖旧值,与文件信息去重的实现方式完全一致。

最后,修改生成配置文件的代码,使用去重方法,并将去重后的配置更新到元信息配置文件中,代码如下:

```java
// 如果已有 meta 文件,说明不是第一次制作模板,则在 meta 文件的基础上进行修改
if (FileUtil.exist(metaOutputPath)) {
```

```
        Meta oldMeta = JSONUtil.toBean(FileUtil.readUtf8String(metaOutputPath), Meta.class);
        // 1. 追加配置参数
        List<Meta.FileConfig.FileInfo> fileInfoList = oldMeta.getFileConfig().getFiles();
        fileInfoList.add(fileInfo);
        List<Meta.ModelConfig.ModelInfo> modelInfoList = oldMeta.getModelConfig().getModels();
        modelInfoList.add(modelInfo);
        // 配置去重
        oldMeta.getFileConfig().setFiles(distinctFiles(fileInfoList));
        oldMeta.getModelConfig().setModels(distinctModels(modelInfoList));
        // 2. 更新元信息配置文件
        FileUtil.writeUtf8String(JSONUtil.toJsonPrettyStr(oldMeta), metaOutputPath);
    }
```

7.3.3.4 抽象方法

由于在接下来的测试中，要多次传入不同的参数进行模板制作，因此可以先抽象出通用的方法，将所有之前在 main 方法中硬编码的值都提取为方法的参数，包括：

★ originProjectPath：原始项目路径。

★ inputFilePath：要制作模板的输入文件相对路径。

★ modelInfo：模型信息。

★ searchStr：要替换的模板内容等。

还要使用 Meta 类来封装生成器的所有基本配置信息，从而减少方法的参数个数，示例代码如下：

```
Meta meta = new Meta();
meta.setName("acm-template-generator");
meta.setDescription("ACM 示例模板代码生成器 ");
```

如果非首次制作模板，还要能使用最后传入的 meta 对象更新元信息的基本配置。可以通过 BeanUtil.copyProperties 将新对象的属性复制到老对象中（属性为空则不复制），从而实现新老 meta 对象的合并，代码如下：

```
Meta oldMeta = JSONUtil.toBean(FileUtil.readUtf8String(metaOutputPath), Meta.class);
BeanUtil.copyProperties(meta, oldMeta, CopyOptions.create().ignoreNullValue());
```

得到的封装方法的示例代码如下：

```
public static long makeTemplate(Meta newMeta, String originProjectPath,
    String inputFilePath, Meta.ModelConfig.ModelInfo modelInfo, String searchStr,
    Long id) {
```

```
    // 没有 id 则生成
    if (id == null) {
        id = IdUtil.getSnowflakeNextId();
    }
    ... // 制作模板逻辑
    // 非首次制作模板,先合并新老 meta 对象
    if (FileUtil.exist(metaOutputPath)) {
        Meta oldMeta = JSONUtil.toBean(FileUtil.readUtf8String(metaOutputPath), Meta.class);
        BeanUtil.copyProperties(newMeta, oldMeta, CopyOptions.create().
ignoreNullValue());
        newMeta = oldMeta;
    }
    ...
    return id;
}
```

7.3.3.5 测试

最后,在 main 方法中指定两套不同的模型参数信息作为测试数据,并调用 makeTemplate 方法,代码如下:

```
public static void main(String[] args) {
    // 输入参数
    Meta meta = new Meta();
    meta.setName("acm-template-generator");
    meta.setDescription("ACM 示例模板代码生成器 ");
    String projectPath = System.getProperty("user.dir");
    String originProjectPath = new File(projectPath).getParent() + File.separator +
"yuzi-generator-demo-projects/acm-template";
    String inputFilePath = "src/com/yupi/acm/MainTemplate.java";

    // 模型参数信息(首次)
    Meta.ModelConfig.ModelInfo modelInfo = new Meta.ModelConfig.ModelInfo();
    modelInfo.setFieldName("outputText");
    modelInfo.setType("String");
    modelInfo.setDefaultValue("sum = ");
    // 模型参数信息(第二次)
//        Meta.ModelConfig.ModelInfo modelInfo = new Meta.ModelConfig.ModelInfo();
//        modelInfo.setFieldName("className");
//        modelInfo.setType("String");

    // 替换变量(首次)
    String searchStr = "Sum: ";
    // 替换变量(第二次)
//        String searchStr = "MainTemplate";
```

```
    long id = makeTemplate(meta, originProjectPath, inputFilePath, modelInfo, searchStr,
null);
    System.out.println(id);
}
```

第一次执行代码，成功制作模板并生成元信息，同时返回了一个新的 id，如图 7-4 所示。

图 7-4　成功制作模板并生成元信息，同时返回一个新的 id

可以将得到的 id 作为 makeTemplate 方法的参数，并修改传入的模型信息和替换变量等方法的参数，如图 7-5 所示。

```
//模型参数信息（首次）
//Meta.ModelConfig.ModelInfo modelInfo=new Meta.ModelConfig.ModelInfo();
//modelInfo.setFieldName("outputText");
//modelInfo.setType("String");
//modelInfo.setDefaultValue("sum=");

////模型参数信息（第二次）
      Meta.ModelConfig.ModelInfo modelInfo=new Meta.ModelConfig.ModelInfo();
      modelInfo.setFieldName("className");
      modelInfo.setType("String");
//替换变量（首次）
//String searchStr="Sum:";

//替换变量（第二次）
      String searchStr="MainTemplate";
      long id=makeTemplate(meta,originProjectPath,inputFilePath, modelInfo,searchStr, id: 1735281524670181376L);
      System.out.println(id);
}
```

图 7-5　修改方法的参数

再次执行代码，可以发现模板文件又多"挖了一个坑"，并且元信息配置文件中新增了一个模型参数，如图 7-6 所示。

图 7-6　生成的模板文件

我们还可以尝试多次修改 meta 对象的基本信息，也可以正确实现配置更新。

> TemplateMaker 的完整代码可以在配套资料中获取。

至此，模板制作工具的分步制作功能开发完成。实现了这个功能后，不仅可以依次使用多个模型参数对同一个文件"挖坑"，还可以使用同一个模型参数依次对多个不同的文件"挖坑"。使用这种方式已经能够满足像 ACM 示例模板这种简单项目的模板制作需求了。

接下来，要给模板制作工具增加更多的功能，进一步提高其使用效率，并尽力满足 Spring Boot 模板项目代码生成器所需的功能。

7.4　更多功能实现

下面依次实现：单次制作多个模板文件、文件过滤、文件分组、模型分组功能。

7.4.1　单次制作多个模板文件

虽然现在模板制作工具可以通过多次执行来制作多个模板文件，但这种方式还是比较麻烦。对于之前提到的"批量替换项目下所有文件包名"的需求，可能需要制作几十个模板文件，难道要执行几十次吗？

基于此，我们需要实现多个模板文件同时制作的能力，有以下两种方法：

1. 支持输入文件目录，同时处理该目录下的所有文件。
2. 支持输入多个文件，同时处理这些文件。

下面依次实现这两种方法。

7.4.1.1 支持输入文件目录

实现思路很简单，之前已经能针对单个文件制作模板了。那么对于文件目录下的多个文件，只要循环遍历"制作单个模板文件"的操作，不就能轻松实现了吗？

1. 首先需要抽象出制作单个模板文件的方法 makeFileTemplate，接收单个文件、模型信息、替换文本、sourceRootPath 等参数，返回 FileInfo 文件信息。

由于之前 makeTemplate 方法的"输入文件路径参数"是 String 类型的相对路径，而之后要遍历文件目录下的所有文件时，获取到的是 File 文件对象，所以需要修改参数类型。但还要注意，由于元信息配置文件接收的是相对路径，因此在方法内要将绝对路径转换为相对路径。

制作单个模板文件的方法如下：

```java
private static Meta.FileConfig.FileInfo makeFileTemplate(Meta.ModelConfig.ModelInfo modelInfo, String searchStr, String sourceRootPath, File inputFile) {
    // 要"挖坑"的文件绝对路径（用于制作模板）
    // 注意 Windows 系统需要对路径进行转义
    String fileInputAbsolutePath = inputFile.getAbsolutePath().replaceAll("\\\\", "/");
    String fileOutputAbsolutePath = fileInputAbsolutePath + ".ftl";
    // 文件输入和输出相对路径（用于生成配置）
    String fileInputPath = fileInputAbsolutePath.replace(sourceRootPath + "/", "");
    String fileOutputPath = fileInputPath + ".ftl";

    // 使用字符串替换，生成模板文件
    String fileContent;
    // 如果已有模板文件，说明不是第一次制作模板，则在该模板文件的基础上再次"挖坑"
    if (FileUtil.exist(fileOutputAbsolutePath)) {
        fileContent = FileUtil.readUtf8String(fileOutputAbsolutePath);
    } else {
        fileContent = FileUtil.readUtf8String(fileInputAbsolutePath);
    }
    String replacement = String.format("${%s}", modelInfo.getFieldName());
    String newFileContent = StrUtil.replace(fileContent, searchStr, replacement);
    // 输出模板文件
    FileUtil.writeUtf8String(newFileContent, fileOutputAbsolutePath);

    // 文件配置信息
    Meta.FileConfig.FileInfo fileInfo = new Meta.FileConfig.FileInfo();
    fileInfo.setInputPath(fileInputPath);
    fileInfo.setOutputPath(fileOutputPath);
    fileInfo.setType(FileTypeEnum.FILE.getValue());
```

```
        fileInfo.setGenerateType(FileGenerateTypeEnum.DYNAMIC.getValue());
        return fileInfo;
}
```

在上述代码中,注意 Windows 系统需要对路径进行转义。

2. 如果输入的文件路径是目录,那么应使用 Hutool 工具库的 loopFiles 方法递归遍历并获取目录下的所有文件列表。

修改 makeTemplate 方法中与生成模板文件相关的代码,代码如下:

```
// 二、生成模板文件
// 输入文件为目录
List<Meta.FileConfig.FileInfo> newFileInfoList = new ArrayList<>();
String inputFileAbsolutePath = sourceRootPath + File.separator + inputFilePath;
if (FileUtil.isDirectory(inputFileAbsolutePath)) {
    // 循环制作模板
    List<File> fileList = FileUtil.loopFiles(inputFileAbsolutePath);
    for (File file : fileList) {
        Meta.FileConfig.FileInfo fileInfo
= makeFileTemplate(modelInfo, searchStr, sourceRootPath, file);
        newFileInfoList.add(fileInfo);
    }
} else {
    // 输入的是文件
    Meta.FileConfig.
FileInfo fileInfo = makeFileTemplate(modelInfo, searchStr, sourceRootPath, new
File(inputFileAbsolutePath));
    newFileInfoList.add(fileInfo);
}
```

在上述代码中,使用 newFileInfoList 来存储所有文件的列表。

在生成配置文件时,以前使用 fileInfoList.add 添加一个文件对象,现在要改为使用 fileInfoList.addAll 添加 newFileInfoList 文件列表,示例代码如下:

```
List<Meta.FileConfig.FileInfo> fileInfoList = newMeta.getFileConfig().getFiles();
fileInfoList.addAll(newFileInfoList);
```

3. 将 main 方法中传入的原始项目路径修改为 springboot-init 万用模板项目目录,将输入文件路径改为 springbootinit 目录,示例代码如下:

```
String originProjectPath = new File(projectPath).getParent() + File.separator +
"yuzi-generator-demo-projects/springboot-init";
String inputFilePath = "src/main/java/com/yupi/springbootinit";
```

然后执行模板制作工具来测试，发现目录下的所有文件都生成了模板，如图 7-7 所示。

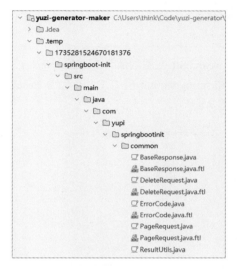

图 7-7　目录下的所有文件都生成了模板

但是生成的模板太多了！明明很多文件中没有任何内容被模型参数替换，但也生成了模板，这并不合理。

4. 优化逻辑，如果某个文件中没有任何内容被参数替换，那么就不生成模板，而是以静态生成的方式将其记录到元信息配置文件中。

修改 makeFileTemplate 方法，通过对比替换前后的内容是否一致来更改生成方式。如果是静态生成，则应确保文件输出路径（outputPath）和文件输入路径（inputPath）相同。

修改的方法代码如下：

```java
private static Meta.FileConfig.FileInfo makeFileTemplate(Meta.ModelConfig.ModelInfo modelInfo, String searchStr, String sourceRootPath, File inputFile) {
    ...
    String replacement = String.format("${%s}", modelInfo.getFieldName());
    // 替换后的文件内容
    String newFileContent = StrUtil.replace(fileContent, searchStr, replacement);
    // 和原文件一致，没有"挖坑"，则为静态生成
    if (newFileContent.equals(fileContent)) {
        // 输出路径 = 输入路径
        fileInfo.setOutputPath(fileInputPath);
        fileInfo.setGenerateType(FileGenerateTypeEnum.STATIC.getValue());
    } else {
        // 生成模板文件
        fileInfo.setGenerateType(FileGenerateTypeEnum.DYNAMIC.getValue());
```

```
        FileUtil.writeUtf8String(newFileContent, fileOutputAbsolutePath);
    }
    return fileInfo;
}
```

5. 更改 main 方法中 searchStr 变量的值为 BaseResponse，然后再次执行测试。运行结果符合预期，在 springbootinit 包中，只有包含 BaseResponse 字符串的文件才生成了模板，如图 7-8 所示。

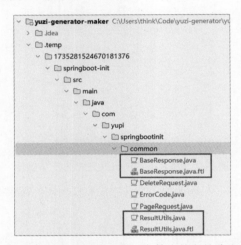

图 7-8　只有包含 BaseResponse 字符串的文件才生成了模板

查看生成的元信息配置文件，生成了符合要求的静态和动态配置，如图 7-9 所示。

```
.meta.json  ×
"fileConfig": {
    "files": [
        },
        {
            "inputPath": "src/main/java/com/yupi/springbootinit/common/ErrorCode.java",
            "outputPath": "src/main/java/com/yupi/springbootinit/common/ErrorCode.java",
            "type": "file",
            "generateType": "static"
        },
        {
            "inputPath": "src/main/java/com/yupi/springbootinit/common/ResultUtils.java",
            "outputPath": "src/main/java/com/yupi/springbootinit/common/ResultUtils.java.ftl",
            "type": "file",
            "generateType": "dynamic"
        },
        {
            "inputPath": "src/main/java/com/yupi/springbootinit/common/PageRequest.java",
            "outputPath": "src/main/java/com/yupi/springbootinit/common/PageRequest.java",
            "type": "file",
            "generateType": "static"
        },
```

图 7-9　生成的元信息配置文件

7.4.1.2 支持输入多个文件

如果想在单次制作模板时支持输入多个文件，其实只要把 makeTemplate 方法的输入参数 inputFilePath（单数）改为 inputFilePathList（复数），再多加一层循环处理即可。

修改 makeTemplate 方法中生成模板文件的代码，具体如下：

```
// 二、生成模板文件
// 遍历输入文件
List<Meta.FileConfig.FileInfo> newFileInfoList = new ArrayList<>();
for (String inputFilePath : inputFilePathList) {
    // 原来的单个模板文件制作逻辑
    ...
}
```

然后将 main 方法中的测试条件修改为文件列表，以进行测试，代码如下：

```
String inputFilePath1 = "src/main/java/com/yupi/springbootinit/common";
String inputFilePath2 = "src/main/java/com/yupi/springbootinit/controller";
List<String> inputFilePathList = Arrays.asList(inputFilePath1, inputFilePath2);
```

结果符合预期，同时将多个指定目录下的文件制作成了模板，如图 7-10 所示。

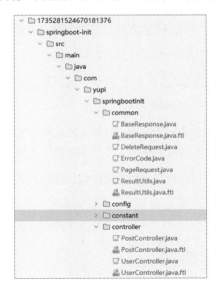

图 7-10 同时将多个指定目录下的文件制作成了模板

至此，我们已经实现了单次制作多个模板文件的功能。

TemplateMaker 的完整代码可以在配套资料中获取。

7.4.2 文件过滤

回顾之前梳理的 Spring Boot 模板项目代码生成器需要的一个功能：

> 需求：控制是否生成帖子相关功能的文件。
>
> 实现思路：允许用户输入一个开关参数来控制是否生成帖子相关功能的文件，比如 PostController、PostService、PostMapper、PostMapper.xml、Post 实体类等。
>
> 通用能力：用一个参数同时控制多个文件是否生成，而不仅仅是某段代码是否生成。

为了实现这个需求，要同时对多个名称包含 Post 的文件进行处理。但是这些文件分散在不同的目录中，没有办法通过直接指定一个目录来完成模板制作。单次制作时输入多个文件是可行的提效方式，但如果文件数量再多一些，依次写入文件的路径也会很麻烦。那有没有更优雅的方式呢？

想想平时是怎么在电脑中查找文件的，肯定是输入一些关键词来搜索文件的，对吧？

没错，可以给模板制作工具增加文件过滤功能，通过多种不同的过滤方式帮助用户筛选文件，进而更灵活地完成批量模板的制作。

7.4.2.1 文件过滤机制设计

文件过滤可以有很多种不同的配置方式，这里梳理并归纳了两类配置：

1. 过滤范围：根据文件名称或者文件内容进行过滤。
2. 过滤规则：包含（contains）、前缀匹配（startsWith）、后缀匹配（endsWith）、正则（regex）、相等（equals）。

由于制作工具已经支持输入多个文件 / 目录，因此每个文件 / 目录都可以指定自己的过滤规则，而且能同时指定多条过滤规则（必须同时满足才保留），进一步提高灵活性。

由此，可以设计出文件过滤机制的 JSON 结构，代码如下：

```
{
  "files": [
    {
      "path": "文件（目录）路径",
      "filters": [
        {
          "range": "fileName",
          "rule": "regex",
          "value": ".*lala.*"
        },
        {
```

```
              "range": "fileContent",
              "rule": "contains",
              "value": "haha"
            }
          ]
        }
      ],
}
```

上面的配置表示：该文件的名称必须符合".lala."正则规则且内容必须包含"haha"。

通过这种设计，我们可以非常灵活地过滤文件。如果想使用 or 逻辑（有一个过滤条件符合要求就保留），可以定义多个重复的 file，并且为每个 file 指定一个过滤条件。因为之前编写过文件去重逻辑，所以即使同时满足了多个过滤条件，也不会出现问题。

7.4.2.2　开发实现

1. 根据设计好的 JSON 结构编写对应的配置类。在 template.model 包下新建 FileFilterConfig 类，代码如下：

```
@Data
@Builder
public class FileFilterConfig {
    // 过滤范围
    private String range;

    // 过滤规则
    private String rule;

    // 过滤值
    private String value;
}
```

在 template.model 包下新建 TemplateMakerFileConfig 类，用来封装所有与文件相关的配置，代码如下：

```
@Data
public class TemplateMakerFileConfig {
    private List<FileInfoConfig> files;

    @NoArgsConstructor
    @Data
    public static class FileInfoConfig {
        private String path;
        private List<FileFilterConfig> filterConfigList;
```

```
        }
    }
```

2. 针对过滤配置中的枚举值（value），编写对应的枚举类。

在 template.enums 包下新建 FileFilterRangeEnum 枚举类，表示文件过滤范围枚举。需要提供根据 value 获取枚举的方法，便于根据字符串获取对应的枚举，代码如下：

```
@Getter
public enum FileFilterRangeEnum {
    FILE_NAME("文件名称", "fileName"),
    FILE_CONTENT("文件内容", "fileContent");

    private final String text;
    private final String value;

    FileFilterRangeEnum(String text, String value) {
        this.text = text;
        this.value = value;
    }

    // 根据 value 获取枚举
    public static FileFilterRangeEnum getEnumByValue(String value) {
        if (ObjectUtil.isEmpty(value)) {
            return null;
        }
        for (FileFilterRangeEnum anEnum : FileFilterRangeEnum.values()) {
            if (anEnum.value.equals(value)) {
                return anEnum;
            }
        }
        return null;
    }
}
```

在 template.enums 包下再新建 FileFilterRuleEnum 枚举类，表示文件过滤规则枚举，代码如下：

```
@Getter
public enum FileFilterRuleEnum {
    CONTAINS("包含", "contains"),
    STARTS_WITH("前缀匹配", "startsWith"),
    ENDS_WITH("后缀匹配", "endsWith"),
    REGEX("正则", "regex"),
    EQUALS("相等", "equals");
```

```
    ...
}
```

3. 开发文件过滤功能。

在 template 包下新建 FileFilter 类,首先开发针对单个文件进行过滤的方法 doSingleFileFilter。实现思路是遍历传入的文件过滤条件列表,并按照规则进行校验,如果有一个过滤条件不满足,就返回 false 表示不保留该文件,反之返回 true 表示通过所有校验。

过滤单个文件的代码如下:

```
public static boolean doSingleFileFilter(List<FileFilterConfig> fileFilterConfigList,
File file) {
    String fileName = file.getName();
    String fileContent = FileUtil.readUtf8String(file);
    // 所有过滤器校验结束的结果
    boolean result = true;
    if (CollUtil.isEmpty(fileFilterConfigList)) {
        return true;
    }
    for (FileFilterConfig fileFilterConfig : fileFilterConfigList) {
        String range = fileFilterConfig.getRange();
        String rule = fileFilterConfig.getRule();
        String value = fileFilterConfig.getValue();
        FileFilterRangeEnum fileFilterRangeEnum = FileFilterRangeEnum.getEnumByValue(range);
        if (fileFilterRangeEnum == null) {
            continue;
        }
        // 要过滤的原始内容
        String content = fileName;
        switch (fileFilterRangeEnum) {
            case FILE_NAME:
                content = fileName;
                break;
            case FILE_CONTENT:
                content = fileContent;
                break;
            default:
        }
        // 过滤条件
        FileFilterRuleEnum filterRuleEnum = FileFilterRuleEnum.getEnumByValue(rule);
        if (filterRuleEnum == null) {
            continue;
        }
```

```
        switch (filterRuleEnum) {
            case CONTAINS:
                result = content.contains(value);
                break;
            case STARTS_WITH:
                result = content.startsWith(value);
                break;
            case ENDS_WITH:
                result = content.endsWith(value);
                break;
            case REGEX:
                result = content.matches(value);
                break;
            case EQUALS:
                result = content.equals(value);
                break;
            default:
        }
        // 有一个不满足，就直接返回
        if (!result) {
            return false;
        }
    }
    // 都满足
    return true;
}
```

然后编写过滤机制的主方法 doFilter，该方法接收 filePath 文件路径参数，支持传入文件或目录，能够同时对多个文件进行过滤。

实现思路很简单：通过 Hutool 工具库的 FileUtil.loopFiles 方法获取所有文件列表（兼容单个文件），再依次调用过滤单个文件的方法即可，代码如下：

```
// 对某个文件或目录进行过滤，返回文件列表
public static List<File> doFilter(String filePath,
List<FileFilterConfig> fileFilterConfigList) {
    // 根据路径获取所有文件
    List<File> fileList = FileUtil.loopFiles(filePath);
    return fileList.stream()
            .filter(file -> doSingleFileFilter(fileFilterConfigList, file))
            .collect(Collectors.toList());
}
```

FileFilter 的完整代码可以在配套资料中获取。

4. 模板制作工具类调用过滤器。

将 makeTemplate 方法接收的 inputFilePathList 参数改为新封装的 TemplateMakerFileConfig 类，相当于同时传入了文件列表和过滤条件，代码如下：

```
public static long makeTemplate(
    Meta newMeta,
    String originProjectPath,
    TemplateMakerFileConfig templateMakerFileConfig,
    Meta.ModelConfig.ModelInfo modelInfo,
    String searchStr,
    Long id) {}
```

接着修改遍历输入文件的代码，改为遍历 fileConfigInfoList 获取文件信息，修改代码如下：

```
List<TemplateMakerFileConfig.FileInfoConfig> fileConfigInfoList =
    templateMakerFileConfig.getFiles();

// 二、生成模板文件
// 遍历输入文件
List<Meta.FileConfig.FileInfo> newFileInfoList = new ArrayList<>();
for (TemplateMakerFileConfig.FileInfoConfig fileInfoConfig : fileConfigInfoList) {
    String inputFilePath = fileInfoConfig.getPath();
    ... // 单个文件制作逻辑
}
```

最后调用过滤机制。将文件配置中的相对路径转化为绝对路径，作为调用过滤机制的参数，并通过调用过滤机制的 doFilter 方法获取所有文件列表，再遍历文件列表来制作模板。修改生成模板文件的部分代码，如下：

```
// 二、生成模板文件
// 遍历输入文件
List<Meta.FileConfig.FileInfo> newFileInfoList = new ArrayList<>();
for (TemplateMakerFileConfig.FileInfoConfig fileInfoConfig : fileConfigInfoList) {
    String inputFilePath = fileInfoConfig.getPath();
    // 如果填写的是相对路径，则要改为绝对路径
    if (!inputFilePath.startsWith(sourceRootPath)) {
        inputFilePath = sourceRootPath + File.separator + inputFilePath;
    }
    // 获取过滤后的文件列表（不会存在目录）
    List<File> fileList = FileFilter.doFilter(inputFilePath, fileInfoConfig.getFilterConfigList());
    for (File file : fileList) {
        Meta.FileConfig.FileInfo fileInfo = makeFileTemplate(modelInfo, searchStr, sourceRootPath, file);
```

```
            newFileInfoList.add(fileInfo);
    }
}
```

7.4.2.3 测试验证

在 main 方法中编写文件过滤测试代码，只处理 common 包下文件名称包含 "Base" 的文件和 controller 包下的所有文件。

在 main 方法的最后追加如下代码：

```java
// 文件过滤
TemplateMakerFileConfig templateMakerFileConfig = new TemplateMakerFileConfig();
TemplateMakerFileConfig.FileInfoConfig fileInfoConfig1 = new TemplateMakerFileConfig.FileInfoConfig();
fileInfoConfig1.setPath(inputFilePath1);
List<FileFilterConfig> fileFilterConfigList = new ArrayList<>();
FileFilterConfig fileFilterConfig = FileFilterConfig.builder()
        .range(FileFilterRangeEnum.FILE_NAME.getValue())
        .rule(FileFilterRuleEnum.CONTAINS.getValue())
        .value("Base")
        .build();
fileFilterConfigList.add(fileFilterConfig);
fileInfoConfig1.setFilterConfigList(fileFilterConfigList);

TemplateMakerFileConfig.FileInfoConfig fileInfoConfig2 = new TemplateMakerFileConfig.FileInfoConfig();
fileInfoConfig2.setPath(inputFilePath2);
templateMakerFileConfig.setFiles(Arrays.asList(fileInfoConfig1, fileInfoConfig2));

long id = makeTemplate(meta, originProjectPath, templateMakerFileConfig, modelInfo,
        searchStr, 17352815246701813760L);
System.out.println(id);
```

执行测试，这次只有 BaseResponse.java 生成了模板文件，并且生成的元信息配置文件中也没有多余的文件，结果符合预期。

> TemplateMaker 的完整代码可以在配套资料中获取。

> **小知识 – 开发基础功能的注意事项**
>
> 开发项目中可复用的基础功能时，需要格外注意以下几点：
>
> 1. 功能正确：尤其是像本节所讲的文件过滤功能，其中包含多种规则，建议编写单元测试来实现对各种规则、边界输入的校验。

2. 健壮性：对各种可能出现的异常情况进行处理，比如对开发者友好的日志提示。

3. 性能和稳定性：确保程序在各种负载情况下都能够稳定运行，避免内存泄漏、资源泄露等问题。

4. 使用成本：尽量设计简洁、功能清晰明确、易于使用的模块，降低调用方的理解成本。

由于篇幅有限，读者可自行完善本节开发的文件过滤功能。

7.4.3 文件分组

目前的制作工具已经支持对文件进行分组，并且通过给组设置 condition 的方式，支持用单个模型参数同时控制一组文件。同样地，制作工具也需要拥有快速生成文件组配置的能力。

7.4.3.1 实现思路

通过前文的开发，我们已经能够单次生成多个模板文件了；而且根据用户的习惯，同一次生成的多个模板文件更有可能属于同一组。所以用户不用再手动配置如何分组，可以让制作工具支持文件自动分组。

约定每次制作模板时，完整的文件配置（TemplateMakerFileConfig）对应一次分组，即配置 files 列表中的所有文件使它们属于同一组。这种方式非常灵活，哪怕同一次制作的多个文件分散在不同的目录中，也可以实现自动分组。

7.4.3.2 开发实现

下面实现文件分组功能。

1. 给 TemplateMakerFileConfig 增加分组配置，和之前 Meta 元信息类的分组字段一一对应，修改的代码如下：

```java
@Data
public class TemplateMakerFileConfig {
    ...
    private FileGroupConfig fileGroupConfig;

    @Data
    public static class FileGroupConfig {
        private String condition;
        private String groupKey;
```

```java
        private String groupName;
    }
}
```

2. 在 TemplateMaker 的 makeTemplate 方法中增加文件组相关代码，将本次制作得到的所有模板文件都放到同一个分组下。在"生成配置文件"前增加如下代码：

```java
// 如果是文件组
TemplateMakerFileConfig.FileGroupConfig fileGroupConfig = templateMakerFileConfig.getFileGroupConfig();
if (fileGroupConfig != null) {
    String condition = fileGroupConfig.getCondition();
    String groupKey = fileGroupConfig.getGroupKey();
    String groupName = fileGroupConfig.getGroupName();

    // 新增分组配置
    Meta.FileConfig.FileInfo groupFileInfo = new Meta.FileConfig.FileInfo();
    groupFileInfo.setType(FileTypeEnum.GROUP.getValue());
    groupFileInfo.setCondition(condition);
    groupFileInfo.setGroupKey(groupKey);
    groupFileInfo.setGroupName(groupName);
    // 将模板文件全放到一个分组内
    groupFileInfo.setFiles(newFileInfoList);
    newFileInfoList = new ArrayList<>();
    newFileInfoList.add(groupFileInfo);
}
```

3. 测试验证，在 main 方法中增加测试分组数据，代码如下：

```java
// 分组配置
TemplateMakerFileConfig.FileGroupConfig fileGroupConfig = new TemplateMakerFileConfig.FileGroupConfig();
fileGroupConfig.setCondition("outputText");
fileGroupConfig.setGroupKey("test");
fileGroupConfig.setGroupName("测试分组");
templateMakerFileConfig.setFileGroupConfig(fileGroupConfig);
```

执行后，将成功生成分组配置，如图 7-11 所示。

```
"fileConfig": {
  "sourceRootPath": "C:\\Users\\think\\Code\\yuzi-generator\\yuzi-generator-maker\\.temp\\173528152467
  "files": [
    {
      "type": "group",
      "condition": "outputText",
      "groupKey": "test",
      "groupName": "测试分组",
      "files": [
        {
          "inputPath": "src/main/java/com/yupi/springbootinit/common/BaseResponse.java",
          "outputPath": "src/main/java/com/yupi/springbootinit/common/BaseResponse.java.ftl",
          "type": "file",
          "generateType": "dynamic"
        },
        {
          "inputPath": "src/main/java/com/yupi/springbootinit/controller/PostController.java",
          "outputPath": "src/main/java/com/yupi/springbootinit/controller/PostController.java.ftl",
          "type": "file",
          "generateType": "dynamic"
        },
        {
          "inputPath": "src/main/java/com/yupi/springbootinit/controller/UserController.java",
          "outputPath": "src/main/java/com/yupi/springbootinit/controller/UserController.java.ftl",
          "type": "file",
          "generateType": "dynamic"
        }
```

图 7-11 成功生成分组配置

7.4.3.3 追加配置能力

虽然已经实现了文件分组配置，但是在实际制作模板的过程中，可能没办法一步到位，而是希望能多次制作模板，并将文件追加到之前已有的分组下。也就是说，文件分组需要支持多次制作时追加配置的功能，可以增加新的分组，也可以在同一分组下新增文件。

1. 先来明确需求。举个例子，假设第一次制作得到的分组配置代码如下：

```
{
  "files": [
    {
      "type": "group",
      "condition": "outputText",
      "groupKey": "test",
      "groupName": "测试分组",
      "files": [
        {
          "inputPath": "src/main/java/com/yupi/springbootinit/common/BaseResponse.java",
          "outputPath": "src/main/java/com/yupi/springbootinit/common/BaseResponse.java.ftl",
```

```json
            "type": "file",
            "generateType": "dynamic"
        },
        {
            "inputPath": "src/main/java/com/yupi/springbootinit/controller/PostController.java",
            "outputPath": "src/main/java/com/yupi/springbootinit/controller/PostController.java.ftl",
            "type": "file",
            "generateType": "dynamic"
        }
      ]
    }
  ]
}
```

第二次制作得到的分组配置如下，新增了 ResultUtils.java 文件：

```json
{
  "files": [
    {
      "type": "group",
      "condition": "outputText",
      "groupKey": "test",
      "groupName": "测试分组",
      "files": [
        {
            "inputPath": "src/main/java/com/yupi/springbootinit/common/ResultUtils.java",
            "outputPath": "src/main/java/com/yupi/springbootinit/common/ResultUtils.java.ftl",
            "type": "file",
            "generateType": "dynamic"
        },
        {
            "inputPath": "src/main/java/com/yupi/springbootinit/controller/PostController.java",
            "outputPath": "src/main/java/com/yupi/springbootinit/controller/PostController.java.ftl",
            "type": "file",
            "generateType": "dynamic"
        }
      ]
    }
  ]
}
```

由于两个分组的 groupKey 相同,因此可将其视为同一组,需要将第二次得到的分组内的所有文件和之前分组内的文件进行合并去重,得到如下配置:

```json
{
  "files": [
    {
      "type": "group",
      "condition": "outputText",
      "groupKey": "test",
      "groupName": "测试分组",
      "files": [
        {
          "inputPath": "src/main/java/com/yupi/springbootinit/common/BaseResponse.java",
          "outputPath": "src/main/java/com/yupi/springbootinit/common/BaseResponse.java.ftl",
          "type": "file",
          "generateType": "dynamic"
        },
        {
          "inputPath": "src/main/java/com/yupi/springbootinit/controller/PostController.java",
          "outputPath": "src/main/java/com/yupi/springbootinit/controller/PostController.java.ftl",
          "type": "file",
          "generateType": "dynamic"
        },
        {
          "inputPath": "src/main/java/com/yupi/springbootinit/common/ResultUtils.java",
          "outputPath": "src/main/java/com/yupi/springbootinit/common/ResultUtils.java.ftl",
          "type": "file",
          "generateType": "dynamic"
        }
      ]
    }
  ]
}
```

2. 明确需求后,梳理文件分组去重的实现流程,步骤如下:

★ 将所有文件配置(fileInfo)分为有分组的和无分组的。

★ 对于有分组的文件配置,如果有相同的分组,则对同组内的文件进行合并(merge),不同组的文件可同时保留。

★ 创建新的文件配置列表(结果列表),先将合并后的分组添加到结果列表中。

★ 最后将无分组的文件配置列表添加到结果列表中。

3. 根据上述步骤，修改 distinctFiles 方法的代码。

代码逻辑相对复杂，由于篇幅有限，此处抛砖引玉，只列举上面第一步"将所有文件配置（fileInfo）分为有分组的和无分组的"的示例代码，如下：

```
Map<String, List<Meta.FileConfig.FileInfo>> groupKeyFileInfoListMap = fileInfoList
    .stream()
    .filter(fileInfo -> StrUtil.isNotBlank(fileInfo.getGroupKey()))
    .collect(
        Collectors.groupingBy(Meta.FileConfig.FileInfo::getGroupKey)
    );
```

> distinctFiles 方法的完整代码可以在配套资料中获取。

7.4.3.4 测试验证

修改 main 方法中 inputFilePath2 的值，指定一个新的目录：

```
String inputFilePath2 = "src/main/java/com/yupi/springbootinit/constant";
```

基于之前制作好的模板文件再次执行，发现本次新增的文件被合并到了之前的分组配置中，结果符合预期。读者可以尝试修改分组名称、分组条件等配置，新的配置都会覆盖之前的配置。

> TemplateMaker 的完整代码可以在配套资料中获取。

7.4.4 模型分组

和文件分组一样，之前的制作工具已经实现了模型分组的能力。现在，模板制作工具也需要能够同时指定多个模型参数并进行"挖坑"，生成模型分组配置。

7.4.4.1 实现思路

模型分组的实现思路和文件分组几乎一致，此处不再赘述。但有一点需要注意，之前在测试模板制作工具时，传入的都是单个模型参数和要替换的字符串参数（searchStr）。但现在如果要一次性输入多个模型参数，则要同时传入多个要替换的字符串参数。准确地说，每个模型和要替换的字符串参数应该一一对应。因此，需要用额外的类来封装这些参数。

7.4.4.2 开发实现

1. 像封装文件配置类（TemplateMakerFileConfig）一样，将所有模型参数、分组参数封装为模型配置类 TemplateMakerModelConfig，然后将其放到 template.model 目录下，代码如下：

```java
@Data
public class TemplateMakerModelConfig {
    private List<ModelInfoConfig> models;
    private ModelGroupConfig modelGroupConfig;

    @NoArgsConstructor
    @Data
    public static class ModelInfoConfig {
        private String fieldName;
        private String type;
        private String description;
        private Object defaultValue;
        private String abbr;
        // 用于替换哪些文本
        private String replaceText;
    }

    @Data
    public static class ModelGroupConfig {
        private String condition;
        private String groupKey;
        private String groupName;
    }
}
```

2. 修改模型去重方法 distinctModels。和文件去重逻辑一致，实现同组模型信息的去重合并，此处不再赘述。

> distinctModels 的完整代码可以在配套资料中获取。

3. 修改 makeTemplate 的输入参数，使用封装好的模型配置类 TemplateMakerModelConfig 代替 modelInfo 和 searchStr。

修改后的方法代码如下：

```java
public static long makeTemplate(
    Meta newMeta,
    String originProjectPath,
    TemplateMakerFileConfig templateMakerFileConfig,
    TemplateMakerModelConfig templateMakerModelConfig,
    Long id) {}
```

由于参数被修改了，因此也要像从文件配置中读取信息一样，从模型配置中读取分组和模型列表信息，并将其转换为用于生成元信息配置文件的 newModelInfoList，代码如下：

```java
// 处理模型信息
List<TemplateMakerModelConfig.ModelInfoConfig> models = templateMakerModelConfig.getModels();
// 转换为配置接受的 ModelInfo 对象
List<Meta.ModelConfig.ModelInfo> inputModelInfoList = models.stream().map(modelInfoConfig -> {
    Meta.ModelConfig.ModelInfo modelInfo = new Meta.ModelConfig.ModelInfo();
    BeanUtil.copyProperties(modelInfoConfig, modelInfo);
    return modelInfo;
}).collect(Collectors.toList());

// 本次新增的模型配置列表
List<Meta.ModelConfig.ModelInfo> newModelInfoList = new ArrayList<>();

// 如果是模型组
TemplateMakerModelConfig.ModelGroupConfig modelGroupConfig = templateMakerModelConfig.getModelGroupConfig();
if (modelGroupConfig != null) {
    String condition = modelGroupConfig.getCondition();
    String groupKey = modelGroupConfig.getGroupKey();
    String groupName = modelGroupConfig.getGroupName();
    Meta.ModelConfig.ModelInfo groupModelInfo = new Meta.ModelConfig.ModelInfo();
    groupModelInfo.setGroupKey(groupKey);
    groupModelInfo.setGroupName(groupName);
    groupModelInfo.setCondition(condition);

    // 将模型全放到一个组内
    groupModelInfo.setModels(inputModelInfoList);
    newModelInfoList.add(groupModelInfo);
} else {
    // 不分组，向列表中添加所有的模型信息
    newModelInfoList.addAll(inputModelInfoList);
}
```

之前在生成元信息配置文件时增加了单个 ModelInfo 对象，现在则需要增加 newModelInfoList 列表，代码如下：

```java
// 1. 追加配置参数
List<Meta.FileConfig.FileInfo> fileInfoList = newMeta.getFileConfig().getFiles();
fileInfoList.addAll(newFileInfoList);
List<Meta.ModelConfig.ModelInfo> modelInfoList = newMeta.getModelConfig().getModels();
modelInfoList.addAll(newModelInfoList);
```

4. 修改 makeFileTemplate 方法，使其支持使用多个模型参数对文件"挖坑"。

实现思路是循环遍历模型参数，对文件内容进行替换，将上一轮替换后的结果作为新一轮要替换的内容，从而实现多轮替换。

先调整方法的输入参数，以及调用该方法时传入的参数，代码如下：

```java
private static Meta.FileConfig.FileInfo makeFileTemplate(
    TemplateMakerModelConfig templateMakerModelConfig,
    String sourceRootPath,
    File inputFile) {}
```

然后实现多轮替换逻辑，修改的关键代码如下：

```java
// 支持多个模型：对同一个文件，遍历模型进行多轮替换
TemplateMakerModelConfig.ModelGroupConfig modelGroupConfig = templateMakerModelConfig.getModelGroupConfig();
String newFileContent = fileContent;
String replacement;
for (TemplateMakerModelConfig.ModelInfoConfig modelInfoConfig
: templateMakerModelConfig.getModels()) {
    // 不是分组
    if (modelGroupConfig == null) {
        replacement = String.format("${%s}", modelInfoConfig.getFieldName());
    } else {
        // 是分组
        String groupKey = modelGroupConfig.getGroupKey();
        // 注意，"挖坑"要多一个层级
        replacement = String.format("${%s.%s}", groupKey, modelInfoConfig.getFieldName());
    }
    // 多次替换
    newFileContent = StrUtil.replace(newFileContent, modelInfoConfig.getReplaceText(), replacement);
}
```

7.4.4.3 测试验证

定义一组能够替换 MySQL 配置的模型组参数，用来替换 Spring Boot 模板项目中的 application.yml 配置文件，代码如下：

```java
String inputFilePath2 = "src/main/resources/application.yml";
// 模型参数配置
TemplateMakerModelConfig templateMakerModelConfig = new TemplateMakerModelConfig();
// 模型组配置
TemplateMakerModelConfig.ModelGroupConfig modelGroupConfig =
new TemplateMakerModelConfig.ModelGroupConfig();
modelGroupConfig.setGroupKey("mysql");
modelGroupConfig.setGroupName("数据库配置");
templateMakerModelConfig.setModelGroupConfig(modelGroupConfig);
```

```
// 模型配置
TemplateMakerModelConfig.ModelInfoConfig modelInfoConfig1 =
new TemplateMakerModelConfig.ModelInfoConfig();
modelInfoConfig1.setFieldName("url");
modelInfoConfig1.setType("String");
modelInfoConfig1.setDefaultValue("jdbc:mysql://localhost:3306/my_db");
modelInfoConfig1.setReplaceText("jdbc:mysql://localhost:3306/my_db");
TemplateMakerModelConfig.ModelInfoConfig modelInfoConfig2 =
new TemplateMakerModelConfig.ModelInfoConfig();
modelInfoConfig2.setFieldName("username");
modelInfoConfig2.setType("String");
modelInfoConfig2.setDefaultValue("root");
modelInfoConfig2.setReplaceText("root");
List<TemplateMakerModelConfig.ModelInfoConfig> modelInfoConfigList = Arrays.
asList(modelInfoConfig1, modelInfoConfig2);
templateMakerModelConfig.setModels(modelInfoConfigList);
```

执行上述代码，成功生成了有多个参数的模板文件，如图 7-12 所示。

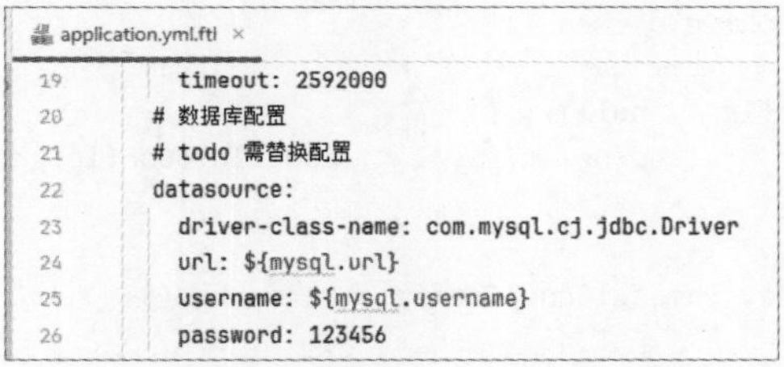

```
application.yml.ftl
    timeout: 2592000
  # 数据库配置
  # todo 需替换配置
  datasource:
    driver-class-name: com.mysql.cj.jdbc.Driver
    url: ${mysql.url}
    username: ${mysql.username}
    password: 123456
```

图 7-12 成功生成了有多个参数的模板文件

执行上述代码，也成功生成了元信息配置文件，如图 7-13 所示。

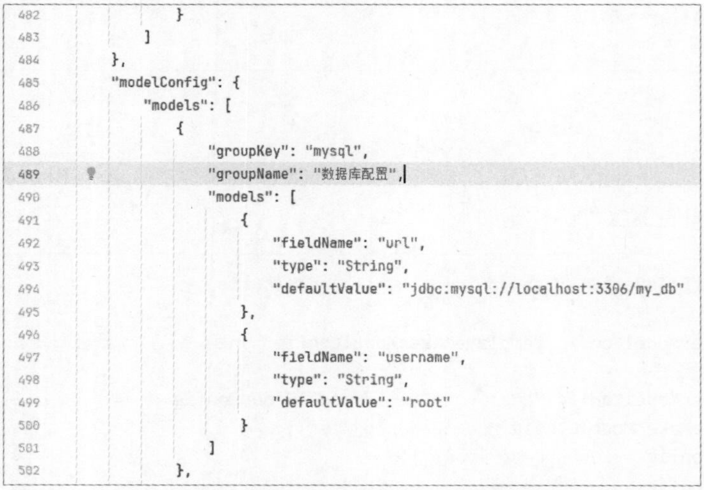

```
        }
      ]
    },
    "modelConfig": {
      "models": [
        {
          "groupKey": "mysql",
          "groupName": "数据库配置",
          "models": [
            {
              "fieldName": "url",
              "type": "String",
              "defaultValue": "jdbc:mysql://localhost:3306/my_db"
            },
            {
              "fieldName": "username",
              "type": "String",
              "defaultValue": "root"
            }
          ]
        },
```

图 7-13 成功生成了元信息配置文件

至此，模型分组功能开发完成。读者可以尝试更换模型参数组的 **groupKey** 或模型的 **fieldName**，测试能否正常追加模型配置。

> TemplateMaker 的完整代码可以在配套资料中获取。

7.5　本章小结

以上就是本章的内容，给制作工具项目增加了模板制作功能，能够根据用户指定的文件和模型参数快速生成模板文件和元信息配置文件，并且支持单次生成多个模板文件、文件过滤、文件分组、模型分组等多个功能。

本章内容涉及大量的编码，编码中其实蕴含了很多小技巧，比如 Lambda 表达式编程、复用变量、抽象封装方法等。建议读者自主实现这些代码，锻炼自己的逻辑思维能力。

在第 8 章中，我们将进一步完善模板制作工具，并且使用本阶段开发的制作工具来快速制作 Spring Boot 模板项目代码生成器。

7.6　本章作业

1. 掌握文件逻辑机制的设计，再遇到类似的需求时，能想到更灵活的设计方式。
2. 掌握本章代码用到的 API，尤其是 Lambda 表达式编程，能自主编写出同样的代码。
3. 编写代码实现本章项目，并且在自己的代码仓库完成一次提交。

第 8 章
Spring Boot 模板项目生成

经过前几章的实践，代码生成器制作工具的核心功能均已开发完成。在本章中，我们将进一步完善制作工具，并实现本项目第二阶段的目标——使用制作工具快速制作 Spring Boot 模板项目生成器。本章的重点内容包括：

1. Bug 修复。
2. 参数封装：易用性优化。
3. 制作 Spring Boot 模板项目生成器。
4. 测试验证。

8.1 Bug 修复

虽然我们已经完成了模板制作工具的核心功能开发，但是并没有经过充分的测试验证。经过一番测试，鱼皮发现了几个比较严重的 Bug，下面我们来逐一分析和修复。

> 设计本节的目的是带读者体验真实的分析排查与修复 Bug 的过程。

8.1.1 文件生成不具备幂等性

幂等性是指：多次执行相同操作时，能够得到相同的结果。

但目前如果连续两次制作模板，并在配置文件中指定了同一个文件（比如 application.yml）和相同的模型，那么第二次制作时会判定替换参数后的模板内容和第一次相同（因为第一次已经替换过了），导致该文件的生成类型被错误地识别为"静态生成"。例如第一次制作模板时，指定如下输入配置：

```
// 输入文件
String inputFilePath = "src/main/resources/application.yml";

// 模型配置
TemplateMakerModelConfig.ModelInfoConfig modelInfoConfig1 = new TemplateMakerModel-
Config.ModelInfoConfig();
modelInfoConfig1.setFieldName("url");
modelInfoConfig1.setType("String");
modelInfoConfig1.setDefaultValue("jdbc:mysql://localhost:3306/my_db");
modelInfoConfig1.setReplaceText("jdbc:mysql://localhost:3306/my_db");
```

生成 meta.json 元信息配置文件，包含以下配置代码：

```
{
    "inputPath": "src/main/resources/application.yml",
    "outputPath": "src/main/resources/application.yml.ftl",
    "type": "file",
    "generateType": "dynamic"
}
```

在第二次制作模板时，如果不修改任何的输入配置，直接再次执行制作工具，那么在生成的元信息配置文件中，配置代码如下：

```
{
    "inputPath": "src/main/resources/application.yml",
    "outputPath": "src/main/resources/application.yml",
    "type": "file",
    "generateType": "static"
}
```

动态模板文件 application.yml 的 generateType 从正常的 "dynamic" 被修改为了 "static"，这显然是有问题的，不具备幂等性。如果模板文件的生成类型已被识别为"动态生成"，那么在后续的生成过程中，应始终保持其为动态生成类型。

8.1.1.1　解决方案

该 Bug 的解决方案很简单，思路是：如果在后续制作时，发现某个文件已经生成了模板文件（已被识别为动态生成类型），则该文件的生成类型不会改变。实现步骤如下：

1. 修复 makeFileTemplate 方法，抽象出 hasTemplateFile 布尔变量，用于判断是否已有模板文件。修改的代码如下：

```
// 如果已有模板文件，说明不是第一次制作，则在模板基础上再次"挖坑"
boolean hasTemplateFile = FileUtil.exist(fileOutputAbsolutePath);
```

```
if (hasTemplateFile) {
    fileContent = FileUtil.readUtf8String(fileOutputAbsolutePath);
} else {
    fileContent = FileUtil.readUtf8String(fileInputAbsolutePath);
}
```

2. 调整设置文件信息对象的逻辑,默认将生成类型设置为动态生成。如果之前不存在模板文件,并且经过字符串替换后没有更改文件内容,则将生成类型改为静态生成。如果已经存在模板文件,且替换字符串后模板需要更改,则仍然需要更改已有的模板文件。修改的代码如下:

```
// 文件配置信息
Meta.FileConfig.FileInfo fileInfo = new Meta.FileConfig.FileInfo();
fileInfo.setInputPath(fileInputPath);
fileInfo.setOutputPath(fileOutputPath);
fileInfo.setType(FileTypeEnum.FILE.getValue());
fileInfo.setGenerateType(FileGenerateTypeEnum.DYNAMIC.getValue());

// 是否更改了文件内容
boolean contentEquals = newFileContent.equals(fileContent);
// 之前不存在模板文件,并且没有更改文件内容,则为静态生成
if (!hasTemplateFile) {
    if (contentEquals) {
        // 输出路径 = 输入路径
        fileInfo.setOutputPath(fileInputPath);
        fileInfo.setGenerateType(FileGenerateTypeEnum.STATIC.getValue());
    } else {
        // 没有模板文件,需要"挖坑",生成模板文件
        FileUtil.writeUtf8String(newFileContent, fileOutputAbsolutePath);
    }
} else if (!contentEquals) {
    // 有模板文件,且增加了新"坑",生成模板文件
    FileUtil.writeUtf8String(newFileContent, fileOutputAbsolutePath);
}
```

8.1.1.2 测试验证

为了后续更方便地执行多次不同的测试,这里需要新建一个模板制作工具的单元测试文件。

此处选用主流的 JUnit 单元测试框架,版本为 4.x。先在 src/test 目录下新建一个干净的 JUnit 单元测试文件。一般每个测试用例都需要定义一个测试方法,用 @Test 注解进行标识。在方法内,可以执行要测试的方法和代码,并通过断言方法来校验测试结果是否符合预期。示例代码如下:

```java
public class TemplateMakerTest {

    @Test
    public void testXXX() {
        int result = doSomething();
        // 测试结果是否等于 0
        assertEquals(0, result);
    }
}
```

移除 TemplateMaker 类中的 main 方法,后续都在单元测试文件中编写测试用例。本次测试需要的代码如下:

```java
@Test
public void testMakeTemplateBug1() {
    Meta meta = new Meta();
    meta.setName("acm-template-generator");
    meta.setDescription("ACM 示例模板生成器 ");
    String projectPath = System.getProperty("user.dir");
    String originProjectPath = new File(projectPath).getParent() + File.separator +
"yuzi-generator-demo-projects/springboot-init";
    // 文件参数配置
    String inputFilePath1 = "src/main/resources/application.yml";
    TemplateMakerFileConfig templateMakerFileConfig = new TemplateMakerFileConfig();
    TemplateMakerFileConfig.FileInfoConfig fileInfoConfig1 = new TemplateMakerFile-
Config.FileInfoConfig();
    fileInfoConfig1.setPath(inputFilePath1);
    templateMakerFileConfig.setFiles(Arrays.asList(fileInfoConfig1));
    // 模型参数配置
    TemplateMakerModelConfig templateMakerModelConfig = new TemplateMakerModelConfig();
    TemplateMakerModelConfig.ModelInfoConfig modelInfoConfig1 = new TemplateMakerMod-
elConfig.ModelInfoConfig();
    modelInfoConfig1.setFieldName("url");
    modelInfoConfig1.setType("String");
    modelInfoConfig1.setDefaultValue("jdbc:mysql://localhost:3306/my_db");
    modelInfoConfig1.setReplaceText("jdbc:mysql://localhost:3306/my_db");
    List<TemplateMakerModelConfig.ModelInfoConfig> modelInfoConfigList = Arrays.
asList(modelInfoConfig1);
    templateMakerModelConfig.setModels(modelInfoConfigList);
    long id = TemplateMaker.makeTemplate(meta, originProjectPath, templateMakerFile-
Config, templateMakerModelConfig, 1735281546701181376L);
    System.out.println(id);
}
```

连续执行两次,发现文件的生成类型符合预期,不会再被修改,即成功修复了 Bug。

8.1.2 错误处理了新生成的模板文件

如果多次制作时指定了相同的目录(如 common 包),那么后续制作时便会扫描到之前生成的 FTL 模板文件，并尝试基于 FTL 文件再次制作模板，导致生成错误的配置。例如第一次制作模板时，指定如下输入配置：

```
// 输入文件
String inputFilePath = "src/main/java/com/yupi/springbootinit/common";
// 模型配置
TemplateMakerModelConfig.ModelInfoConfig modelInfoConfig1 = new TemplateMakerModel-
Config.ModelInfoConfig();
modelInfoConfig1.setFieldName("className");
modelInfoConfig1.setType("String");
modelInfoConfig1.setReplaceText("BaseResponse");
```

生成 meta.json 元信息配置文件，部分内容如下：

```
{
    "inputPath": "src/main/java/com/yupi/springbootinit/common/BaseResponse.java",
    "outputPath": "src/main/java/com/yupi/springbootinit/common/BaseResponse.java.ftl",
    "type": "file",
    "generateType": "dynamic"
},
{
    "inputPath": "src/main/java/com/yupi/springbootinit/common/DeleteRequest.java",
    "outputPath": "src/main/java/com/yupi/springbootinit/common/DeleteRequest.java",
    "type": "file",
    "generateType": "static"
}
```

第二次制作模板时，不修改任何输入配置，直接再次执行制作工具程序，结果生成的文件信息如图 8-1 所示。

```
{
    "inputPath": "src/main/java/com/yupi/springbootinit/common/ResultUtils.java",
    "outputPath": "src/main/java/com/yupi/springbootinit/common/ResultUtils.java.ftl",
    "type": "file",
    "generateType": "static"
},
{
    "inputPath": "src/main/java/com/yupi/springbootinit/common/BaseResponse.java.ftl",
    "outputPath": "src/main/java/com/yupi/springbootinit/common/BaseResponse.java.ftl",
    "type": "file",
    "generateType": "static"
},
{
    "inputPath": "src/main/java/com/yupi/springbootinit/common/BaseResponse.java",
    "outputPath": "src/main/java/com/yupi/springbootinit/common/BaseResponse.java.ftl",
    "type": "file",
    "generateType": "dynamic"
},
```

图 8-1　生成的文件信息

显然，第一次制作时新生成的 **BaseResponse.java.ftl** 模板文件，也以静态生成的方式出现在了配置文件中，而实际上不应该再对该文件进行处理。

8.1.2.1 解决方案

每次制作模板时，判断输入文件的后缀是否为 .ftl，如果是，则不处理该文件。

修改 makeTemplate 方法中的代码，在文件过滤后移除 FTL 模板文件。代码如下：

```java
// 获取过滤后的文件列表（不会存在目录）
List<File> fileList = FileFilter.doFilter(inputFilePath, fileInfoConfig.getFilterConfigList());
// 不处理已生成的 FTL 模板文件
fileList = fileList.stream()
        .filter(file -> !file.getAbsolutePath().endsWith(".ftl"))
        .collect(Collectors.toList());
```

8.1.2.2 测试验证

在单元测试文件中编写新的方法，使用前文中的制作配置。

连续执行两次，并没有生成多余的文件配置，符合预期，即成功修复了 Bug。

> 完整的单元测试代码可以在配套资料中获取。

8.1.3 文件输入和输出路径相反

在制作模板时，需要根据原始文件得到 FTL 模板文件。比如在之前编写的 meta.json 文件中，inputPath 是模板文件，outputPath 是目标生成文件，示例配置如下：

```json
{
  "inputPath": "src/com/yupi/acm/MainTemplate.java.ftl",
  "outputPath": "src/com/yupi/acm/MainTemplate.java",
  "type": "file",
  "generateType": "dynamic"
}
```

在代码生成器的元信息配置文件中，其实是根据 FTL 模板文件来生成目标文件的。但在通过模板制作工具生成的元信息配置文件中，inputPath 和 outputPath 的值和预期正好相反，生成的目标文件的 outputPath 竟然还带有 ".ftl" 后缀。示例配置如下：

```json
{
  "inputPath": "src/main/java/com/yupi/springbootinit/common/BaseResponse.java",
  "outputPath": "src/main/java/com/yupi/springbootinit/common/BaseResponse.java.ftl",
```

```
    "type": "file",
    "generateType": "dynamic"
}
```

8.1.3.1 解决方案

思路很简单，只需要在生成文件时将 inputPath 和 outputPath 的值互换即可。但是要注意尽可能缩小改动代码影响的范围。

1. 在封装 fileInfo 对象时，对输入输出路径的值进行替换。保证输入路径是 FTL 模板文件、输出路径是预期生成的文件。注意，如果是静态生成类型，则要保证输入路径等于输出路径。

修改 makeFileTemplate 文件的部分代码如下：

```java
// 文件配置信息
Meta.FileConfig.FileInfo fileInfo = new Meta.FileConfig.FileInfo();
// 注意要将文件输入路径和输出路径互换
fileInfo.setInputPath(fileOutputPath);
fileInfo.setOutputPath(fileInputPath);
fileInfo.setType(FileTypeEnum.FILE.getValue());
fileInfo.setGenerateType(FileGenerateTypeEnum.DYNAMIC.getValue());

// 是否更改了文件内容
boolean contentEquals = newFileContent.equals(fileContent);
// 之前不存在模板文件，并且没有更改文件内容，则为静态生成
if (!hasTemplateFile) {
    if (contentEquals) {
        // 输入路径没有 .ftl 后缀
        fileInfo.setInputPath(fileInputPath);
        fileInfo.setGenerateType(FileGenerateTypeEnum.STATIC.getValue());
    } else {
        // 没有模板文件，且增加了新"坑"，生成模板文件
        FileUtil.writeUtf8String(newFileContent, fileOutputAbsolutePath);
    }
}
return fileInfo;
```

2. 需要注意的是：文件去重方法 distinctFiles 也要同步修改，改为根据 outputPath 属性进行去重。修改的部分代码如下：

```java
List<Meta.FileConfig.FileInfo> newFileInfoList = new ArrayList<>(tempFileInfoList.stream()
    .flatMap(fileInfo -> fileInfo.getFiles().stream())
    .collect(
        Collectors.toMap(Meta.FileConfig.FileInfo::getOutputPath,
```

```
                    o -> o,
                    (e, r) -> r
                    )
).values());
```

8.1.3.2 测试验证

再次执行之前编写好的任意单元测试方法，这次生成的文件信息符合预期，如图 8-2 所示，成功修复了 Bug。

```
{} meta.json  ×
 4          "fileConfig": {
 6              "files": [
24              },
25              {
26                  "inputPath": "src/main/java/com/yupi/springbootinit/common/PageRequest.java",
27                  "outputPath": "src/main/java/com/yupi/springbootinit/common/PageRequest.java",
28                  "type": "file",
29                  "generateType": "static"
30              },
31              {
32                  "inputPath": "src/main/java/com/yupi/springbootinit/common/ResultUtils.java.ftl",
33                  "outputPath": "src/main/java/com/yupi/springbootinit/common/ResultUtils.java",
34                  "type": "file",
35                  "generateType": "dynamic"
36              },
```

图 8-2　生成的文件信息符合预期

8.1.4　调整配置文件生成路径

现在制作模板时，生成的 meta.json 文件会存在于工作空间的根目录下。因此，如果多次制作模板，指定的输入文件路径是项目的根目录，那么 meta.json 文件也会被当成项目文件进行处理。

尝试复现这个 Bug，比如制作模板时将输入文件路径设置为根目录：

```
String inputFilePath = "./";
```

然后连续执行两次制作操作，发现第二次制作模板时，把第一次制作生成的 meta.json 文件也当作了模板文件处理，如图 8-3 所示。

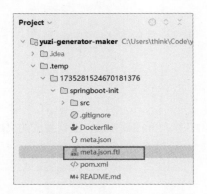

图 8-3　生成的文件

8.1.4.1　解决方案

解决方案很简单，只需要修改 meta.json 文件的生成路径即可，比如将其调整为在工作空间根目录下，和项目目录平级。修改后的代码如下：

```
// 三、生成配置文件
String metaOutputPath = templatePath + File.separator + "meta.json";
```

8.1.4.2　测试验证

再次执行之前编写好的任一单元测试方法，发现生成的配置文件的路径被正确修改了，如图 8-4 所示。后续制作模板时，也不会错误处理该文件。

图 8-4　正确生成文件

几个严重影响使用的 Bug 被成功修复了！接下来优化工具的易用性。

8.2　参数封装：易用性优化

之前每次使用制作工具时，都要自主编写和封装各种配置对象，非常麻烦。那有没有更简单的方式呢？

可以把所有模板制作工具所需的所有参数封装为一个类，这样就可以通过传递一个 JSON 配置文件来快速将参数填充到对象中。实现步骤如下：

1. 在 template.model 包下新建 TemplateMakerConfig 类，用于封装所有模板制作工具需要的参数。模板制作配置类的代码如下：

```java
@Data
public class TemplateMakerConfig {
    private Long id;
    private Meta meta = new Meta();
    private String originProjectPath;
    TemplateMakerFileConfig fileConfig = new TemplateMakerFileConfig();
    TemplateMakerModelConfig modelConfig = new TemplateMakerModelConfig();
}
```

注意，要给对象指定默认值，防止 NPE 空指针异常。

2. 在 TemplateMaker 制作工具类中新增接收该封装类的重载方法，而不修改原方法，降低改动代码带来的风险。新增代码如下：

```java
public static long makeTemplate(TemplateMakerConfig templateMakerConfig) {
    Meta meta = templateMakerConfig.getMeta();
    String originProjectPath = templateMakerConfig.getOriginProjectPath();
    TemplateMakerFileConfig templateMakerFileConfig = templateMakerConfig.getFileConfig();
    TemplateMakerModelConfig templateMakerModelConfig = templateMakerConfig.getModelConfig();
    Long id = templateMakerConfig.getId();
    return makeTemplate(meta, originProjectPath, templateMakerFileConfig, templateMakerModelConfig, id);
}
```

3. 在 resources 资源目录下新建临时的 templateMaker.json 文件，用于给封装对象设置参数。示例代码如下：

```json
{
  "meta": {
    "name": "acm-template-pro-generator",
    "description": "ACM 示例模板生成器"
  },
  "originProjectPath": "../../../yuzi-generator-demo-projects/springboot-init",
  "fileConfig": {
    "files": [
      {
        "path": "src/main/java/com/yupi/springbootinit/common"
      }
    ]
  },
  "modelConfig": {
```

```
    "models": [
      {
        "fieldName": "className",
        "type": "String",
        "defaultValue": true,
        "replaceText": "BaseResponse"
      }
    ]
  }
}
```

注意，读者要将上述代码中的路径改为自己的项目路径！

4. 编写单元测试方法，读取 JSON 文件并将其转换为模板制作配置，然后制作模板。代码如下：

```
@Test
public void testMakeTemplateWithJSON() {
    String configStr = ResourceUtil.readUtf8Str("templateMaker.json");
    TemplateMakerConfig templateMakerConfig = JSONUtil.toBean(configStr, TemplateMakerConfig.class);
    long id = TemplateMaker.makeTemplate(templateMakerConfig);
    System.out.println(id);
}
```

最后测试执行，能够生成符合预期的代码。

通过这种方式，以后就可以编写 JSON 配置文件了，而无须通过修改代码来制作模板。后续甚至可以通过前端界面来进一步简化操作。

8.3 制作 Spring Boot 模板项目生成器

下面我们要实现本阶段的最终目标——制作 Spring Boot 模板项目生成器。首先明确制作思路：

1. 先利用制作工具的模板制作能力，通过一步一步编写模板制作工具所需的配置文件，自动生成模板文件和元信息配置文件，依次完成动态生成需求。
2. 再通过制作工具的生成能力，得到可执行的代码生成器文件。

制作的过程可能不会一帆风顺，如果遇到了问题或者需要补充功能，也要做对应的处理。接下来，要按照 6.1.2 节 "生成器应具备的功能" 中提到的需求，一步一步去实现 Spring Boot 模板项目生成器。

8.3.1 项目基本信息

8.3.1.1 编写配置

首先要配置代码生成器的基本信息，在 resources/examples/springboot-init 目录下新建 templateMaker.json 模板配置文件。代码如下：

```json
{
  "id": 1,
  "meta": {
    "name": "springboot-init-generator",
    "description": "Spring Boot 模板项目生成器"
  },
  "originProjectPath": "../../../yuzi-generator-demo-projects/springboot-init"
}
```

再次强调，读者要将上述代码中的路径改为自己的项目路径！

8.3.1.2 测试执行

在 TemplateMakerTest 单元测试文件中新增制作 Spring Boot 模板的方法，加载上述模板配置文件。代码如下：

```java
@Test
public void makeSpringBootTemplate() {
    String rootPath = "examples/springboot-init/";
    String configStr = ResourceUtil.readUtf8Str(rootPath + "templateMaker.json");
    TemplateMakerConfig templateMakerConfig = JSONUtil.toBean(configStr, TemplateMakerConfig.class);
    long id = TemplateMaker.makeTemplate(templateMakerConfig);
    System.out.println(id);
}
```

运行单元测试，结果出现了错误，如图 8-5 所示。

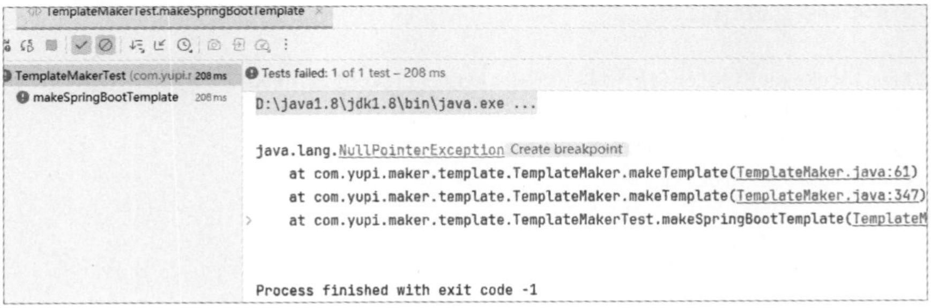

图 8-5 单元测试报错

先认真阅读报错信息，关键内容是"文件配置信息列表对象为空"。原来是因为在现在的模板配置中，除了项目基本信息，文件配置和模型配置都没有填写。所以需要优化一下代码，增加对象的非空校验逻辑。

8.3.1.3 增加对象非空校验

依次增加文件配置对象和模型配置对象的非空校验。

1. 补充文件配置对象非空校验。只要判断文件配置对象为空，就不做任何处理，直接执行后续的逻辑即可。

最好是将制作文件模板的逻辑抽象为一个方法，便于使用 return 语句提前返回结果，减少代码嵌套。

抽象出的 makeFileTemplates 方法如下，返回新增的文件配置信息列表：

```java
private static List<Meta.FileConfig.FileInfo> makeFileTemplates(
    TemplateMakerFileConfig templateMakerFileConfig,
    TemplateMakerModelConfig templateMakerModelConfig,
    String sourceRootPath
) {
    List<Meta.FileConfig.FileInfo> newFileInfoList = new ArrayList<>();
    
    ...
    // 生成模板文件，并得到文件配置信息列表
    return newFileInfoList;
}
```

然后在方法开头补充文件非空校验，代码如下：

```java
List<Meta.FileConfig.FileInfo> newFileInfoList = new ArrayList<>();
// 非空校验
if (templateMakerFileConfig == null) {
    return newFileInfoList;
}
List<TemplateMakerFileConfig.FileInfoConfig> fileConfigInfoList =
templateMakerFileConfig.getFiles();
if (CollUtil.isEmpty(fileConfigInfoList)) {
    return newFileInfoList;
}

...
// 生成模板文件，并得到文件配置信息列表
```

2. 补充模型配置对象非空校验。和文件配置对象非空校验一样,为了更好地组织代码,将获取模型配置列表的逻辑并将其抽象为独立的方法 getModelInfoList,返回值为模型配置列表。该方法的代码如下:

```java
private static List<Meta.ModelConfig.ModelInfo> getModelInfoList(
    TemplateMakerModelConfig templateMakerModelConfig) {
    // 本次新增的模型配置列表
    List<Meta.ModelConfig.ModelInfo> newModelInfoList = new ArrayList<>();

    ...

    // 处理模型信息,比如分组逻辑
    return newModelInfoList;
}
```

然后在方法开头补充非空校验逻辑,代码如下:

```java
// 本次新增的模型配置列表
List<Meta.ModelConfig.ModelInfo> newModelInfoList = new ArrayList<>();
if (templateMakerModelConfig == null) {
    return newModelInfoList;
}

List<TemplateMakerModelConfig.ModelInfoConfig> models = templateMakerModelConfig.getModels();
if (CollUtil.isEmpty(models)) {
    return newModelInfoList;
}

...
// 处理模型信息,比如分组逻辑
```

3. 同步修改原始的 **makeTemplate** 方法,调用抽象出的方法。代码如下:

```java
// 二、生成模板文件
List<Meta.FileConfig.FileInfo> newFileInfoList =
    makeFileTemplates(templateMakerFileConfig, templateMakerModelConfig, sourceRootPath);

// 处理模型信息
List<Meta.ModelConfig.ModelInfo> newModelInfoList = getModelInfoList(templateMaker-
ModelConfig);
```

然后再次制作模板,成功生成包含项目基本信息的元信息配置文件,如图 8-6 所示。

```
meta.json ×
1  {
2      "name": "Spring-init-generator",
3      "description": "Spring Boot 模板项目生成器",
4      "fileConfig": {
5          "sourceRootPath": "C:\\Users\\think\\Code\\yuzi-generator\\yuzi-generator-maker\\.temp\\1\\sprin
6          "files": [
7          ]
8      },
9
10     "modelConfig": {
11         "models": [
12
13         ]
14     }
```

图 8-6　生成的元信息配置文件

接下来我们依次实现之前梳理的需求。

8.3.2　需求：替换生成的代码包名

8.3.2.1　明确需求

允许用户传入 basePackage 模型参数，对 Spring Boot 模板项目代码中所有出现的包名进行替换。

由于用到包名的代码非常多，如果都要自己"挖坑"并制作 FTL 动态模板，则不仅成本高，还容易出现遗漏。因此需要利用模板制作工具来自动"挖坑"并生成模板文件。

8.3.2.2　持久化项目路径

在编写新的模板制作配置文件前，要先完善一下配置追加的能力。如果非首次制作，那么配置文件中肯定已经存在 originProjectPath 参数，后续制作时，就不需要再在配置文件中指定该参数了。

修改方法很简单，制作工具代码中只有在获取 sourceRootPath 时用到了 originProjectPath，修改该变量的获取方式，自动读取工作空间下的第一个目录（项目根目录）即可。

修改后的代码如下：

```
// 一、输入信息
// 输入文件信息，获取到项目根目录
String sourceRootPath = FileUtil.loopFiles(new File(templatePath), 1, null)
        .stream()
        .filter(File::isDirectory)
```

```
            .findFirst()
            .orElseThrow(RuntimeException::new)
            .getAbsolutePath();
```

在上述代码中，获取第一个目录时需要设置层级为 1，且必须读取目录而不是文件，否则可能会因为系统临时生成的文件（比如 macOS 系统下的 .DS_Store 文件等）而影响结果。

8.3.3.3 编写配置

编写替换生成代码包名的配置文件，将 springboot-init 目录下所有文件的 com.yupi 字符串全局替换为 basePackage 模型参数。

在 resources/examples/springboot-init 目录下新建 templateMaker1.json 模板配置文件，在文件配置中指定扫描所有文件，在模型配置中指定包名参数。代码如下：

```
{
  "id": 1,
  "fileConfig": {
    "files": [
      {
        "path": ""
      }
    ]
  },
  "modelConfig": {
    "models": [
      {
        "fieldName": "basePackage",
        "type": "String",
        "description": " 基础包名 ",
        "defaultValue": "com.yupi",
        "replaceText": "com.yupi"
      }
    ]
  }
}
```

8.3.3.4 测试执行

在 TemplateMakerTest 单元测试文件的 makeSpringBootTemplate 方法中新增代码，读取上述配置并执行模板制作操作。代码如下：

```
@Test
public void makeSpringBootTemplate() {
```

```java
    String rootPath = "examples/springboot-init/";
    String configStr = ResourceUtil.readUtf8Str(rootPath + "templateMaker.json");
    TemplateMakerConfig templateMakerConfig = JSONUtil.toBean(configStr,
TemplateMakerConfig.class);
    long id = TemplateMaker.makeTemplate(templateMakerConfig);
    configStr = ResourceUtil.readUtf8Str(rootPath + "templateMaker1.json");
    templateMakerConfig = JSONUtil.toBean(configStr, TemplateMakerConfig.class);
    TemplateMaker.makeTemplate(templateMakerConfig);
    System.out.println(id);
}
```

执行成功，生成的模板文件和元信息配置文件符合预期，如图 8-7 所示。

```
                "generateType": "static"
            },
            {
                "inputPath": "src/main/java/com/yupi/springbootinit/model/dto/user/UserLoginRequest.java.ftl",
                "outputPath": "src/main/java/com/yupi/springbootinit/model/dto/user/UserLoginRequest.java",
                "type": "file",
                "generateType": "dynamic"
            },
            {
                "inputPath": "src/main/resources/application.yml",
                "outputPath": "src/main/resources/application.yml",
                "type": "file",
                "generateType": "static"
            }
        ]
    },
    "modelConfig": {
        "models": [
            {
                "fieldName": "basePackage",
                "type": "String",
                "description": "基础包名",
                "defaultValue": "com.yupi"
            }
        ]
```

图 8-7 生成的模板文件和元信息配置文件

8.3.3 需求：控制是否生成帖子相关功能的文件

8.3.3.1 明确需求

允许用户传入 needPost 模型参数，控制与帖子功能相关的文件是否生成，比如 PostController、PostService、PostMapper、PostMapper.xml、Post 实体类等。

8.3.3.2 编写配置

由于与帖子相关的文件分散在不同的目录下，因此为了简化配置，可以使用文件过滤机制，只保留文件名中包含 Post 的文件，并且将这些文件设置为同属一个文件组，needPost 模型参数为 true 时才会生成。

在 resources/examples/springboot-init 目录下新建 templateMaker2.json 模板配置文件，代码如下：

```json
{
  "id": 1,
  "fileConfig": {
    "fileGroupConfig": {
      "groupKey": "post",
      "groupName": "帖子文件组",
      "condition": "needPost"
    },
    "files": [
      {
        "path": "src/main",
        "filterConfigList": [
          {
            "range": "fileName",
            "rule": "contains",
            "value": "Post"
          }
        ]
      }
    ]
  },
  "modelConfig": {
    "models": [
      {
        "fieldName": "needPost",
        "type": "boolean",
        "description": "是否开启帖子功能",
        "defaultValue": true
      }
    ]
  }
}
```

8.3.3.3 测试执行

和之前的测试方法一样，在单元测试方法内补充读取新配置并制作模板的代码，如下：

```
configStr = ResourceUtil.readUtf8Str(rootPath + "templateMaker2.json");
templateMakerConfig = JSONUtil.toBean(configStr, TemplateMakerConfig.class);
TemplateMaker.makeTemplate(templateMakerConfig);
```

执行成功，查看生成的元信息配置文件，发现文件分组正确生成，如图 8-8 所示。

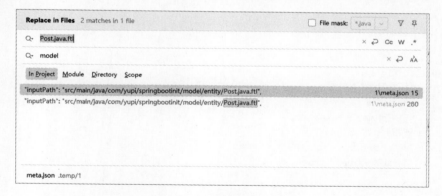

图 8-8　文件分组正确生成

但这里有一个问题，在前面制作时已经生成过帖子相关的模板文件了，而现在分组内新增了相同的文件，导致同一个文件在外层和分组内重复出现，如图 8-9 所示。

图 8-9　重复生成文件

该如何解决这个问题呢？

8.3.3.4　自定义去重

比较"简单粗暴"的方式是直接从未分组文件配置中移除和已分组文件同名的配置。

但也许用户就是想同时保留组内外相同的配置，所以，比较友好的方式是，支持让用户自己选择是否去重。

这个时候，之前（7.2 节）设计模板制作工具时提到的第 4 个输入项就有用了，也就是**输出配置**。

1. 在 template.model 包下新建 TemplateMakerOutputConfig 输出配置类，并定义一个控制分组去重的属性。代码如下：

```
@Data
public class TemplateMakerOutputConfig {
    // 从未分组文件中移除组内的同名文件
    private boolean removeGroupFilesFromRoot = true;
}
```

2. 在封装配置类 TemplateMakerConfig 中补充输出配置属性，代码如下：

```
@Data
public class TemplateMakerConfig {
    ...
    TemplateMakerOutputConfig outputConfig = new TemplateMakerOutputConfig();
}
```

3. 编写分组去重的实现代码。

由于去重逻辑比较复杂，而且算是一个额外的功能，所以建议单独编写一个工具类来实现。大致的去重流程如下：

- ★ 获取所有分组。
- ★ 获取所有分组内的文件列表。
- ★ 获取所有分组内的文件输入路径集合。
- ★ 利用上述集合，移除所有输入路径在集合中的外层文件。

在 template 包下新建 TemplateMakerUtils 类，实现上述流程，代码如下：

```
public class TemplateMakerUtils {
    // 从未分组文件中移除组内的同名文件
    public static List<Meta.FileConfig.FileInfo> removeGroupFilesFromRoot(List<Meta.FileConfig.FileInfo> fileInfoList) {
        // 1. 获取所有分组
        List<Meta.FileConfig.FileInfo> groupFileInfoList = fileInfoList.stream()
                .filter(fileInfo -> StrUtil.isNotBlank(fileInfo.getGroupKey()))
```

```
            .collect(Collectors.toList());
    // 2. 获取所有分组内的文件列表
    List<Meta.FileConfig.FileInfo> groupInnerFileInfoList = groupFileInfoList.
stream()
            .flatMap(fileInfo -> fileInfo.getFiles().stream())
            .collect(Collectors.toList());
    // 3. 获取所有分组内的文件输入路径集合
    Set<String> fileInputPathSet = groupInnerFileInfoList.stream()
            .map(Meta.FileConfig.FileInfo::getInputPath)
            .collect(Collectors.toSet());
    // 4. 移除所有输入路径在 set 集合中的外层文件
    return fileInfoList.stream()
            .filter(fileInfo -> !fileInputPathSet.contains(fileInfo.getInputPath()))
            .collect(Collectors.toList());
    }
}
```

4. 在模板制作方法中增加输出配置参数,并根据配置执行文件的分组或合并操作。

修改后的 makeTemplate 方法定义如下:

```
public static long makeTemplate(
    Meta newMeta,
    String originProjectPath,
    TemplateMakerFileConfig templateMakerFileConfig,
    TemplateMakerModelConfig templateMakerModelConfig,
    TemplateMakerOutputConfig templateMakerOutputConfig,
    Long id) {}
```

在 makeTemplate 方法中追加调用工具类的分组去重方法,代码如下:

```
// 额外的输出配置
if (templateMakerOutputConfig != null) {
    // 文件外层和分组去重
    if (templateMakerOutputConfig.isRemoveGroupFilesFromRoot()) {
        List<Meta.FileConfig.FileInfo> fileInfoList = newMeta.getFileConfig().getFiles();
        newMeta.getFileConfig().setFiles(TemplateMakerUtils.
removeGroupFilesFromRoot(fileInfoList));
    }
}

// 输出元信息配置文件
FileUtil.writeUtf8String(JSONUtil.toJsonPrettyStr(newMeta), metaOutputPath);
```

再次执行测试,分组内的文件不会在外层文件中重复出现了,符合预期。

8.3.4 需求：控制是否需要开启跨域功能

8.3.4.1 明确需求

允许用户传入 needCors 模型参数，控制与跨域相关的文件 CorsConfig.java 是否生成。

8.3.4.2 编写配置

在 resources/examples/springboot-init 目录下新建 templateMaker3.json 模板配置文件。设置文件路径为 CorsConfig.java，新增模型参数 needCors，注意还要给文件配置指定一个生成条件。代码如下：

```json
{
  "id": 1,
  "fileConfig": {
    "files": [
      {
        "path": "src/main/java/com/yupi/springbootinit/config/CorsConfig.java",
        "condition": "needCors"
      }
    ]
  },
  "modelConfig": {
    "models": [
      {
        "fieldName": "needCors",
        "type": "boolean",
        "description": "是否开启跨域功能",
        "defaultValue": true
      }
    ]
  }
}
```

8.3.4.3 支持给单个文件设置生成条件

由于之前只支持给文件分组设置生成条件，无法满足现在的需求，因此还需要支持给单个文件设置生成条件。

1. 修改文件配置类 TemplateMakerFileConfig.FileInfoConfig，补充 condition 条件参数，代码如下：

```java
@NoArgsConstructor
@Data
public static class FileInfoConfig {
```

```
    private String path;
    private String condition;
    private List<FileFilterConfig> filterConfigList;
}
```

2. makeFileTemplate 方法中新增了 fileConfig 对象的传递逻辑，支持从配置中取出 condition 并填充 fileInfo 对象。修改的部分代码如下：

```
private static Meta.FileConfig.FileInfo makeFileTemplate(
    TemplateMakerModelConfig templateMakerModelConfig,
    String sourceRootPath,
    File inputFile,
    TemplateMakerFileConfig.FileInfoConfig fileInfoConfig) {
    ...
    // 文件配置信息
    Meta.FileConfig.FileInfo fileInfo = new Meta.FileConfig.FileInfo();
    // 注意要将文件输入路径和输出路径互换
    fileInfo.setInputPath(fileOutputPath);
    fileInfo.setOutputPath(fileInputPath);
    fileInfo.setCondition(fileInfoConfig.getCondition());
    fileInfo.setType(FileTypeEnum.FILE.getValue());
    fileInfo.setGenerateType(FileGenerateTypeEnum.DYNAMIC.getValue());
    ...
}
```

8.3.4.4 测试执行

和之前的测试方法一样，在单元测试方法内补充读取新配置并制作模板的代码，如下：

```
configStr = ResourceUtil.readUtf8Str(rootPath + "templateMaker3.json");
templateMakerConfig = JSONUtil.toBean(configStr, TemplateMakerConfig.class);
TemplateMaker.makeTemplate(templateMakerConfig);
```

执行成功，查看生成的元信息配置文件，发现跨域文件和模型配置均正确生成，如图 8-10 和图 8-11 所示。

图 8-10　跨域文件正确生成

```
{} meta.json  ×
383                },
384                "modelConfig": {
385                    "models": [
386                        {
387                            "fieldName": "needPost",
388                            "type": "boolean",
389                            "description": "是否开启帖子功能",
390                            "defaultValue": true
391                        },
392                        {
393                            "fieldName": "needCors",
394                            "type": "String",
395                            "description": "是否开启跨越功能",
396                            "defaultValue": true
397                        },
```

图 8-11　模型配置正确生成

8.3.5　需求：自定义 Knife4jConfig 接口文档配置信息

8.3.5.1　明确需求

先让用户输入 needDocs 参数，决定是否要开启接口文档配置；如果要开启，再让用户输入一组参数，达到修改 Knife4jConfig 文档配置信息的目的。

说明：由于要支持用户输入的参数较多，因此可以先用一个参数控制是否要开启接口文档配置。如果开启，则再让用户输入一组配置参数。

实现思路：修改 Knife4jConfig 文件中的配置，比如接口文档的标题、描述、版本号等。

8.3.5.2　完善模型分组配置

要实现这个需求，还要给模型分组配置增加一些字段，比如分组的类型、描述。

1. 修改 TemplateMakerModelConfig.ModelGroupConfig 类，代码如下：

```
@Data
public static class ModelGroupConfig {
    private String condition;
    private String groupKey;
    private String groupName;
    private String type;
    private String description;
}
```

2. 在模板制作类中获取模型信息列表时，需要将配置中指定的分组信息传递给 groupModelInfo 对象。

修改 getModelInfoList 方法，通过 BeanUtil.copyProperties 拷贝对象的属性值，修改的代码如下：

```java
// 如果是模型组
TemplateMakerModelConfig.ModelGroupConfig modelGroupConfig =
templateMakerModelConfig.getModelGroupConfig();
if (modelGroupConfig != null) {
    // 复制变量
    Meta.ModelConfig.ModelInfo groupModelInfo = new Meta.ModelConfig.ModelInfo();
    BeanUtil.copyProperties(modelGroupConfig, groupModelInfo);
    // 将模型全放到一个分组内
    groupModelInfo.setModels(inputModelInfoList);
    newModelInfoList.add(groupModelInfo);
} else {
    // 不分组，添加所有的模型信息到列表中
    newModelInfoList.addAll(inputModelInfoList);
}
```

8.3.5.3　编写配置

由于需求是先控制接口文档文件是否生成，再指定修改接口文档内容的参数，因此需要分为两步去制作模板，不要让每次制作的模型参数混在同一组，这样会更清晰一些。

1. 先控制文件是否生成。

在 resources/examples/springboot-init 目录下新建 templateMaker4.json 模板配置文件，用 needDocs 参数来控制 Knife4jConfig 文件的生成。代码如下：

```json
{
  "id": 1,
  "fileConfig": {
    "files": [
      {
        "path": "src/main/java/com/yupi/springbootinit/config/Knife4jConfig.java",
        "condition": "needDocs"
      }
    ]
  },
  "modelConfig": {
    "models": [
      {
        "fieldName": "needDocs",
```

```
          "type": "boolean",
          "description": "是否开启接口文档功能",
          "defaultValue": true
        }
      ]
    }
  }
}
```

2. 再定义一组配置参数，控制接口文档文件的内容。

在 resources/examples/springboot-init 目录下新建 templateMaker5.json 模板配置文件，编写多个文档配置的模型参数，部分代码如下：

```
{
  "id": 1,
  "modelConfig": {
    "modelGroupConfig": {
      "groupKey": "docsConfig",
      "groupName": "接口文档配置",
      "type": "DocsConfig",
      "description": "用于生成接口文档配置",
      "condition": "needDocs"
    },
    "models": [
      {
        "fieldName": "title",
        "type": "String",
        "description": "接口文档标题",
        "defaultValue": "接口文档",
        "replaceText": "接口文档"
      },
      ...
    ]
  }
}
```

> 完整代码可以在配套资料中获取。

8.3.5.4 测试执行

和之前的测试方法一样，在单元测试方法内补充读取新配置并制作模板的代码，如下：

```
configStr = ResourceUtil.readUtf8Str(rootPath + "templateMaker4.json");
templateMakerConfig = JSONUtil.toBean(configStr, TemplateMakerConfig.class);
TemplateMaker.makeTemplate(templateMakerConfig);
```

```
configStr = ResourceUtil.readUtf8Str(rootPath + "templateMaker5.json");
templateMakerConfig = JSONUtil.toBean(configStr, TemplateMakerConfig.class);
TemplateMaker.makeTemplate(templateMakerConfig);
```

执行成功，查看生成的元信息配置文件，发现模型分组正确生成，如图 8-12 所示。

```
{} meta.json ×
315         "modelConfig": {
316             "models": [
317                 {
319                     "description":"用于生成接口文档配置",
320                     "groupKey": "docsConfig",
321                     "groupName": "接口文档配置",
322                     "models": [
323                         {
324                             "fieldName": "description",
325                             "type": "String",
326                             "description": "接口文档描述",
327                             "defaultValue": "springboot-init"
328                         },
329                         {
330                             "fieldName": "title",
331                             "type": "String",
332                             "description": "接口文档标题",
333                             "defaultValue": "接口文档"
334                         },
335                         {
336                             "fieldName": "version",
337                             "type": "String",
338                             "description": "接口文档版本",
339                             "defaultValue": "1.0"
340                         }
341                     ],
342                     "condition": "needDocs"
343                 },
344                 {
345                     "fieldName": "needDocs",
346                     "type": "boolean",
```

图 8-12　模型分组正确生成

8.3.6　需求：自定义 MySQL 配置信息

8.3.6.1　明确需求

允许用户传入一组 MySQL 数据库模型参数，修改 application.yml 配置文件中 MySQL 的 url、username、password 的值。

8.3.6.2 配置文件

有了上一个需求的支持,这一步就很简单了。在 resources/examples/springboot-init 目录下新建 templateMaker6.json 模板配置文件,编写 application.yml 文件配置和一组 MySQL 模型参数配置,部分代码如下:

```json
{
  "id": 1,
  "fileConfig": {
    "files": [
      {
        "path": "src/main/resources/application.yml"
      }
    ]
  },
  "modelConfig": {
    "modelGroupConfig": {
      "groupKey": "mysqlConfig",
      "groupName": "MySQL 数据库配置 ",
      "type": "MysqlConfig",
      "description": " 用于生成 MySQL 数据库配置 "
    },
    "models": [
      {
        "fieldName": "url",
        "type": "String",
        "description": " 地址 ",
        "defaultValue": "jdbc:mysql://localhost:3306/my_db",
        "replaceText": "jdbc:mysql://localhost:3306/my_db"
      }
    ]
  }
}
```

完整代码可以在配套资料中获取。

8.3.6.3 测试执行

和之前的测试方法一样,在单元测试方法内补充读取新配置并制作模板的代码,如下:

```
configStr = ResourceUtil.readUtf8Str(rootPath + "templateMaker6.json");
templateMakerConfig = JSONUtil.toBean(configStr, TemplateMakerConfig.class);
TemplateMaker.makeTemplate(templateMakerConfig);
```

执行成功,查看生成的元信息配置文件,发现模型分组正确生成。

8.3.7 需求：控制是否开启 Redis

8.3.7.1 明确需求

允许用户传入 needRedis 模型参数，控制是否开启和 Redis 相关的功能。需要修改 application.yml、pom.xml、MainApplication.java 等多个用到 Redis 的文件的部分代码。

8.3.7.2 实现

这个需求比较定制化，因为每个文件和 Redis 有关的代码都不一样，所以建议人工修改模板文件并 "挖坑"。如果一定要用模板制作工具实现，那么可以考虑使用同一个参数控制多个文件中不同的指定内容。

依次在工作空间中找到以下模板文件并修改：

1. 找到 application.yml.ftl 文件，修改代码如下：

```
<#if needRedis>
  # Redis 配置
  redis:
    database: 1
    host: localhost
    port: 6379
    timeout: 5000
    password: 123456
</#if>
```

2. 找到 MainApplication.java.ftl 文件，修改代码如下：

```
@SpringBootApplication<#if !needRedis>(exclude = {RedisAutoConfiguration.class})</#if>
```

3. 找到 pom.xml.ftl 文件，修改代码如下：

```
<#if needRedis>
<!-- redis -->
<dependency>
    <groupId>org.springframework.boot</groupId>
    <artifactId>spring-boot-starter-data-redis</artifactId>
</dependency>
<dependency>
    <groupId>org.springframework.session</groupId>
    <artifactId>spring-session-data-redis</artifactId>
</dependency>
</#if>
```

8.3.7.3 编写配置

修改好模板文件后,依然可以使用模板制作工具来生成元信息文件。在 resources/examples/springboot-init 目录下新建 templateMaker7.json 模板配置文件,代码如下:

```json
{
  "id": 1,
  "fileConfig": {
    "files": [
      {
        "path": "src/main/resources/application.yml"
      },
      {
        "path": "src/main/java/com/yupi/springbootinit/MainApplication.java"
      },
      {
        "path": "pom.xml"
      }
    ]
  },
  "modelConfig": {
    "models": [
      {
        "fieldName": "needRedis",
        "type": "boolean",
        "description": "是否开启 Redis 功能 ",
        "defaultValue": true
      }
    ]
  }
}
```

8.3.7.4 测试执行

和之前的测试方法一样,在单元测试方法内补充读取新配置并制作模板的代码,如下:

```java
configStr = ResourceUtil.readUtf8Str(rootPath + "templateMaker7.json");
templateMakerConfig = JSONUtil.toBean(configStr, TemplateMakerConfig.class);
TemplateMaker.makeTemplate(templateMakerConfig);
```

执行成功,查看生成的元信息配置文件,发现控制 Redis 的模型参数正确生成。

8.3.8 需求：控制是否开启 Elasticsearch

8.3.8.1 明确需求

允许用户传入 needEs 模型参数，控制是否开启和 Elasticsearch 相关的功能。需要修改和 Elasticsearch 相关的代码，比如 PostController.java、PostServiceImpl.java、PostService.java、application.yml 等多个文件的部分代码。还要用 needEs 模型参数控制 PostEsDTO 整个文件是否生成。

8.3.8.2 实现

这个需求比控制 Redis 是否生成更复杂，也需要自己修改模板文件。依次在工作空间中找到以下模板文件并修改：

1. 修改 PostController.java.ftl 文件，给方法外层增加 if 条件控制，代码如下：

```
<#if needEs>
@PostMapping("/search/page")
public BaseResponse<Page<Post>> searchPostByPage(@RequestBody PostQueryRequest postQueryRequest) {
    ...
}
</#if>
```

2. 修改 PostServiceImpl.java.ftl 文件，给方法外层增加 if 条件控制，代码如下：

```
<#if needEs>
@Override
public Page<Post> searchFromEs(PostQueryRequest postQueryRequest) {
    ...
}
</#if>
```

3. 找到 PostService.java.ftl 文件，修改代码如下：

```
<#if needEs>
Page<Post> searchFromEs(PostQueryRequest postQueryRequest);
</#if>
```

4. 找到 application.yml.ftl 文件，修改代码如下：

```
<#if needEs>
  # Elasticsearch 配置
```

```
    elasticsearch:
      uris: http://localhost:9200
      username: root
      password: 123456
</#if>
```

8.3.8.3 编写配置

修改好模板文件后，依然可以使用模板制作工具来生成元信息配置文件。在 resources/examples/springboot-init 目录下新建 **templateMaker8.json** 模板配置文件，代码如下：

```
{
  "id": 1,
  "fileConfig": {
    "files": [
      {
        "path": "src/main/java/com/yupi/springbootinit/model/dto/post/PostEsDTO.java",
        "condition": "needPost && needEs"
      }
    ]
  },
  "modelConfig": {
    "models": [
      {
        "fieldName": "needEs",
        "type": "boolean",
        "description": "是否开启 Elasticsearch 功能",
        "defaultValue": true
      }
    ]
  }
}
```

注意，上述文件配置中使用"needPost && needEs"表达式，用多个字段同时控制文件是否生成。

8.3.8.4 测试执行

和之前的测试方法一样，在单元测试方法内补充读取新配置并制作模板的代码，如下：

```
configStr = ResourceUtil.readUtf8Str(rootPath + "templateMaker8.json");
templateMakerConfig = JSONUtil.toBean(configStr, TemplateMakerConfig.class);
TemplateMaker.makeTemplate(templateMakerConfig);
```

执行成功，查看生成的元信息配置文件，发现控制 Elasticsearch 的模型参数正确生成。但是，PostEsDTO 文件配置中却没有 condition 条件，如图 8-13 所示。

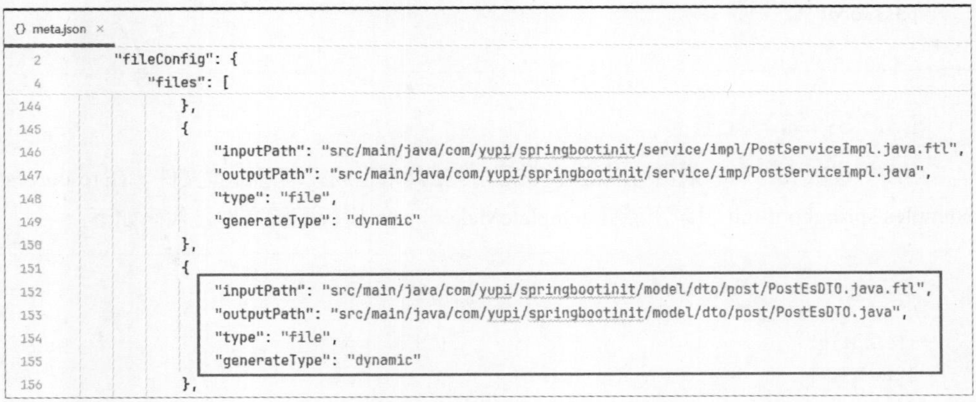

```json
{} meta.json  ×
  2          "fileConfig": {
  4              "files": [
144              },
145              {
146                  "inputPath": "src/main/java/com/yupi/springbootinit/service/impl/PostServiceImpl.java.ftl",
147                  "outputPath": "src/main/java/com/yupi/springbootinit/service/imp/PostServiceImpl.java",
148                  "type": "file",
149                  "generateType": "dynamic"
150              },
151              {
152                  "inputPath": "src/main/java/com/yupi/springbootinit/model/dto/post/PostEsDTO.java.ftl",
153                  "outputPath": "src/main/java/com/yupi/springbootinit/model/dto/post/PostEsDTO.java",
154                  "type": "file",
155                  "generateType": "dynamic"
156              },
```

图 8-13　文件配置中缺少 condition 条件

这是因为 PostEsDTO 文件已经属于 Post 组，会被该组内已有的配置覆盖。

所以需要手动调整 PostEsDTO 文件的生成策略，将它移动到组外，并指定 condition 条件——同时开启 Post 和 Es 时才生成文件。

修改生成的 meta.json 文件，将以下文件配置代码从组内移到组外：

```json
{
  "inputPath": "src/main/java/com/yupi/springbootinit/model/dto/post/PostEsDTO.java.ftl",
  "outputPath": "src/main/java/com/yupi/springbootinit/model/dto/post/PostEsDTO.java",
  "type": "file",
  "generateType": "dynamic",
  "condition": "needPost && needEs"
}
```

8.4　测试验证

至此，所有的需求都已经实现，接下来到了激动人心的时刻，终于可以验证成果了！

8.4.1　制作生成器

首先复制已生成的 meta.json 文件，将其复制到 resource 目录下并更名为 springboot-init-meta.json。

然后修改 MetaManager 类，加载上述文件，代码如下：

```java
private static Meta initMeta() {
//    String metaJson = ResourceUtil.readUtf8Str( "meta.json" );
    String metaJson = ResourceUtil.readUtf8Str("springboot-init-meta.json");
    Meta newMeta = JSONUtil.toBean(metaJson, Meta.class);
    // 校验和处理默认值
    MetaValidator.doValidAndFill(newMeta);
    return newMeta;
}
```

最后执行制作工具的 **main** 方法，制作代码生成器。打包成功，得到了一个 Spring Boot 模板项目生成器，生成的文件如图 8-14 所示。

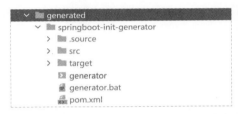

图 8-14　Spring Boot 模板项目生成器生成的文件

8.4.2　测试使用

接下来打开终端，依次测试脚本的不同命令。

1. 查看生成命令的帮助手册，效果如图 8-15 所示。

```
Terminal: Local × + ∨
PS C:\code\yuzi-generator\yuzi-generator-maker\generated\springboot-init-generator> ./generator generate --help
Usage: springboot-init-generator generate [-hV] [--basePackage[=<basePackage>]]
       [--needCors[=<needCors>]] [--needDocs[=<needDocs>]] [--needEs
       [=<needEs>]] [--needPost[=<needPost>]] [--needRedis[=<needRedis>]]
生成代码
      --basePackage[=<basePackage>]
                             基础包名
  -h, --help                 Show this help message and exit.
      --needCors[=<needCors>]
                             是否开启跨域功能
      --needDocs[=<needDocs>]
                             是否开启接口文档功能
      --needEs[=<needEs>]    是否开启ES功能
      --needPost[=<needPost>]
                             是否开启帖子功能
      --needRedis[=<needRedis>]
                             是否开启Redis功能
  -V, --version              Print version information and exit.
```

图 8-15　生成命令的帮助手册

2. 查看模型参数，效果如图 8-16 所示。

```
PS C:\code\yuzi-generator\yuzi-generator-maker\generated\springboot-init-generator> ./generator config
查看参数信息
字段名称：mysqlConfig
字段类型：class com.yupi.model.DataModel$MysqlConfig
---
字段名称：docsConfig
字段类型：class com.yupi.model.DataModel$DocsConfig
---
字段名称：needDocs
字段类型：boolean
---
字段名称：needPost
字段类型：boolean
```

图 8-16　模型参数

3. 查看模型列表文件，效果如图 8-17 所示。

```
PS C:\code\yuzi-generator\yuzi-generator-maker\generated\springboot-init-generator> ./generator list
.source\springboot-init\.gitignore
.source\springboot-init\Dockerfile
.source\springboot-init\pom.xml
.source\springboot-init\pom.xml.ftl
.source\springboot-init\README.md
.source\springboot-init\src\main\java\com\yupi\springbootinit\common\BaseResponse.java
.source\springboot-init\src\main\java\com\yupi\springbootinit\common\BaseResponse.java.ftl
.source\springboot-init\src\main\java\com\yupi\springbootinit\common\DeleteRequest.java
.source\springboot-init\src\main\java\com\yupi\springbootinit\common\DeleteRequest.java.ftl
```

图 8-17　模型列表文件

4. 生成文件。首先运行生成文件命令，不生成帖子相关文件：

```
./generator generate --needPost=false
```

运行结果如图 8-18 所示。

```
PS C:\code\yuzi-generator\yuzi-generator-maker\generated\springboot-init-generator> ./generator generate --needPost=false
输入MySQL数据库配置配置：
Enter value for --password (密码): 1
Enter value for --url (地址): 1
Enter value for --username (用户名): 1
输入接口文档配置配置：
Enter value for --description (接口文档描述): 1
Enter value for --title (接口文档标题): 1
Enter value for --version (接口文档版本): 1
```

图 8-18　运行生成文件命令的结果

查看生成的代码，没有生成 Post 相关文件，符合预期，如图 8-19 所示。

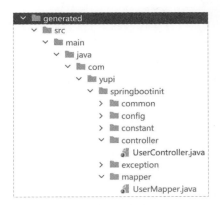

图 8-19　没有生成 Post 相关文件

然后指定 needRedis=false，needPost 为默认值 true：

```
./generator generate --needRedis=false
```

结果报错，显示 PostMapper.xml 文件错误，如图 8-20 所示。

```
Terminal:  Local  +

----
FTL stack trace ("~" means nesting-related):
    - Failed at: #{minUpdateTime}  [in template "PostMapper.xml.ftl" at line 26, column 29]
----

Java stack trace (for programmers):
----
freemarker.core.InvalidReferenceException: [... Exception message was already printed; see it above ...]
    at freemarker.core.InvalidReferenceException.getInstance(InvalidReferenceException.java:134)
    at freemarker.core.UnexpectedTypeException.newDescriptionBuilder(UnexpectedTypeException.java:85)
    at freemarker.core.UnexpectedTypeException.<init>(UnexpectedTypeException.java:48)
```

图 8-20　报错

分析这个文件，原因是 MyBatis 动态参数语法字符串和 FreeMarker 模板的参数替换语法冲突，如图 8-21 所示。

```
<select id="listPostWithDelete" resultType="${basePackage}.springbootinit.model.entity.Post">
    select *
    from post
    where updateTime >= #{minUpdateTime}
</select>
```

图 8-21　语法冲突

使用 FreeMarker 的 <#noparse> 语法进行设置，令某些字符串不被 FreeMarker 解析，修改代码如下：

```
<select id="listPostWithDelete" resultType="${basePackage}.springbootinit.model.enti-
ty.Post">
    select *
    from post
    where updateTime >= <#noparse>#{minUpdateTime}</#noparse>
</select>
```

再次运行命令，这次可以成功生成文件。当然读者还可以对更多的命令进行测试，比如控制文档是否生成：

```
./generator generate --needDocs=false
```

这将不会引导用户输入与文档相关的配置，执行结果如图 8-22 所示。

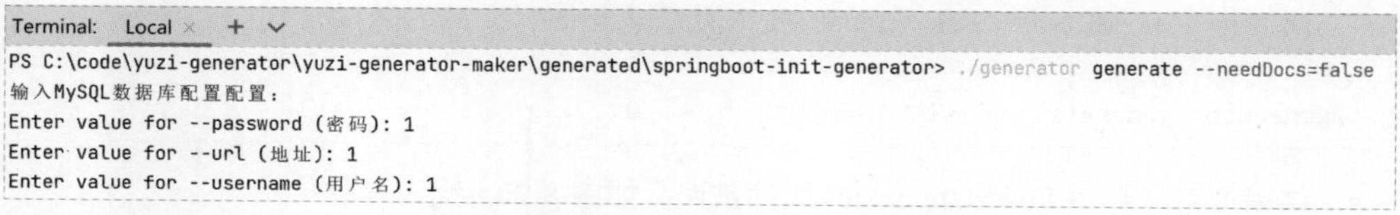

```
Terminal: Local × + ×
PS C:\code\yuzi-generator\yuzi-generator-maker\generated\springboot-init-generator> ./generator generate --needDocs=false
输入MySQL数据库配置配置：
Enter value for --password（密码）: 1
Enter value for --url（地址）: 1
Enter value for --username（用户名）: 1
```

图 8-22 执行结果

至此，Spring Boot 模板项目生成器的制作和测试完成。

> **小知识 – 扩展思路**
>
> 补充两点和核心流程无关的扩展思路，帮助读者发散思维，但是会消耗比较多的时间，对学习来说性价比不高。
>
> 1. 增加更多模板处理机制，比如用某个变量控制是否生成某一段代码。
> 2. 支持根据传入的模型参数来替换生成的文件夹名称。

8.5 本章小结

以上就是本章的内容，修复了模板制作工具的 Bug，并且一步一步地完成了 Spring Boot 模板项目生成器的所有需求，最终利用制作工具，通过"编写配置 + 人工微调"的方式实现了复杂的项目代码生成器。

虽然还是需要人工编写配置，但相比于所有的模板都靠自己制作、所有的参数都由自己编写，这种方式已经能够大幅提高制作效率了。有时间的读者也可以对比一下纯手工制作和用工具制作的时间成本。

本章内容涉及大量的编码，编码中其实蕴含了很多小技巧，比如 Lambda 表达式编程、复用变量、抽象封装方法等。建议读者自主实现这些代码，锻炼自己的逻辑思维能力。

从下一章起，我们将进入项目的第三阶段，制作在线的代码生成器共享平台。将在本地开发好的代码生成器和制作工具"上云"，提升项目的价值。

8.6　本章作业

1. 掌握本章代码用到的 API，尤其是 Lambda 表达式编程，能自己编写出同样的代码。
2. 编写代码实现本章项目，并且在自己的代码仓库完成一次提交。
3. 完成本章项目后，试着制作一个复杂的代码生成器。

第 9 章
/
云平台开发

在前面的章节中，已经制作完成了本地的代码生成器、本地的代码生成器制作工具及本地的模板制作工具，并且使用工具快速制作了 Spring Boot 模板项目生成器。但是之前的代码生成器及制作工具只能在本地使用，如果想分享给别人使用，只能通过分享代码包或者制作工具文件的方式，并不方便。

为了进一步提高代码生成器的使用和制作效率，从本章开始，将进入项目的第三阶段：将本地项目线上化，开发在线代码生成器共享平台。本章重点内容包括：

1. 需求分析。
2. 方案设计。
   （1）线上化实现流程。
   （2）数据库表设计。
3. 后端开发。
4. 前端页面开发。

注意，本章内容开发量较大，建议配合配套资料的视频教程一起学习。

9.1 需求分析

经过前两个阶段本地项目的开发，绝大多数复杂的业务逻辑已经完成，接下来要实现项目的线上化就相对简单了。

首先思考，要对哪些内容进行线上化？要让用户在线使用哪些功能呢？

主要分为以下两个方面。

1. 数据线上化。包括：

★ 元信息线上化，即把元信息配置保存到数据库中。

★ 项目模板线上化，即把静态文件和模板文件保存到存储服务上。

★ 代码生成器线上化，即把代码生成器产物包保存到存储服务上。

2. 功能线上化。包括：

★ 在线查看生成器的信息。

★ 在线使用生成器。

★ 在线使用生成器制作工具。

本阶段要开发的在线代码生成平台，支持用户在线搜索、使用、制作代码生成器。需要开发的核心功能如下：

★ 用户注册、登录。

★ 管理员功能——用户管理、代码生成器管理。

★ 代码生成器搜索。

★ 代码生成器详情查看。

★ 代码生成器创建。

★ 代码生成器下载。

★ 代码生成器在线使用。

★ 代码生成器在线制作。

9.2 方案设计

明确需求后，为了更快、更好地完成项目，首先要进行整体的方案设计，包括梳理线上化实现流程、数据库表设计。

9.2.1 线上化实现流程

综合分析需求的重要性以及实现难易度，梳理得出如下的实现流程：

1. 完成数据库搭建，支持存储代码生成器信息。

2. 实现基本的用户注册登录、增删改查等功能，让用户能够浏览代码生成器信息。

3. 实现文件上传下载功能，让用户能够上传和下载代码生成器产物包。

4. 实现在线使用代码生成器功能，让用户直接在线生成代码。

5. 实现在线制作代码生成器功能，提高用户制作生成器效率。

6. 项目优化，包括性能优化、存储优化等。

在本章中，会先完成前两个步骤。

9.2.2 数据库表设计

设计数据库表的两个关键：

1. 一定要结合业务，以自己的业务需求为主。

2. 多去参考同类业务的库表设计，可以多在 GitHub 上搜索。

也是基于这两点，可以直接参考鱼皮编程导航的 Spring Boot 后端万用模板的用户表和帖子表，快速设计出本项目需要的用户表和代码生成器表。

> Spring Boot 后端万用模板可以在配套资料中获取。

9.2.2.1 用户表

由于本项目选用经典的账号密码登录方式，所以可以移除后端万用模板的用户表中的多余字段，例如公众号登录相关的字段 unionId 和 mpOpenId。

用户表的建表 SQL 语句如下，对照注释可轻松理解每个字段的含义：

```sql
-- 用户表
create table if not exists user
(
    id           bigint auto_increment comment 'id' primary key,
    userAccount  varchar(256)                           not null comment '账号',
    userPassword varchar(512)                           not null comment '密码',
    userName     varchar(256)                               null comment '用户昵称',
    userAvatar   varchar(1024)                              null comment '用户头像',
    userProfile  varchar(512)                               null comment '用户简介',
    userRole     varchar(256) default 'user'            not null comment '用户角色: user/admin/ban',
    createTime   datetime     default CURRENT_TIMESTAMP not null comment '创建时间',
    updateTime   datetime     default CURRENT_TIMESTAMP not null on update CURRENT_TIMESTAMP comment '更新时间',
    isDelete     tinyint      default 0                 not null comment '是否删除',
```

```
    index idx_userAccount (userAccount)
) comment '用户' collate = utf8mb4_unicode_ci;
```

9.2.2.2 代码生成器表

代码生成器表是整个系统的核心，主要存储以下几部分内容：

1. 代码生成器的元信息，包括基本信息、文件配置（fileConfig）、数据模型配置（modelConfig）等。
2. 便于吸引用户搜索和使用的信息，包括图片（picture）、标签列表（tags）。
3. 代码生成器文件信息，主要是生成器产物文件的存储根路径（distPath），从而支持用户下载生成器。
4. 代码生成器的状态（status），用于表示代码生成器的制作状态、是否可用等。默认是 0，之后可以持续补充更多状态。

代码生成器表的建表 SQL 语句如下：

```
-- 代码生成器表
create table if not exists generator
(
    id           bigint auto_increment comment 'id' primary key,
    name         varchar(128)                           null comment '名称',
    description  text                                   null comment '描述',
    basePackage  varchar(128)                           null comment '基础包',
    version      varchar(128)                           null comment '版本',
    author       varchar(128)                           null comment '作者',
    tags         varchar(1024)                          null comment '标签列表（JSON 数组）',
    picture      varchar(256)                           null comment '图片',
    fileConfig   text                                   null comment '文件配置（JSON 字符串）',
    modelConfig  text                                   null comment '模型配置（JSON 字符串）',
    distPath     text                                   null comment '代码生成器产物路径',
    status       int          default 0                 not null comment '状态',
    userId       bigint                                 not null comment '创建用户 id',
    createTime   datetime     default CURRENT_TIMESTAMP not null comment '创建时间',
    updateTime   datetime     default CURRENT_TIMESTAMP not null on update CURRENT_TIMESTAMP comment '更新时间',
    isDelete     tinyint      default 0                 not null comment '是否删除',
    index idx_userId (userId)
) comment '代码生成器' collate = utf8mb4_unicode_ci;
```

针对上述库表，鱼皮提供了一些模拟数据，可用于读者开发测试，可以在配套资料中获取。

9.3 后端开发

为了提高开发效率，可以直接基于鱼皮编程导航的 Spring Boot 后端万用模板开发。

注意，后端万用模板可能会更新，请以配套资料中的后端万用模板使用教程为主。

9.3.1 后端项目初始化

9.3.1.1 项目信息替换

下载模板后，首先将模板项目的基本信息替换为本项目的，包括项目名、包名等。

1. 全局替换项目名为 yuzi-generator-web-backend。
2. 全局替换包名，将 springbootinit 替换为 web。
3. 将 application.yml 文件中项目的启动端口号修改为 8120。建议为每个项目分配不同的端口号，防止冲突。

9.3.1.2 项目瘦身

从模板项目中移除本项目用不到的功能和代码，包括：

★ 微信公众号、公众号登录相关代码。

★ Elasticsearch 搜索。

★ Easy Excel 表格读写。

★ FreeMarker 模板引擎。

★ 所有的单元测试代码。

★ 帖子点赞和收藏功能。

★ 其他无用的工具类代码。

具体操作可参考视频教程，此处不再赘述，初始化后的项目目录如图 9-1 所示。

9.3.1.3 数据库初始化

在本地启动 8.x 版本的 MySQL 数据库，执行上述库表设计得到的初始化 SQL 脚本，创建库表。

初始化 SQL 脚本，可以在配套资料中获取。

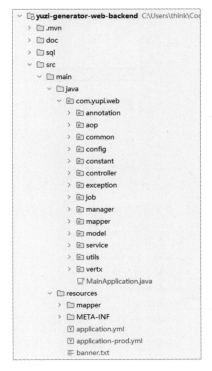

图 9-1 初始化后的项目目录

9.3.2 用户功能

由于模板已经提供了现成的用户注册、用户登录、用户管理、权限校验功能，不需要额外开发。只要根据库表设计，通过 IDEA 开发工具的全局搜索功能，把所有用到 unionId 和 mpOpenId 字段的代码删除即可。

> 当然，如果以后需要自主实现公众号登录功能，保留这些字段也是可以的。

9.3.3 代码生成器功能

9.3.3.1 数据访问层代码生成

首先需要数据库实体类及操作数据库的 MyBatis 相关代码。这类代码一般不用自己编写，可以利用工具自动生成。例如，在本项目中，可使用 IDEA 的 MyBatisX 插件。安装完插件后，在 IDEA 自带的数据库管理界面中，右键点击 generator 表，使用生成器，如图 9-2 所示。

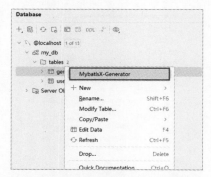

图 9-2　使用 MyBatisX 生成器

可以根据自己的需求配置生成代码的规则，本项目的配置如图 9-3 和图 9-4 所示。

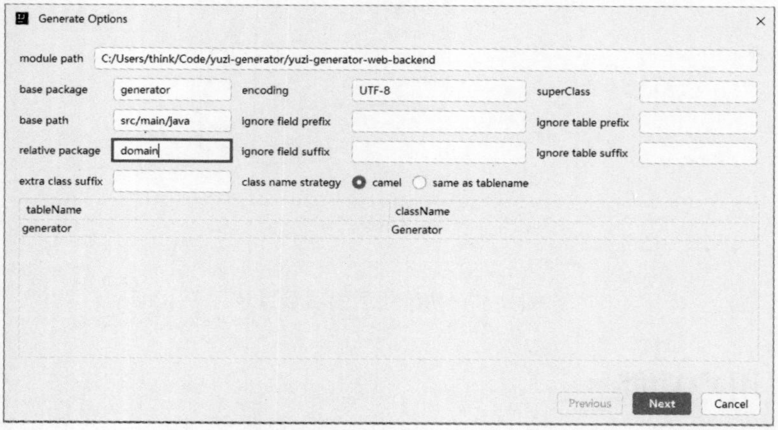

图 9-3　配置生成代码的规则（一）

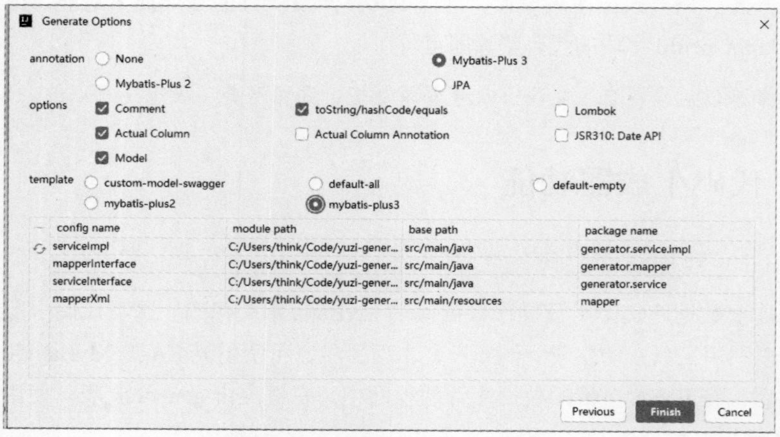

图 9-4　配置生成代码的规则（二）

然后在项目的 generator 包中就能看到生成的代码了，需要手动将它们移动到对应的位置。注意，移动代码位置后，一定要确保 mapper.xml 文件中的实体类和 Mapper 包的路径是正确的。

> 如果无法使用上述插件，可以尝试其他的代码生成器，例如 MyBatis Plus 的代码生成器。

9.3.3.2　数据模型开发

如果使用的是 MyBatisX 插件，需要修改生成的实体类代码 Generator.java，为 isDelete 字段补充逻辑删除注解，代码如下：

```
@TableLogic
private Integer isDelete;
```

MyBatis Plus 框架会自动根据该字段控制 SQL 的查询逻辑，默认不会查询出 isDelete=1 的数据。

然后根据实际需求，编写实体类对应的增删改查请求包装类、响应包装类，如图 9-5 所示。

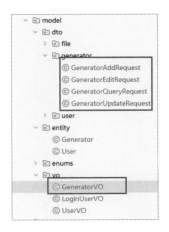

图 9-5　编写请求 / 响应包装类

在包装类中，不仅需要控制有哪些属性，还需要将数据表中的 JSON 字符串字段转换为 Java 对象类型，便于前端接收和处理。需要转换的字段主要有 tags、fileConfig 和 modelConfig。

fileConfig 和 modelConfig 配置较为复杂，对应制作工具的元信息配置。第二阶段已经在 maker 项目中编写过 Meta 实体类了，可以直接复制到本后端项目的 meta 包下。

以视图包装类 GeneratorVO 为例，其封装了代码生成器和创建用户的信息，并提供了 VO 对象和实体类相互转换的代码。部分代码如下：

```java
@Data
public class GeneratorVO implements Serializable {
    private Long id;

    /**
     * 名称
     */
    private String name;

    /**
     * 标签列表
     */
    private List<String> tags;

    /**
     * 文件配置（JSON 字符串）
     */
    private Meta.FileConfig fileConfig;

    /**
     * 模型配置（JSON 字符串）
     */
    private Meta.ModelConfig modelConfig;

    /**
     * 创建生成器的用户信息
     */
    private UserVO user;

    /**
     * 包装类转对象
     *
     * @param generatorVO
     * @return
     */
    public static Generator voToObj(GeneratorVO generatorVO) {
        if (generatorVO == null) {
            return null;
        }
        Generator generator = new Generator();
        BeanUtils.copyProperties(generatorVO, generator);
        List<String> tagList = generatorVO.getTags();
        generator.setTags(JSONUtil.toJsonStr(tagList));
        Meta.ModelConfig modelConfig = generatorVO.getModelConfig();
        generator.setModelConfig(JSONUtil.toJsonStr(modelConfig));
```

```java
        Meta.FileConfig fileConfig = generatorVO.getFileConfig();
        generator.setFileConfig(JSONUtil.toJsonStr(fileConfig));
        return generator;
    }

    /**
     * 对象转包装类
     *
     * @param generator
     * @return
     */
    public static GeneratorVO objToVo(Generator generator) {
        if (generator == null) {
            return null;
        }
        GeneratorVO generatorVO = new GeneratorVO();
        BeanUtils.copyProperties(generator, generatorVO);
        generatorVO.setTags(JSONUtil.toList(generator.getTags(), String.class));
        generatorVO.setFileConfig(JSONUtil.toBean(generator.getFileConfig(), Meta.FileConfig.class));
        generatorVO.setModelConfig(JSONUtil.toBean(generator.getModelConfig(), Meta.ModelConfig.class));
        return generatorVO;
    }
}
```

> **小知识 – 对象和包装类的转换技巧**
>
> 上述代码中使用 Spring 的 BeanUtils.copyProperties 方法实现了对象属性的复制，其优点是比较方便。如果有大量的对象转换需求，并且想要更高效地实现对象转换和属性复制，可以考虑使用 MapStruct 等类库。

9.3.3.3 业务逻辑开发

开发好数据模型后，就要根据业务需求编写 Service 业务逻辑和 Controller 接口代码了。此处可以基于后端模板中已有的帖子相关代码进行二次开发，不用从零开始写增删改查的代码，可提高效率。

当然，也可以使用代码生成器实现同样的效果。

复制模板中的 PostService 和 PostController，通过全局替换名称，快速完成基本的增删改查、搜索、返回包装类等功能。例如把"post"替换为"generator"、把"帖子"替换为"生成器"等。

替换后，需要根据实际业务需求调整数据校验、数据查询的逻辑。

数据校验参考代码如下：

```java
@Override
public void validGenerator(Generator generator, boolean add) {
    if (generator == null) {
        throw new BusinessException(ErrorCode.PARAMS_ERROR);
    }
    String name = generator.getName();
    String description = generator.getDescription();
    // 创建时，参数不能为空
    if (add) {
        ThrowUtils.throwIf(StringUtils.isAnyBlank(name, description), ErrorCode.PARAMS_ERROR);
    }
    // 有参数则校验
    if (StringUtils.isNotBlank(name) && name.length() > 80) {
        throw new BusinessException(ErrorCode.PARAMS_ERROR, "名称过长");
    }
}
```

getQueryWrapper 方法的作用是将请求参数包装类转换为 MyBatis Plus 可接受的 QueryWrapper 条件查询对象，参考代码如下：

```java
@Override
public QueryWrapper<Generator> getQueryWrapper(GeneratorQueryRequest generatorQueryRequest) {
    QueryWrapper<Generator> queryWrapper = new QueryWrapper<>();
    String searchText = generatorQueryRequest.getSearchText();
    String sortField = generatorQueryRequest.getSortField();
    String sortOrder = generatorQueryRequest.getSortOrder();
    Long id = generatorQueryRequest.getId();
    String name = generatorQueryRequest.getName();
    // 拼接查询条件
    if (StringUtils.isNotBlank(searchText)) {
        queryWrapper.like("name", searchText).or().like("description", searchText);
    }
    queryWrapper.like(StringUtils.isNotBlank(name), "name", name);
    queryWrapper.eq(ObjectUtils.isNotEmpty(id), "id", id);
    queryWrapper.orderBy(SqlUtils.validSortField(sortField), sortOrder.equals(CommonConstant.SORT_ORDER_ASC),
            sortField);
    return queryWrapper;
}
```

最后移除一些无用代码，例如把模板自带的帖子（Post）相关代码删除。

完整代码可以在配套资料中获取。

9.3.3.4 测试

运行后端项目，打开模板整合的 Swagger 接口文档（地址为 http://localhost:8120/api/doc.html），通过依次修改参数的方式来测试用户注册、用户登录、代码生成器的增删改查等功能，如图 9-6 所示。

图 9-6 Swagger 接口文档测试

9.4 前端页面开发

进行前端页面开发时可以直接基于鱼皮编程导航的前端万用模板进行开发，该模板基于 React + Ant Design Pro 框架实现，内置了很多实用功能，可以大幅提高开发效率。

前端万用模板可以在配套资料中获取。注意，前端万用模板可能会更新，请以配套资料中的前端万用模板使用教程为主。

9.4.1 前端项目初始化

下载前端万用模板，使用 WebStorm 开发工具打开项目，然后执行 npm install 命令来安装依赖。

安装依赖后，可以先执行 package.json 文件中的 dev 命令，如图 9-7 所示，测试能否正常运行项目。

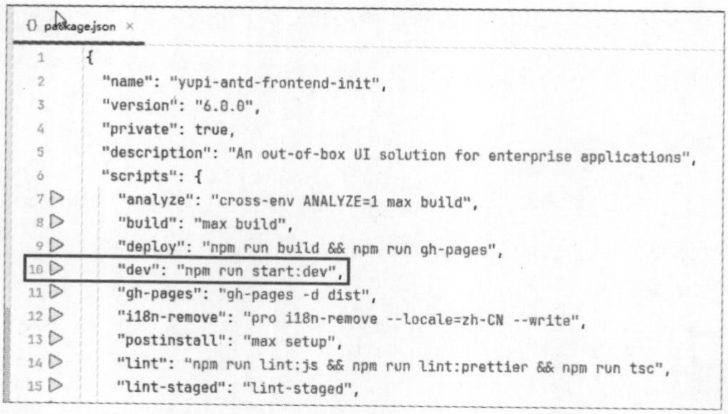

```
{} package.json  ×
 1  {
 2      "name": "yupi-antd-frontend-init",
 3      "version": "6.0.0",
 4      "private": true,
 5      "description": "An out-of-box UI solution for enterprise applications",
 6      "scripts": {
 7          "analyze": "cross-env ANALYZE=1 max build",
 8          "build": "max build",
 9          "deploy": "npm run build && npm run gh-pages",
10          "dev": "npm run start:dev",
11          "gh-pages": "gh-pages -d dist",
12          "i18n-remove": "pro i18n-remove --locale=zh-CN --write",
13          "postinstall": "max setup",
14          "lint": "npm run lint:js && npm run lint:prettier && npm run tsc",
15          "lint-staged": "lint-staged",
```

图 9-7 执行 package.json 中的 dev 命令

项目能够正常运行后，首先要将模板项目的基本信息修改为本项目的。

9.4.1.1 项目信息修改

参考 Ant Design Pro 官方文档的"布局"部分，修改 config/defaultSettings 配置文件，更换网站的整体布局，例如主题色、导航模式、内容区域宽度、固定 Header、固定侧边菜单、色弱模式等。

使用全局替换，对标题和描述进行修改。例如：

★ 标题改为：鱼籽代码生成。

★ 描述改为：代码生成器在线制作共享，大幅提升开发效率。

替换网站图标。将任一 Logo 文件放到 public 和 src/assets 目录下，文件名为 logo.png。

然后可以在 app.tsx 的 layout 配置中引入 Logo 文件，代码如下：

```
import logo from '@/assets/logo.png';
export const layout: RunTimeLayoutConfig = ({ initialState }) => {
  return {
    logo,
    ...
  };
};
```

可以用在线工具将 PNG 格式的 Logo 转换为 ico 文件，替换 public 目录下的 favicon.ico。

9.4.1.2 请求处理

修改 constant/index.ts 中的网站后端地址，改为和自己的后端服务地址一致：

```
export const BACKEND_HOST_LOCAL = "http://localhost:8120/api";
```

编写请求相关代码。

此处使用 Ant Design Pro 模板自带的 OpenAPI 工具，根据后端接口文档自动生成前端请求和 TypeScript 类型的代码，可大幅提高开发效率。

修改 config.ts 的 openAPI 配置，将 schemaPath 改为后端接口文档数据地址，代码如下：

```
openAPI: [
  {
    requestLibPath: "import { request } from '@umijs/max'",
    schemaPath: 'http://localhost:8120/api/v2/api-docs',
    projectName: 'backend',
  },
]
```

注意，这里建议使用 OpenAPI 2 版本的接口文档，其生成的接口更准确。

项目初始化完成后，就可以愉快地开发页面了，包括用户注册页面、管理页面和主页。

9.4.2 用户注册页面

先在 config/routes.ts 文件中增加注册页的路由：

```
{
  path: '/user',
  layout: false,
  routes: [
    { path: '/user/login', component: './User/Login' },
    { path: '/user/register', component: './User/Register' },
  ],
}
```

直接复制模板内置的登录页面，然后修改表单项，基本就能满足需求了。

例如增加确认密码输入框，示例代码如下：

```
<ProFormText.Password
  name="checkPassword"
  fieldProps={{
    size: 'large',
    prefix: <LockOutlined />,
  }}
  placeholder={' 请再次确认密码 '}
```

```
    rules={[
      {
        required: true,
        message: '确认密码是必填项！',
      },
    ]}
/>
```

需要注意登录页和注册页的相互跳转，例如，注册成功后跳转到登录页；还要注意注册失败的异常处理逻辑，例如，弹出信息框提示用户。示例代码如下：

```
const handleSubmit = async (values: API.UserRegisterRequest) => {
  try {
    // 注册
    await userRegister({
      ...values,
    });

    const defaultLoginSuccessMessage = '注册成功！';
    message.success(defaultLoginSuccessMessage);
    history.push('/user/login');
    return;
  } catch (error: any) {
    const defaultLoginFailureMessage = `注册失败，${error.message}`;
    message.error(defaultLoginFailureMessage);
  }
};
```

用户注册页面的完整代码可以在配套资料中获取。

用户注册页面的效果如图 9-8 所示。

图 9-8　用户注册页面

9.4.3 管理页面

模板已经内置了用户管理页面,只需要开发代码生成器管理页面即可,步骤如下。

1. 增加页面路由,代码如下:

```
{
  path: '/admin',
  icon: 'crown',
  name: '管理页',
  access: 'canAdmin',
  routes: [
    { path: '/admin', redirect: '/admin/user' },
    { icon: 'user', path: '/admin/user', component: './Admin/User', name: '用户管理' },
    {
      icon: 'tools',
      path: '/admin/generator',
      component: './Admin/Generator',
      name: '生成器管理',
    },
  ],
}
```

2. 直接复制用户管理页面,然后将全局 User 替换为 Generator,要注意大小写,且中文也要替换。

3. 根据生成器数据表的字段修改 columns 表格列配置。尤其需要注意标签的渲染,要将 JSON 字符串渲染为标签数组。标签列的配置代码如下:

```
{
  title: '标签',
  dataIndex: 'tags',
  valueType: 'text',
  renderFormItem: (schema) => {
    const { fieldProps } = schema;
    // @ts-ignore
    return <Select {...fieldProps} mode="tags" />;
  },
  render(_, record) {
    if (!record.tags) {
      return <></>;
    }
    return JSON.parse(record.tags).map((tag: string) => {
      return <Tag key={tag}>{tag}</Tag>;
    });
  },
}
```

4. 分别测试查询搜索、删除、新建、修改操作，并针对有异常的代码进行修复。

例如，在创建生成器的函数中，需要将 JSON 字符串转换为 JavaScript 对象，代码如下：

```
const handleAdd = async (fields: API.GeneratorAddRequest) => {
  fields.fileConfig = JSON.parse((fields.fileConfig || '{}') as string);
  fields.modelConfig = JSON.parse((fields.modelConfig || '{}') as string);
  const hide = message.loading(' 正在添加 ');
  try {
    await addGenerator(fields);
    hide();
    message.success(' 创建成功 ');
    return true;
  } catch (error: any) {
    hide();
    message.error(' 创建失败, ' + error.message);
    return false;
  }
};
```

在修改生成器的操作中，需要给 tags 字段添加默认值，防止 JSON 解析异常。代码如下：

```
form={{
  initialValues: {
    ...oldData,
    tags: JSON.parse(oldData.tags || '[]'),
  },
}}
```

5. 管理功能开发完成后，可以对页面进行优化。例如，代码生成器管理页面中的表格可以更宽，以展示多列数据。

Ant Design Pro 默认使用 PageContainer 组件来控制页面整体布局（包括宽度、标题、面包屑等），只要把该组件替换为 div，就不会受到定宽的约束了。修改的页面代码如下：

```
<div className="generator-admin-page">
  <Typography.Title level={4} style={{ marginBottom: 16 }}> 生成器管理 </Typography.Title>
  ...
</div>
```

生成器管理页面的效果如图 9-9 所示。

图 9-9 生成器管理页面

生成器管理页面的完整代码可以在配套资料中获取。

9.4.4 主页

主页需要展示代码生成器的搜索框和搜索结果列表。如果没有设计资源，建议仿照网上好看的页面进行开发。例如，**Ant Design Pro** 官方预览页的项目搜索列表页，和本项目的需求非常匹配。开发步骤如下：

1. 将已有页面复制到 pages/Index 目录下，修改主页路由，代码如下：

```
{
  path: '/',
  icon: 'home',
  component: './Index',
  name: '主页'
}
```

2. 先将页面内容清理干净，代码如下：

```
import { PageContainer } from '@ant-design/pro-components';
import React from 'react';

const IndexPage: React.FC = () => {
  return <PageContainer>
```

```
    </PageContainer>;
};

export default IndexPage;
```

3. 请求后端获取代码生成器列表数据。

此处先获取数据列表,可以便于后续页面样式的开发和调试。相关代码如下:

```
/**
 * 默认分页参数
 */
const DEFAULT_PAGE_PARAMS: PageRequest = {
  current: 1,
  pageSize: 4,
  sortField: 'createTime',
  sortOrder: 'descend',
};

const [loading, setLoading] = useState<boolean>(false);
const [dataList, setDataList] = useState<API.GeneratorVO[]>([]);
const [total, setTotal] = useState<number>(0);
const [searchParams, setSearchParams] = useState<API.GeneratorQueryRequest>({
  ...DEFAULT_PAGE_PARAMS,
});

const doSearch = async () => {
  setLoading(true);
  try {
    const res = await listGeneratorVoByPage(searchParams);
    setDataList(res.data?.records ?? []);
    setTotal(Number(res.data?.total) ?? 0);
  } catch (error: any) {
    message.error('获取数据失败,' + error.message);
  }
  setLoading(false);
};

useEffect(() => {
  doSearch();
}, [searchParams]);
```

在上述代码中,通过 useEffect 钩子监听 searchParams 搜索条件变量,只要搜索条件发生改变(或者首次执行),就会立刻触发重新搜索。

4. 开发基本页面。在开发页面时，建议大家多利用现有的组件或代码，而不是从零开始编写。例如，使用 Ant Design Procomponents 的 QueryFilter 组件，就能快速开发搜索表单，如图 9-10 所示。

图 9-10　搜索表单组件

5. 完善分页和搜索。使用 Ant Design 组件库的 List 组件自带的分页功能，当用户切换分页时，会触发 onChange 事件，然后修改 searchParams，就能重新触发搜索。示例代码如下：

```
<List<API.GeneratorVO>
  pagination={{
    current: searchParams.current,
    pageSize: searchParams.pageSize,
    total,
    onChange(current, pageSize) {
      setSearchParams({
        ...searchParams,
        current,
        pageSize,
      });
    },
  }}
/>
```

6. 功能开发完成后，可以再整体调整一下页面的细节，例如元素间距、宽高等，最终页面效果如图 9-11 所示。

主页的完整代码可以在配套资料中获取。

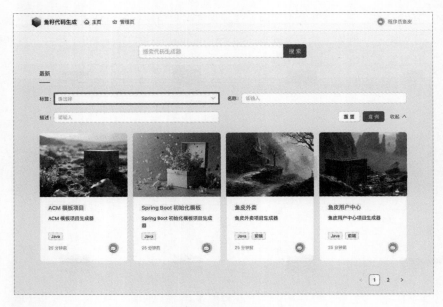

图 9-11　主页

9.5　本章小结

以上就是本章的内容，已经开发完成在线代码生成器共享平台的基础后端接口、前端管理页面及主页的搜索列表。在下一章中，将继续开发平台的更多功能。

9.6　本章作业

1. 熟悉编程导航的万用后端和前端模板，有能力的读者可定制自己的项目模板。
2. 掌握前端页面开发的流程和组件复用的技巧。
3. 编写代码实现本章项目，并且在自己的代码仓库完成一次提交。

第 10 章
代码生成器共享

在第 9 章中，我们规划了整个平台的实现方案，完成了项目初始化、库表设计等前期工作，并且开发了用户注册页面、代码生成器管理页面和平台主页，用户已经能够根据名称搜索代码生成器了。本章将继续开发平台的核心功能，实现代码生成器的共享，重点内容包括：

1. 需求分析。
2. 通用文件上传和下载功能。
3. 创建代码生成器功能。
4. 代码生成器详情页开发。

注意，本章内容开发量较大，建议配合配套资料的视频教程一起学习。

10.1 需求分析

根据第 9 章规划好的实现流程，本章要实现的核心需求是：实现文件上传和下载功能，让用户能够上传和下载代码生成器产物包，从而实现生成器的共享。为了实现这个需求，需要完成：

1. 代码生成器创建（修改）页面，用户可以上传生成器。
2. 代码生成器详情页面，用户可以查看和下载代码生成器。

页面之间的关系如图 10-1 所示。

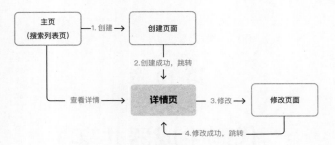

图 10-1　页面之间的关系图

实现上述需求所需的核心能力是文件的上传和下载，包括代码生成器图片文件、代码生成器产物包文件的存储。这也是很多企业项目开发需要的通用能力，所以接下来优先实现通用的文件上传和下载功能，然后再开发页面。

10.2　通用文件上传和下载功能

首先要思考：将文件上传到哪里？从哪里下载？

最简单的方式就是上传到后端项目所部署的服务器，直接使用 Java 自带的文件读写 API 就能实现。但是这种方式存在不少缺点，例如：

★ 不利于扩展：单个服务器的存储是有限的，如果存满了，只能再新增存储空间或者清理文件。

★ 不利于迁移：如果后端项目要更换服务器部署，之前所有的文件都要迁移到新服务器，非常麻烦。

★ 不够安全：如果忘记控制权限，用户很有可能通过恶意代码访问服务器上的文件，而且想控制权限也比较麻烦，需要自己实现。

★ 不利于管理：只能通过一些文件管理器进行简单的管理操作，但是缺乏数据处理、流量控制等多种高级能力。

因此，除了存储一些需要清理的临时文件，通常不会将用户自主上传并保存的文件（例如用户头像）直接上传到服务器，而是更推荐使用专业的第三方存储服务，用专业的工具做专业的事。其中，最常用的便是"对象存储"。

10.2.1　什么是对象存储

对象存储是一种存储**海量文件的分布式**存储服务，具有高扩展性、低成本、可靠安全等优点。

例如开源的对象存储服务 MinIO，还有商业版的云服务，像亚马逊 S3（Amazon S3）、阿里云对象存储（OSS）、腾讯云对象存储（COS）等。

鱼皮更推荐使用第三方云服务，不要自己去搭建 MinIO 之类的，主打一个方便快速。

鱼皮使用最多的对象存储服务是腾讯云的 COS，其除了具有基本的对象存储的优点，还可以通过控制台、API、SDK 和工具等多样化方式，简单快速地接入 COS，进行多格式文件的上传、下载和管理，实现海量数据存储和管理。

下面将用腾讯云的 COS 带领读者实现文件的上传和下载。

10.2.2　创建并使用

首先进入云服务商的对象存储控制台，创建存储桶。可以把存储桶理解为一个存储空间，和文件系统类似，都是根据路径找到文件或目录（例如"/test/aaa.jpg"），可以多个项目共用一个存储桶，也可以每个项目独立使用一个。在控制台中点击"创建存储桶"，注意"所属地域"选择国内（离用户较近的位置）。"访问权限"先选择"公有读私有写"，因为本项目的存储桶要存储允许用户公开访问的代码生成器图片。如果整个存储桶要存储的文件都不允许用户访问，选择"私有读写"更安全。

注意，一定要勾选"默认告警"！因为对象存储服务的存储和访问流量都是计费的，超限后要第一时间得到通知并进行相应的处理。创建过程如图 10-2 所示，配置好后一直点击"下一步"按钮即可。

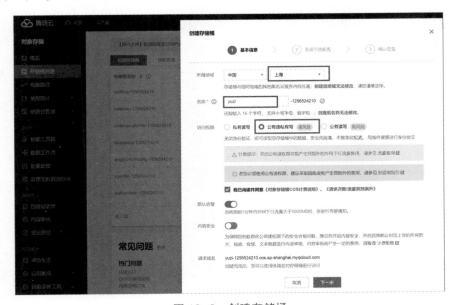

图 10-2　创建存储桶

开通成功后，可以试着使用 Web 控制台上传和浏览文件，如图 10-3 所示。

图 10-3　Web 控制台

上传文件后，可以使用对象存储服务来生成默认访问域名，即可在线访问图片，如图 10-4 所示。

图 10-4　默认访问域名

接下来使用程序来操作存储桶。

10.2.3　后端操作对象存储

如何在 Java 程序中使用对象存储呢？其实非常简单，一般情况下，第三方服务都会提供比较贴心的文档教程，参考官方的快速入门或 Java SDK 文档，就能快速入门基本操作（例如增删改查）。

> 文档地址见配套资料。

> **小知识 – 在线调试 API**
>
> 对于腾讯云，可以直接使用 API Explorer，在线获取对象存储的操作、在线调试、获取示例代码，如图 10-5 所示。

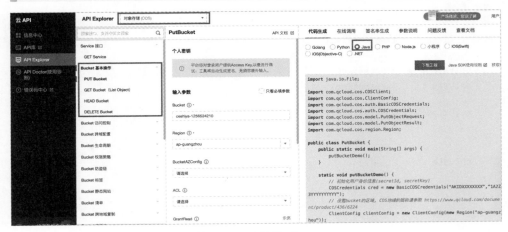

图 10-5　API Explorer

10.2.3.1　初始化客户端

参考官方文档，先初始化一个 COS 客户端对象，和对象存储服务进行交互，如图 10-6 所示。

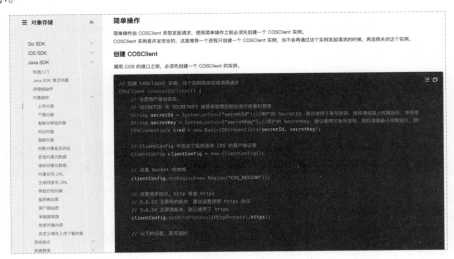

图 10-6　COS 官方文档

对于本项目，只需要复用一个 COS 客户端对象即可，可以通过编写配置类来初始化唯一的客户端对象。

1. 打开 yuzi-generator-web-backend 项目，在 config 目录下新建 CosClientConfig 类。其负责读取配置文件，并创建一个 COS 客户端的 Bean。代码如下：

```java
@Configuration
@ConfigurationProperties(prefix = "cos.client")
@Data
public class CosClientConfig {
    // 密钥对
    private String accessKey;
    private String secretKey;

    /**
     * 地域
     */
    private String region;

    /**
     * 桶名
     */
    private String bucket;

    @Bean
    public COSClient cosClient() {
        // 初始化用户身份信息 (secretId, secretKey)
        COSCredentials cred = new BasicCOSCredentials(accessKey, secretKey);
        // 设置 bucket 的地域，COS 地域的简称请参照 qcloud 网站上的说明
        ClientConfig clientConfig = new ClientConfig(new Region(region));
        // 生成 COS 客户端
        return new COSClient(cred, clientConfig);
    }
}
```

2. 填写对象存储配置。

一定要注意防止密码泄露！所以先新建 application-local.yml 文件，并且在 .gitignore 中忽略该文件的提交，这样就不会将代码等敏感配置提交到代码仓库了。配置代码如下：

```
# 本地配置文件
# 对象存储
cos:
  client:
```

```
accessKey: xxx
secretKey: xxx
region: xxx
bucket: xxx
```

上述配置信息可以在腾讯云中获取，获取方式见配套资料。

10.2.3.2　通用能力类

在 com.yupi.web.manager 包下新建 CosManager 类，提供通用的对象存储操作，例如文件上传、文件下载等，供其他代码（如 Service）调用。

该类需要引入对象存储配置和 COS 客户端，用于和 COS 进行交互。代码如下：

```java
@Component
public class CosManager {
    @Resource
    private CosClientConfig cosClientConfig;

    @Resource
    private COSClient cosClient;

    …… // 一些操作 COS 的方法
}
```

10.2.3.3　文件上传

参考官方文档的"上传对象"部分，可以编写出文件上传的代码。步骤如下：

1. CosManager 新增两个上传对象的方法，接收不同的参数，代码如下：

```java
public PutObjectResult putObject(String key, String localFilePath) {
    PutObjectRequest putObjectRequest = new PutObjectRequest(
        cosClientConfig.getBucket(), key, new File(localFilePath));
    return cosClient.putObject(putObjectRequest);
}

public PutObjectResult putObject(String key, File file) {
    PutObjectRequest putObjectRequest = new PutObjectRequest(
        cosClientConfig.getBucket(), key, file);
    return cosClient.putObject(putObjectRequest);
}
```

2. 修改 FileConstant 常量中的 COS 访问域名，便于接下来测试访问已上传的文件。代码如下：

```java
public interface FileConstant {
    // COS 访问地址，需替换为自己的
    String COS_HOST = "https://xxx";
}
```

该域名可以在 COS 控制台的域名信息部分找到，如图 10-7 所示。

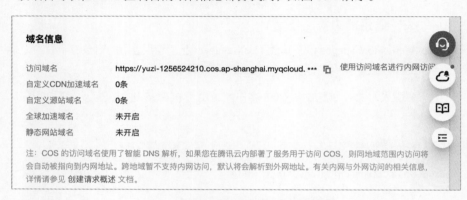

图 10-7　COS 控制台的域名信息

3. 为了方便测试，在 FileController 中编写测试文件上传接口。

核心流程是先接收用户上传的文件，指定上传的路径，然后调用 cosManager.putObject 方法将文件上传到 COS 对象存储；上传成功后，会返回一个文件的 key（其实就是文件路径），便于访问和下载文件。

需要注意，测试接口一定要加上管理员权限！防止任何用户随意上传文件。

测试文件上传接口的代码如下：

```java
@AuthCheck(mustRole = UserConstant.ADMIN_ROLE)
@PostMapping("/test/upload")
public BaseResponse<String> testUploadFile(@RequestPart("file") MultipartFile multipartFile) {
    // 文件目录
    String filename = multipartFile.getOriginalFilename();
    String filepath = String.format("/test/%s", filename);
    File file = null;
    try {
        // 上传文件
        file = File.createTempFile(filepath, null);
        multipartFile.transferTo(file);
        cosManager.putObject(filepath, file);
        // 返回可访问地址
        return ResultUtils.success(filepath);
```

```
        } catch (Exception e) {
            log.error("file upload error, filepath = " + filepath, e);
            throw new BusinessException(ErrorCode.SYSTEM_ERROR, "上传失败");
        } finally {
            if (file != null) {
                // 删除临时文件
                boolean delete = file.delete();
                if (!delete) {
                    log.error("file delete error, filepath = {}", filepath);
                }
            }
        }
    }
```

4. 测试接口。

使用 local 环境（填好对象存储配置的环境）启动项目，然后打开 Swagger 接口文档，测试调用文件上传接口，如图 10-8 所示，调用成功将返回文件路径。

图 10-8　Swagger 接口文档

10.2.3.4　文件下载

官方文档介绍了两种文件下载方式：

★ 直接将 COS 的文件下载到后端服务器，适合服务器端处理文件。

★ 获取到文件下载输入流，适合返回给前端用户。

其实还有第三种下载方式，直接通过路径链接访问，适用于单一的、可以被用户公开访问的资源，例如用户头像、本项目中的代码生成器图片。但是对于本项目中的代码生成器产物包文件，建议使用通过后端服务器从 COS 下载文件并返回给前端的方式，这样可以在后端限制只有登录用户才能下载。下面介绍开发步骤。

1. 首先在 CosManager 中新增对象下载方法，根据对象的 key 获取存储信息。代码如下：

```java
public COSObject getObject(String key) {
    GetObjectRequest getObjectRequest = new GetObjectRequest(cosClientConfig.getBucket(), key);
    return cosClient.getObject(getObjectRequest);
}
```

2. 为了方便测试，在 FileController 中编写测试文件下载接口。

核心流程是根据路径获取到 COS 文件对象，然后将文件对象转换为文件流，并写入 Servlet 的 Response 对象中。注意要设置文件下载专属的响应头。

同上，测试接口一定要加上管理员权限！防止任何用户随意上传和下载文件。

测试文件下载接口的代码如下：

```java
@AuthCheck(mustRole = UserConstant.ADMIN_ROLE)
@GetMapping("/test/download/")
public void testDownloadFile(String filepath, HttpServletResponse response) throws IOException {
    COSObjectInputStream cosObjectInput = null;
    try {
        COSObject cosObject = cosManager.getObject(filepath);
        cosObjectInput = cosObject.getObjectContent();
        // 处理下载到的流
        byte[] bytes = IOUtils.toByteArray(cosObjectInput);
        // 设置响应头
        response.setContentType("application/octet-stream;charset=UTF-8");
        response.setHeader("Content-Disposition", "attachment; filename=" + filepath);
        // 写入响应
        response.getOutputStream().write(bytes);
        response.getOutputStream().flush();
    } catch (Exception e) {
        log.error("file download error, filepath = " + filepath, e);
        throw new BusinessException(ErrorCode.SYSTEM_ERROR, "下载失败");
    } finally {
        if (cosObjectInput != null) {
            cosObjectInput.close();
        }
    }
}
```

3. 测试验证。启动项目，打开 Swagger 接口文档，测试文件下载，查看到返回的图片，如图 10-9 所示。

图 10-9　查看返回的图片

至此，后端操作对象存储的代码已编写完成，下面写一个前端页面来测试文件的上传和下载。

10.2.4　前端文件上传 / 下载

1. 使用 OpenAPI 工具生成接口。

可以看到工具根据接口文档自动生成了文件上传请求函数，等一会儿直接使用就行，如图 10-10 所示。

图 10-10　生成的文件上传请求函数

2. 新建文件上传下载测试页面，并添加路由。代码如下：

```
{
  path: '/test/file',
  icon: 'home',
  component: './Test/File',
  name: ' 文件上传下载测试 ',
  hideInMenu: true,
}
```

新建的文件目录结构如图 10-11 所示。

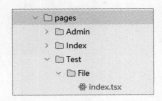

图 10-11　新建的文件目录

3. 新增对象存储相关常量。修改 constants/index.ts 文件，添加下列代码：

```
// COS 访问地址
export const COS_HOST = "https://yuzi-1256524210.cos.ap-shanghai.myqcloud.***";
```

4. 开发页面。

遵循 Flex 左右布局，左边上传文件，右边展示和下载文件。对于文件上传，直接使用 Ant Design 的拖曳文件上传组件，如图 10-12 所示。

图 10-12　Ant Design 的拖曳文件上传组件

参考代码如下：

```
const props: UploadProps = {
  name: 'file',
  multiple: false,
  maxCount: 1,
  customRequest: async (fileObj: any) => {
    try {
      const res = await testUploadFileUsingPost({}, fileObj.file);
      fileObj.onSuccess(res.data);
      setValue(res.data);
    } catch (e: any) {
      message.error('上传失败，' + e.message);
      fileObj.onError(e);
    }
  },
  onRemove() {
    setValue(undefined);
  },
};

<Card title=" 文件上传 ">
  <Dragger {...props}>
    <p className="ant-upload-drag-icon">
      <InboxOutlined />
    </p>
    <p className="ant-upload-text">Click or drag file to this area to upload</p>
    <p className="ant-upload-hint">
      Support for a single or bulk upload. Strictly prohibited from uploading company data or
      other banned files.
    </p>
  </Dragger>
</Card>
```

在上述代码中，在 customRequest 字段中自定义了上传文件的请求逻辑。

对于文件下载，使用 img 标签直接拼接图片地址并展示，代码如下：

```
<div>文件地址：{COS_HOST + value}</div>
<Divider />
<img src={COS_HOST + value} height={280} />
```

使用 file-saver 库，可以将从后端下载的 blob 内容转为文件。安装 file-saver 库后即可使用，安装命令如下：

```
npm install file-saver
npm i --save-dev @types/file-saver
```

下载文件的代码如下：

```
import { saveAs } from 'file-saver';

<Button
  onClick={async () => {
    const blob = await testDownloadFileUsingGet({
      filepath: value,
    }, {
      responseType: "blob",
    });
    // 使用 file-saver 来保存文件
    const fullPath = COS_HOST + value;
    saveAs(blob, fullPath.substring(fullPath.lastIndexOf("/") + 1));
  }}
>
  点击下载文件
</Button>
```

由于后端下载文件接口不返回 code 状态码，所以需要修改响应拦截器，对于文件下载请求，直接返回 blob 对象。修改 requestConfig.ts 的部分代码如下：

```
// 响应拦截器
responseInterceptors: [
  (response) => {
    // 请求地址
    const requestPath: string = response.config.url ?? '';
    // 响应
    const { data } = response as unknown as ResponseStructure;
    if (!data) {
      throw new Error('服务异常');
    }
    // 文件下载时，直接返回
    if (requestPath.includes("download")) {
      return response;
    }
    ...
  },
]
```

测试文件上传下载页面的完整代码可以在配套资料中获取。

5. 测试验证。打开页面，手动测试文件上传、显示和下载。页面效果如图 10-13 所示。

图 10-13　文件上传下载测试页面

至此，通用的文件上传和下载功能已开发完成。

> 请大家思考：现在对象存储文件的安全性有没有问题？

10.3　创建代码生成器功能

下面来开发创建代码生成器功能，允许用户发布代码生成器。

先开发后端，创建代码生成器页面依赖的接口：

1. 创建代码生成器。

2. 文件上传，包括上传代码生成器的图片和 dist 产物包。

第一个接口之前已经完成，本节需要开发文件上传接口。

但是在此之前，要先解决一个问题。现在得到的代码生成器成品是一个 dist 目录，包含多个文件。想要上传和下载多个文件都很不方便，所以需要对目录进行压缩打包。

10.3.1　文件压缩打包

如何压缩打包文件呢？有两种方案：

★ 使用 COS 自带的能力，上传文件后执行压缩打包任务。

★ 在制作工具生成代码生成器产物包时，同时得到一个压缩包文件。

更推荐使用第二种方式，为什么不在本地处理好文件再上传呢？省点儿流量，岂不美哉！

明确方案后，下面开发文件压缩打包功能。

首先修改制作工具 maker 项目的 GenerateTemplate.java 文件。新增一个制作压缩包的方法，可供子类调用。

使用 Hutool 工具库可以轻松实现压缩，代码如下：

```java
protected String buildZip(String outputPath) {
    String zipPath = outputPath + ".zip";
    ZipUtil.zip(outputPath, zipPath);
    return zipPath;
}
```

然后修改模板类的 buildDist 方法，返回 dist 包的文件路径（需要同步修改 MainGenerator 的返回值）。修改后的代码如下：

```java
protected String buildDist(String outputPath, String sourceCopyDestPath, String jarPath, String shellOutputFilePath) {
    String distOutputPath = outputPath + "-dist";
    // 拷贝 jar 包
    String targetAbsolutePath = distOutputPath + File.separator + "target";
    FileUtil.mkdir(targetAbsolutePath);
    String jarAbsolutePath = outputPath + File.separator + jarPath;
    FileUtil.copy(jarAbsolutePath, targetAbsolutePath, true);
    // 拷贝脚本文件
    FileUtil.copy(shellOutputFilePath, distOutputPath, true);
    // 拷贝源模板文件
    FileUtil.copy(sourceCopyDestPath, distOutputPath, true);
    return distOutputPath;
}
```

在 maker.generator.main 包下，新增压缩包生成器 ZipGenerator 子类，同时生成产物包和压缩包。使用模板方法模式后，扩展程序变得非常容易，代码如下：

```java
public class ZipGenerator extends GenerateTemplate {
    @Override
    protected String buildDist(String outputPath, String sourceCopyDestPath, String jarPath, String shellOutputFilePath) {
        String distPath = super.buildDist(outputPath, sourceCopyDestPath, jarPath, shellOutputFilePath);
```

```
            return super.buildZip(distPath);
    }
}
```

最后修改主类的 Main 方法，测试生成代码生成器的压缩包，代码如下：

```
public class Main {
    public static void main(String[] args) throws TemplateException, IOException,
InterruptedException {
//        GenerateTemplate generateTemplate = new MainGenerator();
        GenerateTemplate generateTemplate = new ZipGenerator();
        generateTemplate.doGenerate();
    }
}
```

测试执行，将成功生成压缩包，如图 10-14 所示。

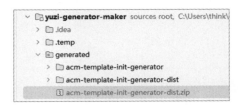

图 10-14　成功生成压缩包

10.3.2　文件上传接口

在 FileController 中编写文件上传接口，代码如下：

```
@PostMapping("/upload")
public BaseResponse<String> uploadFile(@RequestPart("file") MultipartFile multipartFile,
                  UploadFileRequest uploadFileRequest, HttpServletRequest request) {
    String biz = uploadFileRequest.getBiz();
    FileUploadBizEnum fileUploadBizEnum = FileUploadBizEnum.getEnumByValue(biz);
    if (fileUploadBizEnum == null) {
        throw new BusinessException(ErrorCode.PARAMS_ERROR);
    }
    validFile(multipartFile, fileUploadBizEnum);
    User loginUser = userService.getLoginUser(request);
    // 文件目录：根据业务、用户来划分
    String uuid = RandomStringUtils.randomAlphanumeric(8);
    String filename = uuid + "-" + multipartFile.getOriginalFilename();
    String filepath = String.format("/%s/%s/%s", fileUploadBizEnum.getValue(),
loginUser.getId(), filename);
```

```java
        File file = null;
        try {
            // 上传文件
            file = File.createTempFile(filepath, null);
            multipartFile.transferTo(file);
            cosManager.putObject(filepath, file);
            // 返回可访问地址
            return ResultUtils.success(filepath);
        } catch (Exception e) {
            log.error("file upload error, filepath = " + filepath, e);
            throw new BusinessException(ErrorCode.SYSTEM_ERROR, "上传失败");
        } finally {
            if (file != null) {
                // 删除临时文件
                boolean delete = file.delete();
                if (!delete) {
                    log.error("file delete error, filepath = {}", filepath);
                }
            }
        }
    }
```

需要注意上述方法的返回值，应该返回 filepath 相对路径，便于后续直接根据 filepath 下载。

其实上述代码和之前编写的测试文件上传方法很像，只不过为了更方便地管理文件，引入了 biz 参数，用来区分业务，让不同业务的文件上传到不同的目录中。后面甚至还可以根据目录来设置不同的访问权限，提高安全性。

还要修改 FileUploadBizEnum 枚举类，增加几种业务类型。关键代码如下：

```java
public enum FileUploadBizEnum {
    USER_AVATAR("用户头像", "user_avatar"),
    GENERATOR_PICTURE("生成器图片", "generator_picture"),
    GENERATOR_DIST("生成器产物包", "generator_dist");

    private final String text;
    private final String value;

    FileUploadBizEnum(String text, String value) {
        this.text = text;
        this.value = value;
    }

    ...
}
```

10.3.3 通用文件上传组件

编写好接口后,下面要开发通用的文件上传组件,便于创建代码生成器表单页面,以便直接引用。

编写组件可是个技术活儿,首先要足够了解 Ant Design 组件库的运行机制,例如此处需要遵循自定义表单控件的规范,一定要先阅读官方文档了解规范。

> 官方文档可在配套资料中获取

根据规范,要给组件指定 value 和 onChange 两个属性,明确这一点后,就可以开发了。分别需要开发文件上传和图片上传两个组件。

10.3.3.1 文件上传组件

参考之前编写的文件测试页代码,在 components 组件目录下新建 FileUploader 组件,目录结构如图 10-15 所示。

图 10-15 新建 FileUploader 组件

组件接收的值类型为 UploadFile[] 文件列表,还可以接收外层传来的描述(description),让用户自定义描述信息。

文件上传组件 FileUploader 的核心页面代码如下:

```tsx
// 定义属性
interface Props {
  biz: string;
  onChange?: (fileList: UploadFile[]) => void;
  value?: UploadFile[];
  description?: string;
}

// 文件上传组件
const FileUploader: React.FC<Props> = (props) => {
  const { biz, value, description, onChange } = props;
  const [loading, setLoading] = useState(false);
```

```
// 定义上传属性
const uploadProps: UploadProps = {
  name: 'file',
  listType: 'text',
  multiple: false,
  maxCount: 1,
  fileList: value,
  disabled: loading,
  onChange: ({ fileList }) => {
    onChange?.(fileList);
  },
  customRequest: async (fileObj: any) => {
    setLoading(true);
    try {
      const res = await uploadFileUsingPost(
        {biz}, {}, fileObj.file,
      );
      fileObj.onSuccess(res.data);
    } catch (e: any) {
      message.error('上传失败, ' + e.message);
      fileObj.onError(e);
    }
    setLoading(false);
  },
};

return (
  <Dragger {...uploadProps}>
    <p className="ant-upload-drag-icon">
      <InboxOutlined />
    </p>
    <p className="ant-upload-text">点击或拖曳文件上传</p>
    <p className="ant-upload-hint">{description}</p>
  </Dragger>
);
};

export default FileUploader;
```

由于数据库中存储的是产物包的 key，而不是文件对象，所以需要注意，在外层使用该组件时，要将文件对象和 key（或者 URL 地址）进行互转。

文件上传组件的运行效果如图 10-16 所示。

图 10-16　文件上传组件

10.3.3.2　图片上传组件

和文件上传类似，可以参考 Ant Design 组件库现有的图片上传组件和之前的文件上传代码。

在 components 组件目录下新建 PictureUploader 组件，核心代码如下：

```
// 定义属性
interface Props {
  biz: string;
  onChange?: (url: string) => void;
  value?: string;
}

// 图片上传组件
const PictureUploader: React.FC<Props> = (props) => {
  const { biz, value, onChange } = props;
  const [loading, setLoading] = useState(false);
  // 定义上传属性
  const uploadProps: UploadProps = {
    name: 'file',
    listType: 'picture-card',
    multiple: false,
    maxCount: 1,
    showUploadList: false,
    customRequest: async (fileObj: any) => {
      setLoading(true);
      try {
        const res = await uploadFileUsingPost(
          {biz}, {}, fileObj.file,
        );
```

```
      // 拼接完整图片路径
      const fullPath = COS_HOST + res.data;
      onChange?.(fullPath ?? '');
      fileObj.onSuccess(fullPath);
    } catch (e: any) {
      message.error('上传失败,' + e.message);
      fileObj.onError(e);
    }
    setLoading(false);
  },
};
// 上传按钮
const uploadButton = (
  <div>
    {loading ? <LoadingOutlined /> : <PlusOutlined />}
    <div style={{ marginTop: 8 }}> 上传 </div>
  </div>
);
return (
  <Upload {...uploadProps}>
    {value ? <img src={value} alt="picture" style={{ width: '100%' }} /> : uploadButton}
  </Upload>
);
};
export default PictureUploader;
```

相比于文件上传组件,增加了一个展示用户已上传的图片的逻辑。需要注意,文件上传接口返回的是相对路径,要拼接上 COS_HOST 前缀,才能得到图片的完整路径。图片上传组件运行效果如图 10-17 所示。

图 10-17 图片上传组件

10.3.4 创建页面开发

有了通用的文件上传和图片上传组件后，就可以轻松地开发代码生成器创建页面了。

由于创建代码生成器时，需要填写的字段较多，所以此处选用分步表单，官方文档已经给出了非常成熟的 Demo。

开发步骤如下。

1. 新建路由和对应的页面文件，路由代码如下：

```
{
  path: '/generator/add',
  icon: 'plus',
  component: './Generator/Add',
  name: '创建生成器',
}
```

页面目录结构如图 10-18 所示。

图 10-18　页面目录结构

2. 先根据 Ant Design Procomponents 的分步表单组件完成基本表单，实现基本的分步流程，并尝试输出用户填写的全部参数。

这里假设用户已经有了制作好的代码生成器压缩包，先不编写 fileConfig 和 modelConfig 这些结构复杂的表单项。

创建生成器页面的部分核心代码如下：

```
// 创建生成器页面
const GeneratorAddPage: React.FC = () => {
  const formRef = useRef<ProFormInstance>();

  return (
    <ProCard>
      <StepsForm<API.GeneratorAddRequest> formRef={formRef}>
        <StepsForm.StepForm
          name="base"
          title=" 基本信息 "
          onFinish={async () => {
```

```
              console.log(formRef.current?.getFieldsValue());
              return true;
            }}
          >
            <ProFormText name="name" label=" 名称 " placeholder=" 请输入名称 " />
            <ProFormTextArea name="description" label=" 描述 " placeholder=" 请输入描述 " />
            …… // 各种表单项
            <ProFormSelect label=" 标签 " mode="tags" name="tags" placeholder=" 请输入标签列表 " />
            <ProFormItem label=" 图片 " name="picture">
              <PictureUploader biz="generator_picture" />
            </ProFormItem>
          </StepsForm.StepForm>
          <StepsForm.StepForm name="fileConfig" title=" 文件配置 ">
            {/*todo 待补充 */}
          </StepsForm.StepForm>
          <StepsForm.StepForm name="modelConfig" title=" 模型配置 ">
            {/*todo 待补充 */}
          </StepsForm.StepForm>
          <StepsForm.StepForm name="dist" title=" 生成器文件 ">
            <ProFormItem label=" 产物包 " name="distPath">
              <FileUploader biz="generator_dist" description=" 请上传生成器文件压缩包 " />
            </ProFormItem>
          </StepsForm.StepForm>
        </StepsForm>
      </ProCard>
  );
};
export default GeneratorAddPage;
```

在上述代码中，使用了前面开发的通用上传组件，并通过指定不同的 biz 参数，来控制将不同类别的文件上传到不同的目录中。

3. 开发完基本页面后，编写提交函数，对用户填写的数据进行校验和转换（例如将文件列表转换为 URL），然后请求后端来创建生成器，创建成功后跳转到详情页。提交函数的代码如下：

```
const doSubmit = async (values: API.GeneratorAddRequest) => {
  // 数据转换
  if (!values.fileConfig) {
    values.fileConfig = {};
  }
  if (!values.modelConfig) {
    values.modelConfig = {};
  }
  // 文件列表转 URL
  if (values.distPath && values.distPath.length > 0) {
```

```
    // @ts-ignore
    values.distPath = values.distPath[0].response;
  }
  try {
    const res = await addGeneratorUsingPost(values);
    if (res.data) {
      message.success(' 创建成功 ');
      history.push(`/generator/detail/${res.data}`);
    }
  } catch (error: any) {
    message.error(' 创建失败, ' + error.message);
  }
};
```

需要在分步表单组件中指定 onFinish 事件，填完表单后会执行提交函数。代码如下：

```
return (
  <ProCard>
    <StepsForm<API.GeneratorAddRequest> formRef={formRef}
      onFinish={doSubmit}>
      ...
    </StepsForm>
  </ProCard>
);
```

代码生成器创建页面的完整代码可以在配套资料中获取。

页面运行效果如图 10-19 所示。

图 10-19　创建生成器页面

10.3.5 修改页面开发

完成创建页面后，开发修改页面就很简单了，可以直接在创建页面的基础上开发读取老数据并修改的能力，步骤如下。

1. 新增修改页面路由，指向创建页面文件。代码如下：

```
{
  path: '/generator/update',
  icon: 'plus',
  component: './Generator/Add',
  name: ' 修改生成器 ',
  hideInMenu: true,
}
```

2. 创建页面增加逻辑：通过 URL 的查询参数传递要修改的数据 id，并且根据 id 查询老数据。代码如下：

```
// 获取 URL 查询参数
const [searchParams] = useSearchParams();
const id = searchParams.get('id');
const [oldData, setOldData] = useState<API.GeneratorEditRequest>();
const formRef = useRef<ProFormInstance>();

// 加载数据
const loadData = async () => {
  if (!id) {
    return;
  }
  try {
    const res = await getGeneratorVoByIdUsingGet({
      id,
    });
    // 处理文件路径
    if (res.data) {
      const { distPath } = res.data ?? {};
      if (distPath) {
        // @ts-ignore
        res.data.distPath = [
          {
            uid: id,
            name: ' 文件 ' + id,
            status: 'done',
            url: COS_HOST + distPath,
            response: distPath,
          } as UploadFile,
```

```
      ];
    }
    setOldData(res.data);
  }
} catch (error: any) {
  message.error(' 加载数据失败, ' + error.message);
}
};

useEffect(() => {
  if (id) {
    loadData();
  }
}, [id]);
```

在上述代码中，比较关键的是将 distPath 从路径转换为文件上传组件的 UploadFile 对象，用于将之前上传过的文件回显在文件上传组件中。其中 URL（打开链接）要补充 COS_HOST 前缀，而 response（实际的值）不用补充。

修改页面运行效果如图 10-20 所示，能够显示出之前已经上传的文件：

图 10-20　修改生成器页面

3. 区分创建和修改。分别编写创建和更新两个函数，代码如下：

```
// 创建
const doAdd = async (values: API.GeneratorAddRequest) => {
  try {
    const res = await addGeneratorUsingPost(values);
    if (res.data) {
      message.success(' 创建成功 ');
      history.push(`/generator/detail/${res.data}`);
    }
  } catch (error: any) {
```

```
    message.error('创建失败, ' + error.message);
  }
};

// 更新
const doUpdate = async (values: API.GeneratorEditRequest) => {
  try {
    const res = await editGeneratorUsingPost(values);
    if (res.data) {
      message.success('更新成功 ');
      history.push(`/generator/detail/${id}`);
    }
  } catch (error: any) {
    message.error('更新失败, ' + error.message);
  }
};
```

然后修改提交函数，根据 id 是否存在来判断执行创建还是更新，代码如下：

```
const doSubmit = async (values: API.GeneratorAddRequest) => {
  ...
  if (id) {
    await doUpdate({
      id,
      ...values,
    });
  } else {
    await doAdd(values);
  }
};
```

4. 测试编写好的页面，会发现除了第一步的表单项，并没有回填默认值。

因此，需要控制表单的渲染时机，等要更新的老数据加载完成后，再渲染表单。修改页面的部分代码如下：

```
{/* 创建或者已加载要更新的数据时，再渲染表单，顺利填充默认值 */}
{(!id || oldData) && (
  <StepsForm<API.GeneratorAddRequest | API.GeneratorEditRequest>
    formRef={formRef}
    formProps={{
      initialValues: oldData,
    }}
    onFinish={doSubmit}
  >
```

创建和修改生成器页面的完整代码可以在配套资料中获取。

再次修改生成器，页面能够正常显示已填写的内容，效果如图 10-21 所示。

图 10-21 页面正常显示已填写的内容

10.4 代码生成器详情页

完成了修改页面后，接下来开发详情页：能够展示代码生成器的详细信息，并且让用户下载生成器文件。

详情页依赖的后端接口如下：

1. 根据 id 获取生成器详情。
2. 根据 id 下载代码生成器文件。

第一个接口之前已经实现，还需要开发下载文件接口。

10.4.1 下载生成器文件接口

在 GeneratorController 类中引入对象存储操作类 CosManager 的 Bean，代码如下：

```
@Resource
private CosManager cosManager;
```

接着新增下载接口，根据 id 获取到生成器的 distPath，并调用 cosManager.getObject 完成下载。

可以直接复用之前的测试文件下载接口，注意做好权限控制（仅登录用户可下载），并记录下载日志。代码如下：

```
@GetMapping("/download")
public void downloadGeneratorById(long id, HttpServletRequest request, HttpServle-
tResponse response) throws IOException {
    if (id <= 0) {
        throw new BusinessException(ErrorCode.PARAMS_ERROR);
    }
    User loginUser = userService.getLoginUser(request);
    Generator generator = generatorService.getById(id);
    if (generator == null) {
        throw new BusinessException(ErrorCode.NOT_FOUND_ERROR);
    }
    String filepath = generator.getDistPath();
    if (StrUtil.isBlank(filepath)) {
        throw new BusinessException(ErrorCode.NOT_FOUND_ERROR, " 产物包不存在 ");
    }

    // 追踪事件
    log.info(" 用户 {} 下载了 {}", loginUser, filepath);

    …… // 复用测试文件下载的代码
}
```

10.4.2　详情页开发

同主页一样，可以参考网上的页面样式进行开发，不用自己设计页面，以便节约时间。

1. 先定义路由，需要将路径指定为动态的，根据生成器的 id 加载不同的内容。代码如下：

```
{
  path: '/generator/detail/:id',
  icon: 'home',
  component: './Generator/Detail',
  name: ' 生成器详情 ',
  hideInMenu: true,
},
```

新建详情页，结构如图 10-22 所示。

图 10-22　新建详情页文件

2. 在详情页中，可以通过 useParams 钩子函数获取到动态路由的 id。代码如下：

```
const { id } = useParams();
```

然后就可以根据 id 获取到生成器的信息了，代码如下：

```
const [loading, setLoading] = useState<boolean>(false);
const [data, setData] = useState<API.GeneratorVO>({});

const loadData = async () => {
  if (!id) {
    return;
  }
  setLoading(true);
  try {
    const res = await getGeneratorVoByIdUsingGet({
      id,
    });
    setData(res.data || {});
  } catch (error: any) {
    message.error('获取数据失败,' + error.message);
  }
  setLoading(false);
};

useEffect(() => {
  loadData();
}, [id]);
```

3. 自上而下开发页面，展示信息即可。

建议先编写出基本的页面结构，具体下载功能的实现、详细配置等到最后再编写。

页面上半部分展示生成器的基本信息及一些操作按钮，示例代码如下：

```
<Card>
  <Row justify="space-between" gutter={[32, 32]}>
```

```
          <Col flex="auto">
            <Space size="large" align="center">
              <Typography.Title level={4}>{data.name}</Typography.Title>
              {tagListView(data.tags)}
            </Space>
            <Typography.Paragraph>{data.description}</Typography.Paragraph>
            <Typography.Paragraph type="secondary">
              创建时间：{moment(data.createTime).format('YYYY-MM-DD hh:mm:ss')}
            </Typography.Paragraph>
            <Typography.Paragraph type="secondary">基础包：{data.basePackage}</Typography.Paragraph>
            <Typography.Paragraph type="secondary">版本：{data.version}</Typography.Paragraph>
            <Typography.Paragraph type="secondary">作者：{data.author}</Typography.Paragraph>
            <div style={{ marginBottom: 24 }} />
            <Space size="middle">
              <Button type="primary"> 立即使用 </Button>
              <Button icon={<DownloadOutlined />}> 下载 </Button>
            </Space>
          </Col>
          <Col flex="320px">
            <Image src={data.picture} />
          </Col>
      </Row>
</Card>
```

下半部分展示详细配置和作者信息。总共有 3 个选项卡，分别将每个选项卡的内容定义为组件，这样父页面就很干净。分别定义 3 个组件，如图 10-23 所示。

图 10-23　新建 3 个组件

选项卡的代码如下：

```
<Tabs
  size="large"
  defaultActiveKey={'fileConfig'}
  onChange={() => {}}
  items={[
    {
```

```
    key: 'fileConfig',
    label: ' 文件配置 ',
    children: <FileConfig data={data} />,
  },
  {
    key: 'modelConfig',
    label: ' 模型配置 ',
    children: <ModelConfig data={data} />,
  },
  {
    key: 'userInfo',
    label: ' 作者信息 ',
    children: <AuthorInfo data={data} />,
  },
]}
/>
```

运行详情页，效果如图 10-24 所示。

图 10-24　生成器详情页

4. 开发详细信息组件。

其实都是展示基本的信息，例如：

（1）文件配置组件 FileConfig 展示数据库里存储的生成器文件配置。

（2）模型配置组件 ModelConfig 展示生成器的模型配置。

（3）作者信息组件 AuthorInfo 展示创建生成器的用户信息，例如用户名称、简介和头像。

此处不再赘述，这些组件的完整代码可以在配套资料中获取。

10.4.3　下载功能实现

页面样式开发完成后，可以实现下载功能和编辑页跳转按钮。

下载功能不过多讲解，参考之前测试文件下载页面的代码，调用下载生成器文件接口即可。需要注意按钮显隐的控制。例如只有存在 distPath 代码包时才能下载；只有本人才能修改。

在详情页中编写这两个按钮组件，代码如下：

```
// 下载按钮
const downloadButton = data.distPath && currentUser && (
  <Button
    icon={<DownloadOutlined />}
    onClick={async () => {
      const blob = await downloadGeneratorByIdUsingGet(
        { id: data.id },
        { responseType: 'blob' },
      );
      // 使用 file-saver 来保存文件
      const fullPath = data.distPath || '';
      saveAs(blob, fullPath.substring(fullPath.lastIndexOf('/') + 1));
    }}
  >
    下载
  </Button>
);

// 编辑按钮
const editButton = my && (
  <Link to={`/generator/update?id=${data.id}`}>
    <Button icon={<EditOutlined />}>编辑</Button>
  </Link>
);
```

然后就可以在详情页中引用这两个按钮组件了。

详情页的完整代码可以在配套资料中获取。

生成器详情页的运行效果如图 10-25 所示。

图 10-25　生成器详情页

可以给主页的生成器卡片增加跳转到详情页的链接，代码如下：

```
<Link to={`/generator/detail/${data.id}`}>
  <Card hoverable cover={<Image alt={data.name} src={data.picture} />}>
    ...
  </Card>
</Link>
```

10.5　本章小结

以上就是本章的内容，完成了在线代码生成器平台的创建页面、详情页面，用户已经可以使用平台上传和下载代码生成器了。在下一章中，将继续开发在线平台的更多功能。

10.6　本章作业

1. 理解对象存储的优点，参考官方文档自主实现一个对象存储工具类。
2. 掌握文件上传和下载功能的开发。
3. 编写代码实现本章项目，并且在自己的代码仓库完成一次提交。

第 11 章
/
在线使用生成器

在第 10 章中,实现了代码生成器的上传与下载功能,用户已经能够使用平台发布和共享代码生成器了。但如果想使用别人的代码生成器,只能先下载文件再执行,比较麻烦。本章将继续开发在线代码生成器平台的核心功能——在线使用代码生成器,提高整个平台的易用性和用户体验。本章的重点内容是开发在线使用功能,包括:

1. 需求分析。
2. 方案设计。
3. 后端开发。
4. 前端页面开发。

注意,本章内容开发量较大,建议配合配套资料的视频教程一起学习。

11.1 需求分析

之前用户要想使用平台上的代码生成器,必须要将生成器文件下载到本地,解压、熟悉参数后再进行交互式运行,这对不熟悉平台和命令行工具的朋友来说,比较麻烦。既然有了平台,为什么不直接让用户在平台上使用代码生成器呢?

所以现在的需求是:让用户能够在线使用代码生成器,在表单页面输入数据模型的值,就能直接下载生成的代码。

11.2 方案设计

首先设计整体实现方案,包括梳理核心业务流程、分析关键问题。

11.2.1 业务流程

先来梳理业务流程:

1. 用户打开某个生成器的使用页面,从后端请求需要用户填写的数据模型。
2. 用户填写表单并提交,向后端发送请求。
3. 后端从数据库中查询生成器信息,得到生成器产物文件路径。
4. 后端从对象存储中将生成器产物文件下载到本地。
5. 后端操作代码生成器,输入用户填写的数据,得到生成的代码。
6. 后端将生成的代码返回给用户,前端下载。

业务流程图如图 11-1 所示。

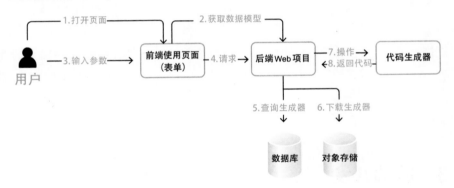

图 11-1 业务流程图

11.2.2 问题分析

分析上述流程,要思考几个问题:

1. 生成器使用页面需要展示哪些表单项?数据模型信息从哪里来?
2. Web 后端怎么操作代码生成器文件去生成代码?

下面依次分析如何解决这些问题。

11.2.2.1　数据模型从哪里来

因为原始的数据模型信息肯定是在用户创建生成器时填写的，所以需要完善创建生成器页面的"模型配置"表单。有了模型配置，生成器使用页面就可以渲染出对应的表单项，供用户填写。

11.2.2.2　如何操作生成器

对于这个问题，要先思考：之前是怎么生成代码的？

答案是：通过执行脚本文件，传入指定的参数，并交互式输入，最终得到生成的代码。

那现在让 Web 后端执行生成器的脚本文件，不就可以了吗？

之前已经讲过，在 Java 后端项目中，使用 Process 类就能执行命令行脚本。但是之前执行生成器时，只能通过交互式输入或者拼接命令的方式给生成器程序传递参数，而前端传递给后端的用户参数通常是 JSON 对象格式的，如果要转换就比较复杂了。

那不妨让代码生成器支持一种新的使用方式：通过读取 JSON 文件获取数据模型，并生成代码。

> 这里为什么不直接传 JSON 数据而是要读取 JSON 文件呢？原因是 JSON 数据结构可能很复杂，担心控制台处理输入字符时出现特殊问题。

这样一来，Web 后端项目就可以将用户输入的 JSON 格式的数据模型配置保存为本地文件，然后将文件路径作为输入参数去执行生成器脚本了。相比于将每个生成器都改造为 Web 项目并提供接口，这种方式成本更低，也更合理。

明确了实现思路后，下面依次完成后端和前端开发。

11.3　后端开发

后端开发工作分为改造单个代码生成器、让制作工具生成支持 JSON 输入的代码生成器、开发使用生成器接口几部分。

在此之前，先往数据库中插入一条示例代码生成器数据，便于后续测试。

> 示例代码生成器数据的 SQL 脚本可以在配套资料中获取。

11.3.1　改造单个代码生成器

在修改 maker 制作工具项目前，可以先从之前已经生成的代码生成器 acm-template-pro-generator 入手，让它能支持 JSON 输入并生成代码。

1. 打开 ACM 模板代码生成器项目,在 cli.command 包下新增一个 JSON 生成命令类 JsonGenerateCommand。

定义一个文件路径(filePath)属性来接收 JSON 文件路径,在执行时读取该文件并转换为 DataModel 数据模型类,之后调用 MainGenerator.doGenerate 生成代码即可。代码如下:

```java
@Command(name = "json-generate", description = " 读取 JSON 文件生成代码 ", mixinStandard-HelpOptions = true)
@Data
public class JsonGenerateCommand implements Callable<Integer> {

    @Option(names = {"-f", "--file"}, arity = "0..1", description = "json 文件路径 ",
interactive = true, echo = true)
    private String filePath;

    public Integer call() throws Exception {
        String jsonStr = FileUtil.readUtf8String(filePath);
        DataModel dataModel = JSONUtil.toBean(jsonStr, DataModel.class);
        MainGenerator.doGenerate(dataModel);
        return 0;
    }
}
```

2. 修改 CommandExecutor 类,补充刚创建的子命令。修改的部分代码如下:

```java
@Command(name = "acm-template-pro-generator", mixinStandardHelpOptions = true)
public class CommandExecutor implements Runnable {

    private final CommandLine commandLine;

    {
        commandLine = new CommandLine(this)
                .addSubcommand(new GenerateCommand())
                .addSubcommand(new ConfigCommand())
                .addSubcommand(new ListCommand())
                .addSubcommand(new JsonGenerateCommand());
    }
}
```

3. 测试验证。先在生成器项目根目录下新建测试文件 test.json,代码如下:

```json
{
  "needGit": false,
  "loop": true,
```

```
  "mainTemplate": {
    "author": "laoYuPi",
    "outputText": "i said = "
  }
}
```

4. 修改 Main 方法，硬编码参数值来测试。参考代码如下：

```
public class Main {
    public static void main(String[] args) {
        CommandExecutor commandExecutor = new CommandExecutor();
        // 将文件路径替换为自己的
        args = new String[]{"json-generate",
            "--file=/Users/yupi/Code/yuzi-generator/yuzi-generator-maker/generated/acm-template-pro-generator/test.json"};
        commandExecutor.doExecute(args);
    }
}
```

5. 执行上述代码，然后检查生成的代码是否符合预期。

11.3.2 修改制作工具

需要修改 maker 项目，支持动态生成前面手动编写的代码。

1. 在资源文件的模板目录下新建 JSON 生成命令类对应的 FTL 文件 JsonGenerateCommand.java.ftl。

相比于 JsonGenerateCommand.java 文件，除了包名不用做其他改动。修改的代码如下：

```
package ${basePackage}.cli.command;

import cn.hutool.core.io.FileUtil;
import cn.hutool.json.JSONUtil;
import ${basePackage}.generator.MainGenerator;
import ${basePackage}.model.DataModel;

…… // 以下省略
```

2. 修改 CommandExecutor.java.ftl 文件。需要同时导入子命令类，修改的部分代码如下：

```
import ${basePackage}.cli.command.JsonGenerateCommand;

{
```

```
        commandLine = new CommandLine(this)
                .addSubcommand(new GenerateCommand())
                .addSubcommand(new ConfigCommand())
                .addSubcommand(new ListCommand())
                .addSubcommand(new JsonGenerateCommand());
}
```

改动的模板文件如图 11-2 所示。

图 11-2　改动的模板文件

3. 修改生成器制作类 GenerateTemplate 的 generateCode 方法，补充对新命令文件的生成。新增的代码如下：

```
// cli.command.JsonGenerateCommand
inputFilePath = inputResourcePath + File.separator + "templates/java/cli/command/
JsonGenerateCommand.java.ftl";
outputFilePath = outputBaseJavaPackagePath + "/cli/command/JsonGenerateCommand.java";
DynamicFileGenerator.doGenerate(inputFilePath , outputFilePath, meta);
```

4. 执行 maker 项目的 Main 方法，进行测试，看看是否能够顺利生成符合要求的代码生成器。

11.3.3　使用生成器接口

按照之前设计的业务流程，开发使用生成器的接口。开发步骤如下：

1. 定义接口。

先明确接口的定义：接收用户输入的模型参数，返回生成的文件。

在 model.dto.generator 包下新建使用代码生成器的请求类 GeneratorUseRequest，代码如下：

```
@Data
public class GeneratorUseRequest implements Serializable {
    // 生成器的 id
```

```
    private Long id;
    // 数据模型
    Map<String, Object> dataModel;

    private static final long serialVersionUID = 1L;
}
```

在 GeneratorController 中新增使用代码生成器的接口，代码如下：

```
@PostMapping("/use")
public void useGenerator(
    @RequestBody GeneratorUseRequest generatorUseRequest,
    HttpServletRequest request,
    HttpServletResponse response) {
    ...
}
```

2. 从对象存储下载生成器压缩包。

由于下载生成器是需要消耗对象存储流量的，所以限制仅登录用户可用，并且需要记录用户使用日志，便于事故分析。代码如下：

```
// 需要登录
User loginUser = userService.getLoginUser(request);
log.info("userId = {} 使用了生成器 id = {}", loginUser.getId(), id);
```

先获取到代码生成器存储路径，代码如下：

```
// 从数据库获取代码生成器
Generator generator = generatorService.getById(id);
if (generator == null) {
    throw new BusinessException(ErrorCode.NOT_FOUND_ERROR);
}

// 生成器存储路径
String distPath = generator.getDistPath();
if (StrUtil.isBlank(distPath)) {
    throw new BusinessException(ErrorCode.NOT_FOUND_ERROR, " 产物包不存在 ");
}
```

定义一个独立的工作空间，用来存放下载的生成器压缩包等临时文件，代码如下：

```
// 工作空间
String projectPath = System.getProperty("user.dir");
String tempDirPath = String.format("%s/.temp/use/%s", projectPath, id);
```

由于这次需要将对象存储的文件下载到服务器，而不是返回给前端，所以需要新写一个对象存储的通用下载方法。

参考官方文档，在 CosManager 类中补充下载方法，可以使用线程池提高下载效率。代码如下：

```java
// 复用对象
private TransferManager transferManager;

// bean 加载完成后执行
@PostConstruct
public void init() {
    // 执行初始化逻辑
    System.out.println("Bean initialized!");
    // 多线程并发上传下载
    ExecutorService threadPool = Executors.newFixedThreadPool(32);
    transferManager = new TransferManager(cosClient, threadPool);
}

// 将对象下载到本地文件
public Download download(String key, String localFilePath) throws InterruptedException {
    File downloadFile = new File(localFilePath);
    GetObjectRequest getObjectRequest = new GetObjectRequest(cosClientConfig.getBucket(), key);
    Download download = transferManager.download(getObjectRequest, downloadFile);
    // 同步等待下载完成
    download.waitForCompletion();
    return download;
}
```

上述代码中 @PostConstruct 注解的作用是：等 Bean 加载完成后，初始化对象存储下载对象。

然后就可以在接口中调用，来实现压缩包的下载了。代码如下：

```java
String zipFilePath = tempDirPath + "/dist.zip";
// 新建文件
if (!FileUtil.exist(zipFilePath)) {
    FileUtil.touch(zipFilePath);
}
// 下载文件
try {
    cosManager.download(distPath, zipFilePath);
} catch (InterruptedException e) {
    throw new BusinessException(ErrorCode.SYSTEM_ERROR, "生成器下载失败");
}
```

3. 解压文件，得到用户上传的生成器文件。代码如下：

```java
File unzipDistDir = ZipUtil.unzip(zipFilePath);
```

4. 将用户输入的参数写入 JSON 文件中。代码如下：

```java
String dataModelFilePath = tempDirPath + "/dataModel.json";
String jsonStr = JSONUtil.toJsonStr(dataModel);
FileUtil.writeUtf8String(jsonStr, dataModelFilePath);
```

5. 执行脚本。

首先要找到代码生成器文件中的脚本路径，通过递归目录找到第一个名称为 generator 的文件。代码如下：

```java
// 找到脚本文件所在路径
File scriptFile = FileUtil.loopFiles(unzipDistDir, 2, null).stream()
    .filter(file -> file.isFile() && "generator".equals(file.getName()))
    .findFirst()
    .orElseThrow(RuntimeException::new);
```

注意，如果不是 Windows 系统，还要添加可执行权限，代码如下：

```java
// 添加可执行权限
try {
    Set<PosixFilePermission> permissions = PosixFilePermissions.fromString("rwxrwxrwx");
    Files.setPosixFilePermissions(scriptFile.toPath(), permissions);
} catch (Exception e) {
}
```

然后构造脚本调用命令，传入之前写入的 JSON 文件路径，调用脚本并获取输出结果。注意，Windows 操作系统和其他系统执行脚本的规则不同，需要对路径进行转义。代码如下：

```java
// 构造命令
File scriptDir = scriptFile.getParentFile();
// 注意，如果是 macOS/Linux 系统，要用 ./generator
String scriptAbsolutePath = scriptFile.getAbsolutePath().replace("\\", "/");
String[] commands = new String[] {scriptAbsolutePath, "json-generate", "--file=" + dataModelFilePath};

// 构造命令执行器
ProcessBuilder processBuilder = new ProcessBuilder(commands);
processBuilder.directory(scriptDir);

try {
```

```java
    Process process = processBuilder.start();
    // 读取命令的输出
    InputStream inputStream = process.getInputStream();
    BufferedReader reader = new BufferedReader(new InputStreamReader(inputStream));
    String line;
    while ((line = reader.readLine()) != null) {
        System.out.println(line);
    }
    // 等待命令执行完成
    int exitCode = process.waitFor();
    System.out.println("命令执行结束,退出码: " + exitCode);
} catch (Exception e) {
    e.printStackTrace();
    throw new BusinessException(ErrorCode.SYSTEM_ERROR, "执行生成器脚本错误");
}
```

6. 返回生成的代码结果压缩包。

执行上述脚本后,默认生成的代码在代码生成器根目录下的 generated 目录中。为了便于用户下载,需要先将生成的代码制作为压缩包再下载。代码如下:

```java
// 生成代码的位置
String generatedPath = scriptDir.getAbsolutePath() + "/generated";
String resultPath = tempDirPath + "/result.zip";
File resultFile = ZipUtil.zip(generatedPath, resultPath);

// 下载文件
// 设置响应头
response.setContentType("application/octet-stream;charset=UTF-8");
response.setHeader("Content-Disposition", "attachment; filename=" + resultFile.getName());
// 写入响应
Files.copy(resultFile.toPath(), response.getOutputStream());
```

7. 清理文件。

将结果返回给前端后,可以异步清理无用文件,防止服务器资源泄露。可以直接清理整个工作空间,代码如下:

```java
CompletableFuture.runAsync(() -> {
    FileUtil.del(tempDirPath);
});
```

组合上述代码,可以得到该接口的完整代码。由于该接口是给用户使用的,所以建议在代码中补充异常处理逻辑,针对不同的异常,给出不同的文案提示。

> 完整代码可以在配套资料中获取。

11.3.4 测试

执行测试,可以先通过 Swagger 测试整个流程能否正确跑通,如图 11-3 所示。

图 11-3 使用 Swagger 测试

但是直接用 Swagger 测试下载文件可能会有问题,例如无法下载文件或者下载的文件无法打开。在这种情况下,可以在浏览器的网络控制台中复制请求为 curl 命令,然后用 curl 工具测试。

需要注意,如果是 Windows 系统,最后使用代码生成器时执行的是 .bat 脚本文件。但之前使用 maker 工具制作生成器时,没有打包 .bat 脚本,此处建议补充。

修改 maker 制作工具的 buildDist 方法,修改的代码如下:

```
protected String buildDist(String outputPath, String sourceCopyDestPath, String jarPath, String shellOutputFilePath) {
    ...
    // 拷贝脚本文件
    FileUtil.copy(shellOutputFilePath, distOutputPath, true);
    FileUtil.copy(shellOutputFilePath + ".bat", distOutputPath, true);
    ...
}
```

11.4 前端页面开发

下面开发前端页面,依次完成创建生成器的模型配置、使用代码生成器页面的开发。

11.4.1　创建生成器的模型配置

11.4.1.1　支持创建

模型配置的填写规则相对复杂，有 3 个要求：

1. 能够动态添加或减少模型。
2. 支持选择添加模型或模型组。
3. 如果是模型组，组内支持嵌套多个模型。

支持嵌套和动态增减项的表单开发是比较复杂的，幸运的是，可以在 Ant Design 组件库的表单组件中，找到现成的嵌套增减表单 Demo，然后在此基础上快速完成开发，如图 11-4 所示。

图 11-4　嵌套增减表单 Demo

开发步骤如下。

1. 在 Generator/Add/components 目录下新建 ModelConfigForm.tsx 模型配置表单组件。然后在创建页面中引用该组件，代码如下：

```
<StepsForm.StepForm name="modelConfig" title=" 模型配置 "
  onFinish={async (values) => {
  console.log(values);
  return false;
}}>
  <ModelConfigForm formRef={formRef} />
</StepsForm.StepForm>
```

为了便于测试，在上述代码中，先在 onFinish 函数内输出表单填写结果，并返回 false 防止跳转到下一步。

2. 开发表单组件。

首先展示所有模型配置字段表单项，用 Space 组件套起各表单项，使它们展示在一行，便于用户填写。

无论字段是否属于某个分组，需要填写的表单项都一致，所以可以抽象出一个单字段填写视图组件，便于复用。需要注意，如果字段属于某个分组，要额外展示一个删除按钮。

代码如下：

```
const singleFieldFormView = (
  field: FormListFieldData,
  remove?: (index: number | number[]) => void,
) => {
  return (
    <Space key={field.key}>
      <Form.Item label=" 字段名称 " name={[field.name, 'fieldName']}>
        <Input />
      </Form.Item>
      <Form.Item label=" 描述 " name={[field.name, 'description']}>
        <Input />
      </Form.Item>
      <Form.Item label=" 类型 " name={[field.name, 'type']}>
        <Input />
      </Form.Item>
      <Form.Item label=" 默认值 " name={[field.name, 'defaultValue']}>
        <Input />
      </Form.Item>
      <Form.Item label=" 缩写 " name={[field.name, 'abbr']}>
        <Input />
      </Form.Item>
      {remove && (
        <Button type="text" danger onClick={() => remove(field.name)}>
          删除
        </Button>
      )}
    </Space>
  );
};
```

3. 修改分组 / 未分组字段的层级关系，对应的 name 层级等。

对于最外层的表单列表项，name 如下：

```
<Form.List name={['modelConfig', 'models']}>
  ...
</Form.List>
```

如果是组内的表单列表，name 层级要加上父字段（分组）的 name，代码如下：

```
<Form.List name={[field.name, 'models']}>
  ...
</Form.List>
```

4. 区分单个字段和分组。

提供"添加字段"和"添加分组"按钮供用户选择。如果选择添加分组，需要设置 groupName 和 groupKey 的默认值。代码如下：

```
<Button type="dashed" onClick={() => add()}>
  添加字段
</Button>
<Button
  type="dashed"
  onClick={() =>
    add({
      groupName: '分组',
      groupKey: 'group',
    })
  }
>
  添加分组
</Button>
```

同样，可以用 groupKey 是否存在来判断是分组还是单个字段。先从当前已填写的表单信息中获取 groupKey：

```
const groupKey =
formRef?.current?.getFieldsValue()?.modelConfig?.models?.[field.name]?.groupKey;
```

分组和单个字段需要填写的表单项是不同的，所以要根据 groupKey 展示不同的内容。代码如下：

```
{groupKey ? (
  <Space>
    <Form.Item label="分组 key" name={[field.name, 'groupKey']}>
      <Input />
    </Form.Item>
    <Form.Item label="组名" name={[field.name, 'groupName']}>
      <Input />
    </Form.Item>
    <Form.Item label="类型" name={[field.name, 'type']}>
      <Input />
    </Form.Item>
    <Form.Item label="条件" name={[field.name, 'condition']}>
```

```
        <Input />
      </Form.Item>
    </Space>
) : (
  singleFieldFormView(field)
)}
```

5. 测试验证。进入创建生成器页面,填写表单并点击"下一步"后,查看控制台的输出值,验证字段是否符合输入。

页面运行效果如图 11-5 所示。

图 11-5　创建模型配置页面

11.4.1.2　支持修改

测试修改已有代码生成器的模型配置,会发现并没有渲染已填写的分组。这是因为,目前是通过 groupKey 来判断是否渲染分组的,而表单刚加载完成,还没有到填写模型配置时,通过表单的值是读取不到已有的 modelConfig 的。

> 注意,在 Ant Design Procomponents 分步表单组件中,通过 formRef.current.getFieldsValue 得到的值始终只有当前步骤的,不包括之前已填写的。

可以增加一个逻辑,如果存在之前的数据,并且通过表单读取不到模型配置,就读取之前数据内的模型配置。

1. 给组件增加 oldData 属性，用于传递修改前的数据，并驱动视图更新。

组件属性定义的代码如下：

```
interface Props {
  formRef: any;
  oldData: any;
}
```

给创建页面的模型配置表单组件以增加属性传递：

```
<ModelConfigForm formRef={formRef} oldData={oldData} />
```

2. 修改获取 groupKey 的逻辑，代码如下：

```
{fields.map((field) => {
  const modelConfig =
    formRef?.current?.getFieldsValue()?.modelConfig ?? oldData?.modelConfig;
  const groupKey = modelConfig.models?.[field.name]?.groupKey;
  ...
})}
```

3. 验证修改和创建功能，看是否能够正常运行。

模型配置表单的完整代码可以在配套资料中获取。

11.4.2 使用代码生成器页面

按照以下步骤开发。

1. 新增页面和路由。路由代码如下：

```
{
  path: '/generator/use/:id',
  icon: 'home',
  component: './Generator/Use',
  name: '使用生成器',
  hideInMenu: true,
},
```

使用生成器页面的核心布局和详情页基本一致，如图 11-6 所示。

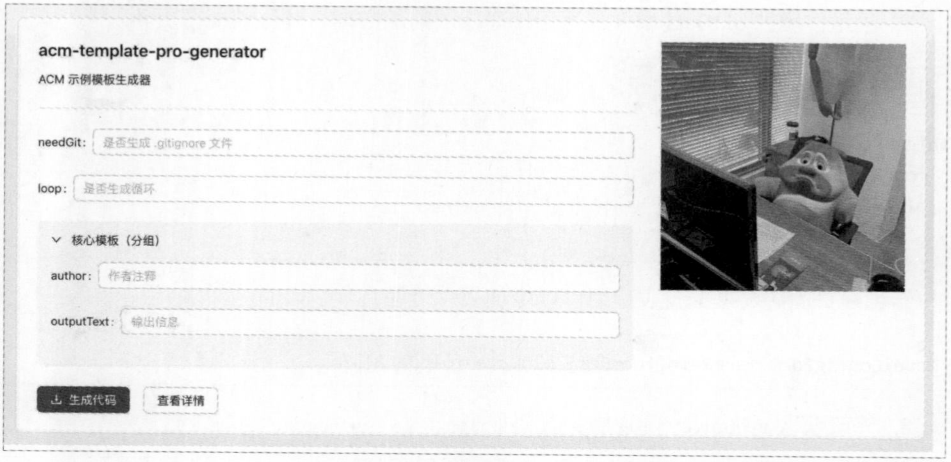

第 11 章 在线使用生成器

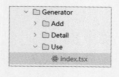

图 11-6 使用生成器页面

> **小知识 – 优化用户填表体验**
>
> 开发表单页面时，应尽量保证字段含义清晰易懂，建议在输入框中提供默认值或提示语，并且针对用户的错误输入给出即时反馈。对于复杂的表单，可以进行分组或分步。主流的组件库基本都提供了这些能力。

所以可以复制详情页，在此基础上开发。目录结构如图 11-7 所示。

图 11-7 新建页面

2. 页面开发。

使用页面主要是引导用户填写模型参数表单，需要注意区分模型是否为分组。表单代码如下：

```
<Form form={form}>
  {models.map((model, index) => {
    // 是分组
    if (model.groupKey) {
      if (!model.models) {
        return <></>;
      }

      return (
```

```
          <Collapse
            key={index}
            style={{
              marginBottom: 24,
            }}
            items={[
              {
                key: index,
                label: model.groupName + '（分组）',
                children: model.models.map((subModel, index) => {
                  return (
                    <Form.Item
                      key={index}
                      label={subModel.fieldName}
                      // @ts-ignore
                      name={[model.groupKey, subModel.fieldName]}
                    >
                      <Input placeholder={subModel.description} />
                    </Form.Item>
                  );
                }),
              },
            ]}
            bordered={false}
            defaultActiveKey={[index]}
          />
        );
      }
      return (
        <Form.Item key={index} label={model.fieldName} name={model.fieldName}>
          <Input placeholder={model.description} />
        </Form.Item>
      );
    })}
</Form>
```

修改下载按钮请求的接口为"使用生成器"，从用户填写的表单中获取参数并调用。由于下载时间可能比较长，用 loading 状态变量表示下载中。代码如下：

```
// 下载按钮
const downloadButton = data.distPath && currentUser && (
  <Button
    type="primary"
    icon={<DownloadOutlined />}
    loading={downloading}
    onClick={async () => {
      setDownloading(true);
```

```
      const values = form.getFieldsValue();

      // eslint-disable-next-line react-hooks/rules-of-hooks
      const blob = await useGeneratorUsingPost(
        {
          id: data.id,
          dataModel: values,
        },
        { responseType: 'blob' },
      );
      // 使用 file-saver 来保存文件
      const fullPath = data.distPath || '';
      saveAs(blob, fullPath.substring(fullPath.lastIndexOf('/') + 1));
      setDownloading(false);
    }}
  >
    生成代码
  </Button>
);
```

由于这个接口返回的也是 blob，缺少一般接口响应的 code 值，所以要修改全局响应拦截器，直接通过响应类型判断。修改的代码如下：

```
// 文件下载时，直接返回
if (response.data instanceof Blob) {
  return response;
}
```

3. 补充详情页和使用页的互相跳转逻辑。在详情页补充下列代码：

```
<Link to={`/generator/use/${id}`}>
  <Button type="primary"> 立即使用 </Button>
</Link>
```

在使用页中补充下列代码：

```
<Link to={`/generator/detail/${id}`}>
  <Button> 查看详情 </Button>
</Link>
```

4. 测试验证。进入使用代码生成器页面，输入参数，验证能否下载到符合预期的代码，如图 11-8 所示。

使用页的完整代码可以在配套资料中获取。

至此，在线使用功能已经开发完成。

图 11-8　使用生成器页面

> **小知识 – 扩展思路**
>
> 分享一些使用代码生成器页面的扩展思路：
> 1. 使用页面优化模型参数的填写顺序和依赖关系，优先填写单个字段，再根据单个字段的值判断是否要填写模型组。
> 2. 根据字段的类型，区分填写值的表单组件，例如布尔类型的字段使用 Radio 单选组件。
> 3. 表单项自动填充模型配置中指定的默认值。

11.5　本章小结

　　以上就是本章的内容，开发完成了代码生成器共享平台的模型配置填写、使用代码生成器功能，用户已经可以高效使用他人制作好的生成器了。在下一章中，将继续开发平台的更多功能。

　　此外，请读者思考：生成代码是否存在性能问题？如果存在，如何优化？

11.6　本章作业

1. 掌握 Ant Design 的动态 / 嵌套表单组件，从能够应对复杂的表单开发。
2. 掌握动态调用脚本文件的方法。
3. 编写代码实现本章项目，并且在自己的代码仓库完成一次提交。

第 12 章
在线制作生成器

在第 11 章中，实现了代码生成器平台的在线使用功能，用户已经能够直接在平台上使用别人发布的代码生成器了。

但是，如果用户上传的代码生成器不符合本平台的规范，怎么办呢？怎么鼓励用户遵循平台的规范呢？

可以直接在平台提供在线制作生成器的功能，使用自己的工具制作，得到的代码生成器肯定是符合规范的。在本章中，将开发代码生成器平台最后一个核心功能——在线制作代码生成器，提高代码生成器的制作效率，吸引更多用户发布自己的生成器。本章重点内容是开发在线制作功能，包括：

1. 需求分析。
2. 方案设计。
3. 后端开发。
4. 前端页面开发。

注意，本章内容开发量较大，建议配合配套资料的视频教程一起学习。

12.1 需求分析

现在，如果用户想要在平台上发布代码生成器，必须使用 maker 项目来制作生成器文件，否则就无法让用户在线使用。这就意味着代码生成器制作者要先下载 maker 项目，然后在本地运行项目，并了解生成机制，最后再生成，整个流程太麻烦了！

所以现在的需求是：在创建代码生成器时，能够让用户在线使用生成器制作工具，通过输入制作信息、上传模板文件，就能直接得到制作好的生成器文件。

12.2 方案设计

首先设计整体实现方案，包括梳理核心业务流程、分析关键问题。

12.2.1 业务流程

先来梳理业务流程：

1. 用户打开在线制作工具表单，上传生成器信息和模板文件（制作工具依赖的参数）。
2. 后端将模板文件下载到本地。
3. 构造生成器需要的元信息对象，并指定输出路径。
4. 后端调用 maker 制作工具，输入上述参数，得到代码生成器。
5. 后端将代码生成器返回给用户，前端下载。

业务流程如图 12-1 所示。

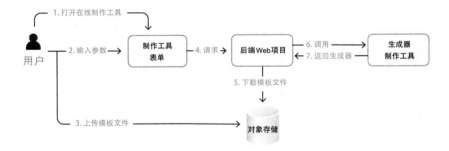

图 12-1 业务流程图

12.2.2 问题分析

分析上述流程，要思考几个问题：

1. 制作工具所需要的信息和文件从哪里来？
2. Web 后端怎样调用 maker 制作工具项目来制作生成器代码？

下面依次分析如何解决这些问题。

12.2.2.1 制作工具所需要的信息从哪里来

其实在之前的创建页中，已经让用户输入了基本信息和模型配置，想要制作生成器，只需再让用户输入文件配置并上传模板文件压缩包即可。相当于把制作工具融合在了创建生成器的流程中，而不用专门开发一个制作工具页面，再让用户从零开始输入所有的信息。

12.2.2.2 如何调用制作工具项目

在项目的第二阶段，曾花费大量的时间来开发 maker 制作工具项目，现在如何让 Web 后端项目直接调用它的功能呢？

这个问题的核心在于：如何调用本地 Java 项目中的方法（接口）？

分享 3 种经典方案：

1. 如果 Java 项目使用 Maven 管理，那么可以将其作为 Maven 依赖在 Web 项目中引入。

这种方式的成本最低，对于了解微服务的读者，还可以考虑使用父 Maven pom.xml 配置文件对所有子项目进行统一打包。

2. 使用 Web 框架改造本地 Java 项目，提供 HTTP 调用接口供调用。

这种方式成本较高，不仅需要给项目引入额外的依赖，还要额外运行一个 Web 服务，增加了部署成本。

3. 将 Java 项目制作为 jar 包，通过调用 jar 包的方式运行其方法。

这种方式用得比较少，对于复杂的项目来说，一般都会用 Maven 或 Gradle 管理依赖，既然能作为依赖引入，又何必自己制作 jar 包呢？

综上，由于制作工具项目使用了 Maven 进行管理，所以更推荐第一种方案。

明确了实现思路后，下面依次完成后端和前端开发。

12.3 后端开发

后端开发工作分为让制作工具项目支持传参调用、在线制作功能的接口开发、接口测试。

12.3.1 制作工具项目支持传参调用

在之前的制作工具项目的生成方法 doGenerate 中，固定使用 MetaManager 来读取资源路径下的特定 meta.json 文件。而现在需要支持被其他项目调用，所以要新增一个包含输入参数的生成方法。

1. 修改 maker 项目的 GenerateTemplate，增加新方法，支持动态传入 meta（元信息）和 outputPath（输出路径）。并且让原有无参方法调用该方法，遵循开闭原则，只新增不修改。代码如下：

```java
public void doGenerate() throws TemplateException, IOException, InterruptedException {
    Meta meta = MetaManager.getMetaObject();
    String projectPath = System.getProperty("user.dir");
    String outputPath = projectPath + File.separator + "generated" + File.separator + meta.getName();
    doGenerate(meta, outputPath);
}

public void doGenerate(Meta meta, String outputPath) throws TemplateException, IOException, InterruptedException {
    if (!FileUtil.exist(outputPath)) {
        FileUtil.mkdir(outputPath);
    }
    // 1.复制原始文件
    String sourceCopyDestPath = copySource(meta, outputPath);
    // 2.代码生成
    generateCode(meta, outputPath);
    // 3.构建 jar 包
    String jarPath = buildJar(meta, outputPath);
    // 4.封装脚本
    String shellOutputFilePath = buildScript(outputPath, jarPath);
    // 5.生成精简版的程序（产物包）
    buildDist(outputPath, sourceCopyDestPath, jarPath, shellOutputFilePath);
}
```

2. 使用 Maven 打包 maker 项目依赖。

通过 IDEA 界面或者命令行工具执行 mvn install 即可，如图 12-2 所示。

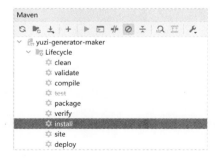

图 12-2　通过 IDEA 执行 Maven 打包

3. 在 Web 后端项目中引入 maker 项目依赖包。

除了引入 maker 项目，还要移除之前的 FreeMarker 依赖，并且最好手动引入和 maker 项目一致的 FreeMarker 依赖版本，防止可能的冲突。修改 pom.xml 部分代码：

```xml
<!-- 引入 maker 项目 -->
<dependency>
    <groupId>com.yupi</groupId>
    <artifactId>yuzi-generator-maker</artifactId>
    <version>1.0-SNAPSHOT</version>
</dependency>
<dependency>
    <groupId>org.freemarker</groupId>
    <artifactId>freemarker</artifactId>
    <version>2.3.32</version>
</dependency>
```

小知识 — 依赖冲突

插件如果出现了依赖冲突，可以使用 IDEA 的 Maven Helper 插件辅助依赖分析，如图 12-3 所示。

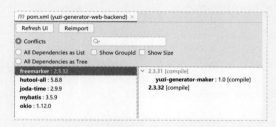

图 12-3　使用依赖分析插件

引入依赖后，将 Web 项目中自己复制的 Meta 类删除，替换为 maker 包的 Meta 类。全局替换包名即可，如图 12-4 所示。

图 12-4　全局替换包名

4. 处理资源路径问题。

这一点至关重要！在 maker 项目中，需要读取 resources 目录下的 FTL 模板文件来生成代码，之前是通过路径拼接的方式获取的。但是，如果项目被制作为 jar 包，被其他项目引入后，就无法再通过文件路径获取模板文件了。

解决方案是：不再通过文件路径获取资源，而是通过类加载器，根据资源的相对路径获取。

在 FreeMarker 中，可以使用 templateLoader 实现，根据相对路径获取资源。参考代码如下：

```java
// 指定模板文件所在的路径
ClassTemplateLoader templateLoader = new ClassTemplateLoader(DynamicFileGenerator.class, basePackagePath);
configuration.setTemplateLoader(templateLoader);
```

重写 DynamicFileGenerator 的 doGenerate 方法，并将原方法改名为 doGenerateByPath，这样不用修改调用方的代码。修改的代码如下：

```java
// 使用相对路径生成文件
public static void doGenerate(String relativeInputPath, String outputPath, Object model) throws IOException, TemplateException {
    // 新建出 Configuration 对象，参数为 FreeMarker 版本号
    Configuration configuration = new Configuration(Configuration.VERSION_2_3_32);

    int lastSplitIndex = relativeInputPath.lastIndexOf("/");
    String basePackagePath = relativeInputPath.substring(0, lastSplitIndex);
    String templateName = relativeInputPath.substring(lastSplitIndex + 1);
    // 指定模板文件所在的路径
    ClassTemplateLoader templateLoader = new ClassTemplateLoader(DynamicFileGenerator.class, basePackagePath);
    configuration.setTemplateLoader(templateLoader);
    …… // 其他代码保持不变
}
```

修改 GenerateTemplate 的 generateCode 方法，只需修改输入资源路径变量即可，其他代码都不用改动！

> **小知识 - 软件开发的最小修改原则**
>
> 在进行系统修改时，应该尽量只修改必要的部分，以最小化对现有系统的影响。
>
> 修改的代码如下：

```java
protected void generateCode(Meta meta, String outputPath) throws IOException,
TemplateException {
    String inputResourcePath = "";
}
```

12.3.2 在线制作接口

根据之前设计的业务流程，现在开发在线制作接口。

1. 定义接口。

先明确接口的定义：接收用户输入的元信息配置和模板文件路径，返回代码生成器文件。

需要注意的是，为了便于处理，用户上传的模板文件必须遵循一定的规范。

例如：

（1）必须为压缩包，有利于后端下载。

（2）必须直接在根目录把所有模板文件打包，而不能多套一层项目目录。

> **小知识 – 文件上传安全性**
>
> 对于文件上传功能，除了约定上传规范，安全性的考虑也是至关重要的。常用的提高文件上传安全性的方法有如下几种。
>
> ★ 文件检测：比较文件类型、大小限制、对文件内容进行校验等，防止上传恶意文件。
>
> ★ 存储位置和访问控制：确保上传文件的存储位置安全，并设置合适的访问权限。
>
> ★ HTTPS 加密传输：使用 HTTPS 加密传输文件，防止传输过程中被拦截或篡改。

Web 后端的 FileUploadBizEnum 文件上传枚举要新增业务类别，用于存储用户上传的模板文件压缩包。代码如下：

```
GENERATOR_MAKE_TEMPLATE("生成器制作模板文件", "generator_make_template");
```

在 model.dto.generator 包下新建制作代码生成器的请求类 GeneratorMakeRequest，代码如下：

```java
@Data
public class GeneratorMakeRequest implements Serializable {
    // 压缩文件路径
    private String zipFilePath;
    // 元信息
```

```
    private Meta meta;

    private static final long serialVersionUID = 1L;
}
```

在 GeneratorController 中新增制作代码生成器的接口，代码如下：

```
@PostMapping("/make")
public void makeGenerator(
    @RequestBody GeneratorMakeRequest generatorMakeRequest,
    HttpServletRequest request,
    HttpServletResponse response) {
    ...
}
```

2. 创建工作空间，从对象存储下载模板文件压缩包。

1）先判断模板文件是否存在，代码如下：

```
String zipFilePath = generatorMakeRequest.getZipFilePath();
if (StrUtil.isBlank(zipFilePath)) {
    throw new BusinessException(ErrorCode.NOT_FOUND_ERROR, "压缩包不存在");
}
```

2）定义一个独立的工作空间，用来存放下载的模板文件、其他临时文件等。代码如下：

```
// 工作空间
String projectPath = System.getProperty("user.dir");
// 随机 id
String id = IdUtil.getSnowflakeNextId() + RandomUtil.randomString(6);
String tempDirPath = String.format("%s/.temp/make/%s", projectPath, id);
```

3）使用之前开发过的对象存储文件下载方法 cosManager.download 来下载压缩包，代码如下：

```
String localZipFilePath = tempDirPath + "/project.zip";
// 新建文件
if (!FileUtil.exist(localZipFilePath)) {
    FileUtil.touch(localZipFilePath);
}
try {
    cosManager.download(zipFilePath, localZipFilePath);
} catch (InterruptedException e) {
    throw new BusinessException(ErrorCode.SYSTEM_ERROR, "压缩包下载失败");
}
```

3. 解压文件，得到项目模板文件。代码如下：

```
File unzipDistDir = ZipUtil.unzip(localZipFilePath);
```

4. 构造制作工具所需的参数，包括 meta 对象和生成器文件输出路径。

构造 meta 对象时，一定要将 sourceRootPath 指向刚刚下载并解压的模板文件，这样才能让制作工具进行处理。并且还要调用 MetaValidator.doValidAndFill 给 meta 对象填充默认值，这个流程和之前在 maker 制作工具内执行的一致。

输出路径就放到工作空间下的 generated 目录中。代码如下：

```
String sourceRootPath = unzipDistDir.getAbsolutePath();
meta.getFileConfig().setSourceRootPath(sourceRootPath);
MetaValidator.doValidAndFill(meta);
String outputPath = String.format("%s/generated/%s", tempDirPath, meta.getName());
```

5. 调用制作工具。

已经引入了 maker 项目的生成方法，只需将上一步构造好的参数传递给该方法调用即可。

注意，要使用 ZipGenerator 压缩包生成器，以便于用户下载。代码如下：

```
GenerateTemplate generateTemplate = new ZipGenerator();
try {
    generateTemplate.doGenerate(meta, outputPath);
} catch (Exception e) {
    e.printStackTrace();
    throw new BusinessException(ErrorCode.SYSTEM_ERROR, "制作失败");
}
```

6. 返回制作好的代码生成器压缩包。

制作工具已经生成了代码生成器的压缩包，直接下载即可。代码如下：

```
String suffix = "-dist.zip";
String zipFileName = meta.getName() + suffix;
String distZipFilePath = outputPath + suffix;
// 下载文件
// 设置响应头
response.setContentType("application/octet-stream;charset=UTF-8");
response.setHeader("Content-Disposition", "attachment; filename=" + zipFileName);
// 写入响应
Files.copy(Paths.get(distZipFilePath), response.getOutputStream());
```

7. 清理文件

已经将结果返回给前端了，最后可以异步清理无用文件，防止服务器资源泄露。可以直接清理整个工作空间，代码如下：

```
CompletableFuture.runAsync(() -> {
    FileUtil.del(tempDirPath);
});
```

组合上述代码，可以得到该接口的完整代码。

> 完整代码可以在配套资料中获取。

12.3.3 接口测试

通过以下步骤完成测试：

1. 首先要准备模板文件压缩包，可以直接压缩 yuzi-generator-demo-projects/acm-template-pro 项目。注意要遵循规范，进入目录中全选文件打包，不要把最外层的项目根目录也打包进去。
2. 利用已有的前端文件上传功能，将压缩包上传到对象存储，得到临时的文件路径 zipFilePath。
3. 打开 Swagger 接口文档，复制 maker 项目中的 meta.json 文件，作为请求参数的元信息来测试。注意移除 fileConfig 根层级的配置，如图 12-5 所示。

图 12-5 使用 Swagger 接口文档测试

如测试成功，将能够下载到代码生成器压缩包。

12.4 前端页面开发

下面开发前端页面，依次完成创建生成器的文件配置、制作生成器功能的开发。

12.4.1 创建生成器的文件配置

步骤如下：

1. 参考模型配置表单组件，复制为 FileConfigForm 组件，在此基础上进行开发，如图 12-6 所示。

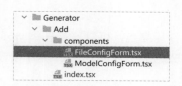

图 12-6　复制得到文件配置表单组件

2. 页面开发。

首先全局替换部分变量，例如，将 model 替换为 file，将"模型"替换为"文件"。

然后修改表单项的内容，部分"选项可枚举"的表单项（例如文件类型和文件生成类型）使用 Select 下拉选择组件，优化用户体验。代码如下：

```
<Form.Item label=" 类型 " name={[field.name, 'type']}>
  <Select
    style={{
      minWidth: 80,
    }}
    options={[
      { value: 'file', label: ' 文件 ' },
      { value: 'dir', label: ' 目录 ' },
    ]}
  />
</Form.Item>
<Form.Item label=" 生成类型 " name={[field.name, 'generateType']}>
  <Select
    style={{
      minWidth: 80,
    }}
```

```
      options={[
        { value: 'static', label: ' 静态 ' },
        { value: 'dynamic', label: ' 动态 ' },
      ]}
    />
  </Form.Item>
```

需要注意的是，如果用户添加文件分组，要在默认值中补充分组信息。具体代码如下：

```
<Button
  type="dashed"
  onClick={() =>
    add({
      groupName: ' 分组 ',
      groupKey: 'group',
      type: 'group',
    })
  }
>
  添加分组
</Button>
```

3. 体验优化。

在创建生成器的过程中，因为文件配置是否填写都不影响用户的使用，而且用户一般并不关注，所以文件配置的填写优先级不高，可以将它和模型配置更换位置，并且增加提示语"如果不需要使用在线制作功能，可不填写"，降低用户创建生成器的成本。

调整生成器创建页的表单顺序，代码如下：

```
<StepsForm.StepForm name="modelConfig" title=" 模型配置 ">
  <ModelConfigForm formRef={formRef} oldData={oldData} />
</StepsForm.StepForm>
<StepsForm.StepForm name="fileConfig" title=" 文件配置 ">
  <FileConfigForm formRef={formRef} oldData={oldData} />
</StepsForm.StepForm>
```

在文件配置表单组件开头补充提示语，代码如下：

```
<Alert message=" 如果不需要使用在线制作功能，可不填写 " type="warning" closable />
```

4. 测试验证。进入代码生成器创建页面，尝试创建和修改生成器的文件配置参数。页面运行效果如图 12-7 所示。

文件配置表单的完整代码可以在配套资料中获取。

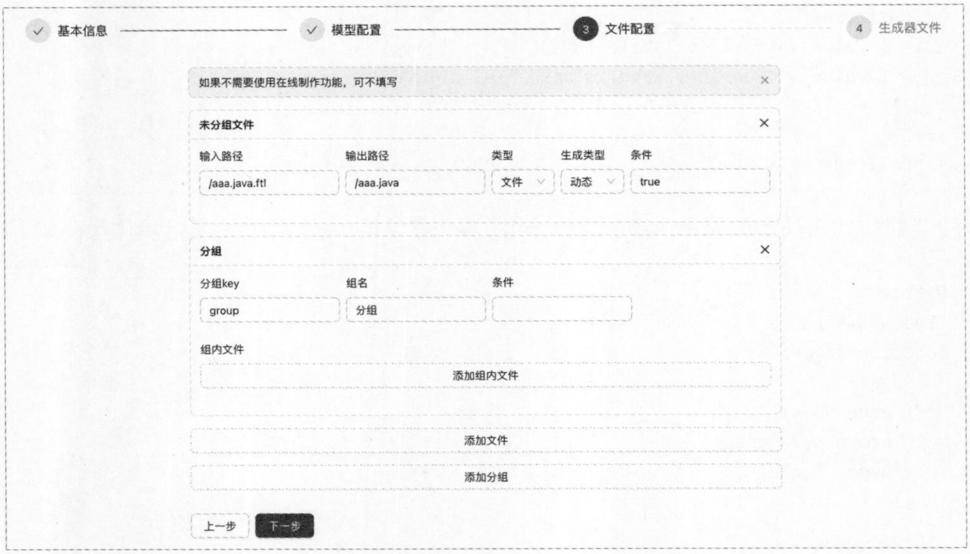

图 12-7 文件配置页面

12.4.2 制作生成器功能

在前文的方案设计中,提到"要将制作功能融合到创建生成器的过程中",所以不用单独开发制作生成器页面。直接在生成器文件上传的表单底部增加一个"制作工具表单",用户只需上传模板文件压缩包,系统会自动将之前已填写的模型配置、文件配置等信息填充到请求中,从而完成制作。下面进行开发。

1. 新建 GeneratorMaker 组件,如图 12-8 所示。

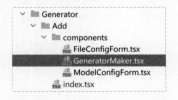

图 12-8 新建制作生成器组件

组件需要接收用户已填写的无信息作为属性,代码如下:

```
interface Props {
  meta: API.GeneratorAddRequest | API.GeneratorEditRequest;
}

// 生成器制作组件
```

```
export default (props: Props) => {
  const { meta } = props;
  return <></>;
}
```

2. 创建页面引入该组件。

由于在 Ant Design 的分步表单组件中，通过 formRef.current.getFieldsValue 得到的表单值始终只有当前步骤的，不包括之前已填写的，无法直接传递给生成器制作组件，所以需要定义三个状态变量，记录表单数据，代码如下：

```
// 记录表单数据
const [basicInfo, setBasicInfo] = useState<API.GeneratorEditRequest>();
const [modelConfig, setModelConfig] = useState<API.ModelConfig>();
const [fileConfig, setFileConfig] = useState<API.FileConfig>();
```

在每一个分步表单中，增加 onFinish 函数，用户点击"下一步"时，会将内容更新到状态变量中。代码如下：

```
<StepsForm.StepForm
  name="modelConfig"
  title=" 模型配置 "
  onFinish={async (values) => {
    setModelConfig(values);
    return true;
  }}
>
  <ModelConfigForm formRef={formRef} oldData={oldData} />
</StepsForm.StepForm>
```

可以将生成器制作组件放到上传生成器文件的表单底部，并传递状态变量，代码如下：

```
<StepsForm.StepForm name="dist" title=" 生成器文件 ">
  <ProFormItem label=" 产物包 " name="distPath">
    <FileUploader biz="generator_dist" description=" 请上传生成器文件压缩包 " />
  </ProFormItem>
  <GeneratorMaker
    meta={{
      ...basicInfo,
      ...modelConfig,
      ...fileConfig,
    }}
  />
</StepsForm.StepForm>
```

3. 组件开发。

组件的结构比较简单，主要是一个文件上传表单，并且在外层使用折叠组件，可以控制表单的展开和收缩。组件的核心代码如下：

```
// 文件上传表单
const formView = (
  <ProForm
    form={form}
    submitter={{
      searchConfig: { submitText: '制作' },
      resetButtonProps: { hidden: true },
    }}
    onFinish={doSubmit}
  >
    <ProFormItem label=" 模板文件 " name="zipFilePath">
      <FileUploader
        biz="generator_make_template"
        description=" 请上传压缩包，打包时不要添加最外层目录！ "
      />
    </ProFormItem>
  </ProForm>
);

return (
  <Collapse
    items={[
      {
        key: 'maker',
        label: ' 生成器制作工具 ',
        children: formView,
      },
    ]}
  />
);
```

然后编写提交表单的函数，和之前的文件上传逻辑类似，提交表单时需要校验，并将 file 对象转为 URL 路径。代码如下：

```
const doSubmit = async (values: API.GeneratorMakeRequest) => {
  // 校验
  if (!meta.name) {
    message.error(' 请填写名称 ');
    return;
  }
  const zipFilePath = values.zipFilePath;
```

```
if (!zipFilePath || zipFilePath.length < 1) {
  message.error('请上传模板文件压缩包');
  return;
}
// 文件列表转 URL
values.zipFilePath = zipFilePath[0].response;
try {
  const blob = await makeGeneratorUsingPost(
    { meta, zipFilePath: values.zipFilePath },
    { responseType: 'blob' },
  );
  // 使用 file-saver 来保存文件
  saveAs(blob, meta.name + '.zip');
} catch (error: any) {
  message.error('下载失败, ' + error.message);
}
};
```

4. 测试验证。进入代码生成器创建页面的"生成器文件"步骤，上传模板文件来使用制作工具，验证能否制作出代码生成器文件。页面运行效果如图 12-9 所示。

图 12-9　制作生成器文件页面

生成器制作组件的完整代码可以在配套资料中获取。

至此，在线制作功能开发完成。

> **小知识 – 扩展思路**
>
> 分享一些制作生成器功能的扩展思路：
>
> 1. 填写文件配置信息是比较麻烦的操作，能否支持先上传模板文件，然后自动生成文件配置信息？或者支持上传文件夹，自动识别出文件列表？
> 2. 支持传入 meta.json 元信息配置文件来创建生成器。用户如果使用本地模板制作工具得到了现成的元信息文件，就能够在制作完成后直接创建，并自动填充表单，再进行二次修改，而不用完全从零开始在前端填写。
> 3. 给代码生成器增加更多状态，例如制作中、打包中、待发布、审核中、已发布，设置一套完备的状态流转逻辑。
> 4. 补充前后端的异常处理逻辑，例如后端响应异常时，前端仍然能下载文件。

12.5 本章小结

以上就是本章的内容，开发完成了代码生成器共享平台的文件配置填写、制作代码生成器功能，用户已经可以高效地在平台上制作生成器了。

至此，本项目的核心功能全部开发完成。从下一章开始，将从不同的角度对项目进行优化，带读者学到更多企业开发的实用技术和经验。

12.6 本章作业

1. 掌握在本地 Java 程序中调用其他 Java 程序的方法。
2. 测试整个代码生成平台项目的核心业务流程，包括创建、在线制作、查看列表、查看详情、在线使用。
3. 回顾整个代码生成平台项目，思考有哪些可以优化的地方？
4. 编写代码实现本章项目，并且在自己的代码仓库完成一次提交。

第 13 章
性能优化

上一章，我们完成了整个代码生成器共享平台核心功能的开发，有能力的读者已经可以自行上线项目了。

在企业中，项目上线只是一个基础的步骤，在上线后可能会遇到很多 Bug 和问题；而且随着系统使用需求不断增长，还会出现很多新的问题。这时，就需要根据实际情况去进行项目的优化。

从本章开始，鱼皮会带着读者分析项目中可能存在的问题，并且用多种方式从不同的角度对项目进行优化分析，让读者学到更多企业项目开发的实用技能和优化分析思路。大家不要满足于完成项目，而要尽力把项目做到完美！

本章先从最经典的性能优化开始学习，重点内容包括：

1. 性能优化思路和通用方法。
2. 核心功能性能优化。
3. 查询性能优化。

虽然本章介绍的性能优化内容更多地涉及后端优化，但是其中包含的优化思想是各类程序员都需要学习的。

13.1 性能优化思路

在正式学习对生成器平台项目进行优化前，先了解一些经典的性能优化思路。

首先明确性能优化的定义和目标。性能优化是指通过**持续**分析、实践和测试，确保系统稳定、高效运行，从而满足用户的需求。性能优化闭环如图 13-1 所示。

图 13-1　性能优化闭环

13.1.1　性能优化分类

性能优化策略可分为两大类：

★ 通用优化：指一些经典的对绝大多数情况都适用的优化策略。例如增大服务器的并发请求处理数、使用缓存减轻数据库查询压力、通过负载均衡分摊请求、同步转异步等。

★ 对症下药：指结合具体的业务特性和系统现状，先通过性能监控工具、压力测试等方式，分析出系统的性能瓶颈，再针对性地选取策略进行优化。例如，数据库单次查询超过 1 秒，属于慢查询，根据实际的查询条件给对应的字段增加索引，一般就能提高查询性能。

在实际开发中，这两类性能优化策略通常都要使用。在系统设计和开发阶段，要根据自己的经验引入一些性能优化手段，降低后续系统出现问题、需要进行迭代优化的概率。此外，性能优化一定是持续的，随着需求变化、用户数量和系统用量增大，原本性能符合要求的系统也可能会出现各种新的问题，很难面面俱到、一步到位。

对于复杂、对可用性和稳定性要求极高的项目，可以提前通过压力测试来模拟用户量极大的情况，并提前做好性能优化和应对措施。

13.1.2　通用性能优化手段

有哪些通用性能优化手段呢？下面以一个请求的完整生命周期为例进行介绍。

通常，用户从发送请求到最终得到数据，要分别经过图 13-2 所示的节点。

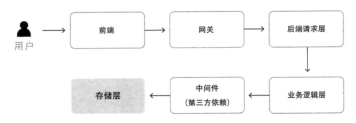

图 13-2　用户发送请求的流程

每个节点都有对应的优化方法，下面分别讲解。

1）前端

★ 离线缓存：利用浏览器的缓存机制，被请求过一次的资源不用重复请求，提高页面加载速度。

★ 请求合并：当页面请求过多时，将多个小请求合并成一个大请求，减少网络开销。

★ 懒加载：延迟加载页面图片等元素，提高首屏加载速度。

2）网关

★ 负载均衡：负责接收请求，根据一定的路由算法将请求转发到对应的后端系统，实现多个后端服务器分摊请求，增大并发量。

★ 缓存：将后端返回的数据缓存，下次前端请求数据时，直接从网关获取数据，减少后端调用，提高数据获取速度。

3）后端请求层

★ 服务器优化：根据业务特性，选择性能更高的服务器并调整参数，例如 Nginx、Undertow 等。

★ 微服务：将大型服务拆分为小型服务，并通过微服务网关进行转发，增大各服务的并发处理能力。

4）业务逻辑层

★ 异步化：将业务逻辑从同步改为异步，尽早响应，提高并发处理能力。

★ 多线程：将复杂的操作拆分成多个任务，多线程并发执行，提高任务处理效率。

5）中间件（第三方依赖）

★ 缓存：将数据库查询结果数据缓存到性能更高的服务，减小数据库的压力，并提高数据查询性能。

★ 队列：使用消息队列，对系统进行解耦或者将操作异步化，实现流量的削峰填谷。

6）存储层

★ 分库分表：当数据量极大时，对数据库进行垂直或水平切分，提高数据库并发处理能力。

★ 数据清理：定期清理无用或过期的数据，减小存储压力，必要时可以对数据进行备份转储。

虽然有那么多性能优化方法，但并不是每一种都要用、每一种都有用。在做性能优化时，一定要根据实际情况，权衡性价比和系统改动风险，并且做好充分的测试，不要好心优化却给系统导入新的 Bug。而且在一般情况下，不建议为了优化盲目引入新技术，先从成本最低的优化方法开始。举个例子，你在本地使用 Elasticsearch[1] 优化了查询性能，但是公司根本没有预算部署 Elasticsearch，这就脱离实际了。

我们先了解这些方法，以后做性能优化时能够想起来就足够了。

13.2 核心功能性能优化

了解基本的性能优化思路和常用的性能优化方法后，接下来回到本项目，优先对项目的核心功能进行性能优化。

哪些核心功能需要优化呢？那必然是先从耗时较长的功能下手，优化空间会更大一些，例如下载生成器、使用生成器、制作生成器。这些功能主要的耗时都在后端，下面依次分析和优化这些功能对应的接口。

13.2.1 下载生成器接口

> 接口名称：downloadGeneratorById。

13.2.1.1 整体测试分析

进行性能优化时，首先需要做测试分析。先不关注接口的细节，直接调用并查看接口的整体耗时，分析是否需要优化。

进入下载页面，按 F12 键打开浏览器开发者工具面板，切换到网络请求控制台，点击网页中的"下载生成器"按钮进行测试。建议多测试几次观察平均时间，如图 13-3 所示。

---

1 一种强大、开源的分布式搜索和分析引擎。

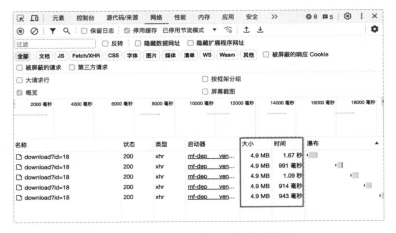

图 13-3　使用开发者工具进行测试

注意，对于不同配置的电脑 / 服务器，测试结果肯定不同，做性能测试要以自己的实际情况为主。

平台上的代码生成器，一般体积不会很大。对于下载小文件来说，这个时间其实是可以接受的，用户无须等待很久。但如果用户有上传大体积生成器文件的需求，怎么办？

在此可以提前测试一下，以便应对系统可能出现的问题。

1. 首先修改后端项目的配置文件（application.yml），解除文件上传大小限制，代码如下：

```
# 文件上传
servlet:
  multipart:
    # 大小限制
    max-request-size: 100MB
    max-file-size: 100MB
```

2. 作为测试，上传并下载一个 30MB 以上的文件，发现性能急剧下降，需要等待近 20 秒才会提示下载完成，如图 13-4 所示。

在系统用户数量不多的情况下，这个问题也不严重。但是，如果有多个用户同时下载文件，或者有大量用户频繁下载这个文件，服务器的带宽可能会有压力，而且每次下载都会消耗对象存储[1]的流量。这都是成本！所以必须解决这个问题。

1　对象存储是一种以非结构化格式（被称为对象）存储和管理数据的技术。下文也用"对象存储"指代"对象存储服务"。

第13章　性能优化

图 13-4　查看测试结果

13.2.1.2　分析代码耗时

接下来，需要通过分析核心代码，测试关键代码的操作耗时，来定位接口的性能瓶颈（即哪一步操作耗时最多）。

可以使用 Spring 提供的 StopWatch 计时器工具类，测试下载接口的操作耗时，代码如下：

```
// 声明计时器
StopWatch stopWatch = new StopWatch();
// 开始计时
stopWatch.start();
COSObject cosObject = cosManager.getObject(filepath);
cosObjectInput = cosObject.getObjectContent();
// 处理下载到的流，本质上是下载完整文件到服务器
byte[] bytes = IOUtils.toByteArray(cosObjectInput);
// 停止计时
stopWatch.stop();
// 获取计时结果
System.out.println(stopWatch.getTotalTimeMillis());
```

通过测试发现，最主要的耗时因素为从第三方对象存储下载文件。流程是：先下载完整文件到服务器，再整体写入响应输出流。

至此，已定位了核心性能瓶颈，接下来如何优化呢？

13.2.1.3　下载优化 – 遵循最佳实践

由于是从第三方对象存储下载文件，所以如果需要优化，首先要充分了解第三方服务。

对于大厂商提供的服务，一般在官方文档中会有最佳实践的相关说明，建议阅读，不要自己凭感觉猜测。例如，COS（Cloud Object Storage，腾讯云的对象存储服务）的官方文档中介绍了几种方法，包括使用 CDN（Content Delivery Network，内容分发网络）就近下载[1]、调试下载操作相关对象的参数等。

13.2.1.4 下载优化 – 流式处理

下载大文件时，除下载速度慢外，还可能会占用服务器的内存、硬盘空间，导致资源紧张。所以，如果文件体积较大，并且服务端不用处理文件，可以选用流式处理，通过循环的方式，持续从 COSObjectInputStream 读取数据并写入响应输出流，防止过大的文件占满内存。代码如下：

```java
// 设置响应头
response.setHeader(HttpHeaders.CONTENT_DISPOSITION, "attachment; filename=" + fileName);
response.setContentType(MediaType.APPLICATION_OCTET_STREAM_VALUE);
// 将 InputStream 写入 HttpServletResponse 的 OutputStream
try (OutputStream out = response.getOutputStream()) {
    byte[] buffer = new byte[4096];
    int bytesRead;
    while ((bytesRead = cosObjectInput.read(buffer)) != -1) {
        out.write(buffer, 0, bytesRead);
    }
} catch (IOException e) {
    // 处理异常
    e.printStackTrace();
}
```

在前端进行测试，发现采用这种方式后，下载文件时响应内容的体积会逐渐增大，而不是阻塞很久后一次性得到完整的响应结果。

但是经过测试发现，对于大文件，整体的下载时间并没有明显减少。因为无论是否采用流式处理，服务器都要先从对象存储下载文件，再返回给前端。那么，如果要优化，是否可以不从对象存储下载文件呢？这涉及下面要讨论的话题。

13.2.1.5 下载优化 – 本地缓存

对于前面提出的问题，答案是肯定的。代码生成器文件的业务特点是 "读多写少"，这是一个典型的缓存适用场景。

其实 CDN 本质上就是一种缓存，如果不想因使用 CDN 增加开销的话，可以选用本地缓存。这样，不需要引入额外的存储技术，只需要将下载过一次的代码生成器保存在

---

[1] 由于使用 CDN 会引入额外的开销，此处不采用，这种优化方式更适合有实际收入的项目。

服务器上，以后需要下载时，就不用从对象存储获取了，直接读取服务器上的文件并返回给前端即可。

使用缓存有 4 个核心要素：

★ 缓存哪些内容？

★ 如何淘汰缓存？

★ 缓存 key 如何设计？

★ 如何保证缓存一致性？

不建议每个文件都缓存，原因是难以控制占用的空间，并且要考虑每个文件的缓存一致性，这样会提高开发成本。而且，如果每个文件都缓存，还需要对象存储吗？那样不就有点儿像自己实现简单的 CDN 了吗？

所以，此处选择一种相对简单的实现方式：手动设置哪些文件需要缓存，并且可以通过接口提前缓存指定文件。下面介绍开发实现步骤。

1. 在 GeneratorController 中编写一个缓存生成器的接口 cacheGenerator。关键代码如下：

```java
@PostMapping("/cache")
@AuthCheck(mustRole = UserConstant.ADMIN_ROLE)
public void cacheGenerator(
    @RequestBody GeneratorCacheRequest generatorCacheRequest,
    HttpServletRequest request,
    HttpServletResponse response) {
    // 获取生成器和产物包地址
    long id = generatorCacheRequest.getId();
    Generator generator = generatorService.getById(id);
    String distPath = generator.getDistPath();
    if (StrUtil.isBlank(distPath)) {
        throw new BusinessException(ErrorCode.NOT_FOUND_ERROR, "产物包不存在");
    }
    // 获取缓存位置
    String zipFilePath = getCacheFilePath(id, distPath);
    // 新建缓存文件
    if (!FileUtil.exist(zipFilePath)) {
        FileUtil.touch(zipFilePath);
    }
    // 下载生成器到缓存文件中
    try {
        cosManager.download(distPath, zipFilePath);
    } catch (InterruptedException e) {
        throw new BusinessException(ErrorCode.SYSTEM_ERROR, "压缩包下载失败");
    }
}
```

2. 设计缓存 key。缓存 key 相当于数据的 id，用来唯一标识和查找某个缓存内容。

一般情况下，写入的 key 和读取的 key 是一致的，所以编写一个公共方法来获取缓存 key。由于没有引入额外的缓存技术，这里的缓存 key 就是文件在服务器上的路径。代码如下：

```java
public String getCacheFilePath(long id, String distPath) {
    String projectPath = System.getProperty("user.dir");
    String tempDirPath = String.format("%s/.temp/cache/%s", projectPath, id);
    String zipFilePath = String.format("%s/%s", tempDirPath, distPath);
    return zipFilePath;
}
```

3. 修改下载生成器接口，优先从缓存读取。修改的代码如下：

```java
// 优先从缓存读取
String zipFilePath = getCacheFilePath(id, distPath);
if (FileUtil.exist(zipFilePath)) {
    // 写入响应
    Files.copy(Paths.get(zipFilePath), response.getOutputStream());
    return;
}

... // 从对象存储下载
```

4. 测试调用。首先执行缓存接口，提前下载一个大文件。然后调用接口下载该文件，使用网络请求控制台（按 F12 键）查看下载接口的耗时。经测试发现，使用文件缓存后，接口响应时长大幅缩短！只需100多毫秒就能完成下载，比之前快了很多，如图 13-5 所示。

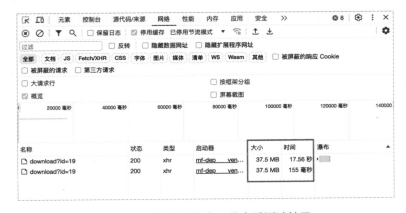

图 13-5　使用开发者工具查看测试结果

对于热门的代码生成器，采用本地缓存的方式不仅能大大缩短下载时长，还能节约对象存储的流量开销，两全其美。

以上只是跑通了流程，演示了缓存的效果，在实际的项目开发中，还应该做到以下几点：

- ★ 除调用接口缓存外，可以通过一些方法自动识别出热点生成器并缓存。例如设置使用次数字段统计使用情况，然后通过定时任务（或者在每次读取后）检测使用情况是否超过热点阈值，超过的话表示是热点数据，设置缓存。京东的开源项目 JD-hotkey 就实现了上述功能。
- ★ 设置合适的缓存淘汰机制。例如编写一个清理缓存的接口，定期进行清理；或者给缓存设置一个过期时间，通过定时任务定期清理。
- ★ 保证缓存一致性。如果开发者重新上传了代码生成器文件，应该保证用户下载到的不是缓存文件，而是最新的文件。最简单的实现方式就是更新时删除缓存文件，还可以使用延迟"双删"等策略。对于本例的系统来说，对缓存一致性要求并不高，感兴趣的读者可以自行了解如何实现。

13.2.2 使用生成器接口

下面尝试优化使用生成器接口。与下载生成器接口相比，这个接口的逻辑更复杂，耗时操作可能包括下载文件、执行脚本、压缩 / 解压等。

13.2.2.1 整体测试

首先进入使用生成器页面，按 F12 键打开网络请求控制台，先测试使用生成器接口的整体耗时，如图 13-6 所示。

耗时为 2~3 秒，应该是有优化空间的。

图 13-6　使用开发者工具查看测试结果

13.2.2.2　分析代码耗时

接下来通过 StopWatch 对使用生成器的各个关键操作进行耗时测试，修改代码如下：

```java
@PostMapping("/use")
public void useGenerator(@RequestBody GeneratorUseRequest generatorUseRequest,
        HttpServletRequest request, HttpServletResponse response) throws IOException {
    ...
    StopWatch stopWatch = new StopWatch();
    stopWatch.start();
    // 下载文件
    try {
        cosManager.download(distPath, zipFilePath);
    } catch (InterruptedException e) {
        throw new BusinessException(ErrorCode.SYSTEM_ERROR, "生成器下载失败");
    }
    stopWatch.stop();
    System.out.println("下载：" + stopWatch.getTotalTimeMillis());
    // 解压，得到生成器
    stopWatch = new StopWatch();
    stopWatch.start();
    File unzipDistDir = ZipUtil.unzip(zipFilePath);
    stopWatch.stop();
    System.out.println("解压：" + stopWatch.getTotalTimeMillis());
    // 将用户输入的参数写入 JSON 文件
    stopWatch = new StopWatch();
    stopWatch.start();
    String dataModelFilePath = tempDirPath + "/dataModel.json";
    String jsonStr = JSONUtil.toJsonStr(dataModel);
    FileUtil.writeUtf8String(jsonStr, dataModelFilePath);
    stopWatch.stop();
    System.out.println("写数据文件：" + stopWatch.getTotalTimeMillis());
    ...
    try {
        stopWatch = new StopWatch();
        stopWatch.start();
        Process process = processBuilder.start();
        ...
        // 等待命令执行完成
        int exitCode = process.waitFor();
        stopWatch.stop();
        System.out.println("执行脚本：" + stopWatch.getTotalTimeMillis());
    } catch (Exception e) {
        e.printStackTrace();
    }

    // 返回生成的代码结果压缩包
```

```java
// 生成代码的位置
stopWatch = new StopWatch();
stopWatch.start();
String generatedPath = scriptDir.getAbsolutePath() + "/generated";
String resultPath = tempDirPath + "/result.zip";
File resultFile = ZipUtil.zip(generatedPath, resultPath);
stopWatch.stop();
System.out.println("压缩结果: " + stopWatch.getTotalTimeMillis());
...
}
```

连续执行 2 次，测试结果如图 13-7 所示（单位为毫秒）。

```
下载: 1438      第 1 次        下载: 2751      第 2 次
解压: 63                      解压: 53
写数据文件: 10                 写数据文件: 0
命令执行结束，退出码: 0         命令执行结束，退出码: 0
执行脚本: 1632                执行脚本: 941
压缩结果: 8                   压缩结果: 2
```

图 13-7　控制台输出的测试结果

13.2.2.3　优化策略

分析图 13-7 中的数据，按照耗时程度排序，可以发现下载、执行脚本、解压都是耗时操作。

由于生成器脚本是由 maker 制作工具提前生成好的，对执行脚本的操作进行优化比较困难。虽然可以优化，例如采用多线程并发生成文件，但复杂度过高，优化的性价比不高。

所以，建议重点优化下载和解压操作。例如，对于频繁使用的生成器，反复下载和解压文件是没必要的，可以像前文介绍的下载生成器接口一样使用缓存。相关内容此处不再赘述。

> 小知识：缓存共享
>
> 由于下载和使用生成器这两个接口都需要下载相同的代码生成器文件，所以缓存文件是可以复用、共享的。

13.2.3　制作生成器接口

13.2.3.1　整体测试

跟前文一样，先测试接口的整体耗时。下面以制作一个 ACM 模板项目生成器为例，测试结果如图 13-8 所示。

13.2 核心功能性能优化

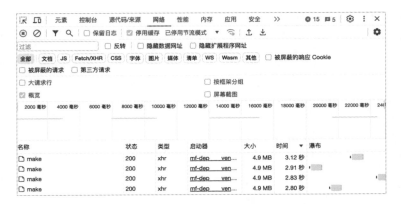

图 13-8 使用开发者工具查看测试结果

可以看到，平均每次制作要花费 3 秒左右，有一定的优化空间。

13.2.3.2 分析代码耗时

接下来通过 StopWatch 对接口的各个关键操作进行耗时测试，代码如下：

```
try {
    StopWatch stopWatch = new StopWatch();
    stopWatch.start();
    cosManager.download(zipFilePath, localZipFilePath);
    stopWatch.stop();
    System.out.println("下载文件: " + stopWatch.getTotalTimeMillis());
} catch (InterruptedException e) {
    throw new BusinessException(ErrorCode.SYSTEM_ERROR, "压缩包下载失败");
}
...// 中间省略部分代码
// 调用 maker 方法制作生成器
GenerateTemplate generateTemplate = new ZipGenerator();
try {
    StopWatch stopWatch = new StopWatch();
    stopWatch.start();
    generateTemplate.doGenerate(meta, outputPath);
    stopWatch.stop();
    System.out.println("制作: " + stopWatch.getTotalTimeMillis());
} catch (Exception e) {
    e.printStackTrace();
    throw new BusinessException(ErrorCode.SYSTEM_ERROR, "制作失败");
}
```

经过多次测试，得到的平均值为：下载文件 520 毫秒，制作文件 2688 毫秒。显然，主要的耗时操作是下载和制作。

13.2.3.3 优化策略

首先分析下载流程，目前是先让用户将模板文件上传到对象存储，再从对象存储下载文件。因为平台现在仅支持单次制作，制作完成后，用户上传的模板文件就没用了。所以不如优化一下业务流程，直接通过请求参数传递原始文件给后端，不需要上传到对象存储。这样既节约了对象存储资源，又提升了性能。

虽然制作操作比下载操作耗时更多，但其实 2~3 秒是可以接受的时长，而且由于调用了 maker 项目、使用 Maven 进行打包，优化的成本较高，本例暂不考虑。如果制作操作耗时超过 20 秒，可以考虑异步化，将制作生成器封装为一个任务，用户可以通过前端页面自主查询任务的执行状态并下载制作结果。

上述策略可作为扩展点，感兴趣的读者可以自主实现。

13.3 查询性能优化

前文讲解了如何针对文件下载相关业务场景进行性能优化，下面来了解另一个典型业务场景——数据查询的性能优化。

在什么情况下需要对数据查询进行性能优化呢？一般包括以下几个场景：

★ 对数据的访问频率高。

★ 数据量较大，查询缓慢。

★ 数据查询的实时性要求高，追求用户体验。

对于本项目，主页代码生成器列表的访问频率应该是最高的，而且主页一般需要实现较快的加载速度，所以本节来优化主页调用的**分页查询生成器接口**。通过这个例子，我们学习一下常用的数据查询接口优化方法。

13.3.1 精简数据

目前，整个系统的数据量不大，先不考虑高并发，从最简单的优化做起，目标是缩短接口的响应时长，从而提高页面的加载速度。

13.3.1.1 整体测试

首先修改前端页面，让主页每页展示 12 条数据，并且通过修改数据库，保证首页的 12 条数据都是完整的，而且都要有 fileConfig 和 modelConfig 字段，如图 13-9 所示。

图 13-9 补充数据

刷新主页，通过网络请求控制台查看接口的整体查询耗时，发现最大值超过了 150 毫秒。多测试几次查看平均值，查询 10 次的耗时如图 13-10 所示，平均值约为 100 毫秒。

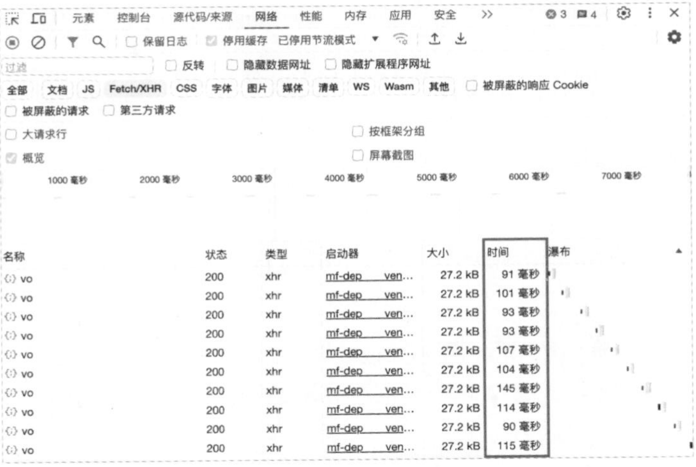

图 13-10 查看测试结果

13.3.1.2 分析代码耗时

接下来通过 StopWatch 对接口的各个关键操作进行耗时测试，代码如下：

```
@PostMapping("/list/page/vo")
public BaseResponse<Page<GeneratorVO>> listGeneratorVOByPage() {
    ...
    StopWatch stopWatch = new StopWatch();
    stopWatch.start();
```

```java
Page<Generator> generatorPage = generatorService.page(new Page<>(current, size),
        generatorService.getQueryWrapper(generatorQueryRequest));
stopWatch.stop();
System.out.println("查询生成器: " + stopWatch.getTotalTimeMillis());
stopWatch = new StopWatch();
stopWatch.start();
Page<GeneratorVO> generatorVOPage = generatorService.getGeneratorVOPage(generatorPage,
request);
stopWatch.stop();
System.out.println("查询关联数据: " + stopWatch.getTotalTimeMillis());
return ResultUtils.success(generatorVOPage);
}
```

经过多次测试，发现 2 个数据库查询操作的总耗时接近 100 毫秒，如图 13-11 所示。

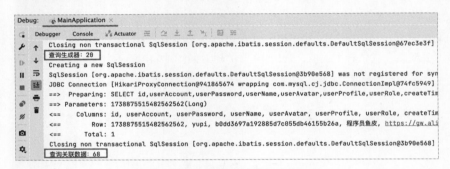

图 13-11　控制台输出的耗时信息

令人感到奇怪的是，2 个数据库查询操作才耗时接近 100 毫秒，为什么整个接口的响应却需要 150 毫秒呢？

原因是服务器查询到数据后，还需要把数据传输到前端，这里存在下载耗时。在网络请求控制台中查看请求消耗的时间，发现前端下载数据花费了额外的时间，如图 13-12 所示。

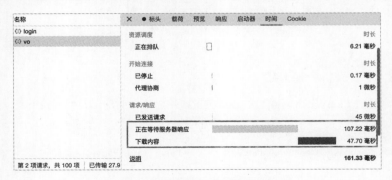

图 13-12　查看前端请求耗时信息

13.3.1.3 优化

如何缩短前端下载数据的时间呢？有 2 种方法：

★ 缩小后端返回的数据的体积，例如减少需要返回的数据或者对数据进行压缩。

★ 增大服务器的带宽。

显然，第 1 种方法的成本是相对低的，所以可以尝试精简数据，让后端只返回主页需要展示的数据。例如，文件配置（fileConfig）、模型配置（modelConfig）都不是必要的。相关操作步骤如下：

1. 在 GeneratorController 中编写新的数据查询接口 listGeneratorVOByPageFast，而不是修改老的接口，这样便于查看对比效果。

这个新的接口的逻辑和之前的数据查询接口一致，只是在查询到数据后，将部分多余的字段值设置为 null，不再返回。示例代码如下：

```
@PostMapping("/list/page/vo/fast")
public BaseResponse<Page<GeneratorVO>> listGeneratorVOByPageFast(
    @RequestBody GeneratorQueryRequest generatorQueryRequest,
    HttpServletRequest request) {
    ...
    Page<GeneratorVO> generatorVOPage = generatorService.getGeneratorVOPage(generatorPage, request);
    generatorVOPage.getRecords().forEach(generatorVO -> {
        generatorVO.setFileConfig(null);
        generatorVO.setModelConfig(null);
    });
    return ResultUtils.success(generatorVOPage);
}
```

2. 在前端修改主页调用接口。修改的代码如下：

```
const doSearch = async () => {
  ...
  const res = await listGeneratorVoByPageFastUsingPost(searchParams);
  ...
};
```

13.3.1.4 测试

跟前文一样，测试查询 10 次的平均耗时，结果是 85 毫秒左右，显然比原来的 100 毫秒要快，接口的平均响应时长减少了约 15%，如图 13-13 所示。

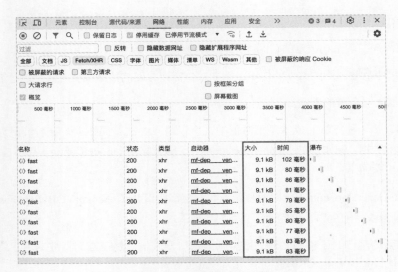

图 13-13　查看测试结果

查询的原始数据量越大，优化效果越明显。

13.3.2　SQL 优化

接下来增大系统的数据量，完成进一步的性能优化。

首先向数据库插入 10 万条示例数据，模拟真实的系统用量。此处为了方便，可以通过编写单元测试程序来实现测试数据的批量插入，读取一条现有数据并循环插入即可。代码如下：

```
@SpringBootTest
class GeneratorServiceTest {
    @Resource
    private GeneratorService generatorService;

    @Test
    public void testInsert() {
        Generator generator = generatorService.getById(18L);
        for (int i = 0; i < 100000; i++) {
            generator.setId(null);
            generatorService.save(generator);
        }
    }
}
```

13.3.2.1　整体测试

通过网络请求控制台查看接口的整体查询耗时，如图 13-14 所示。

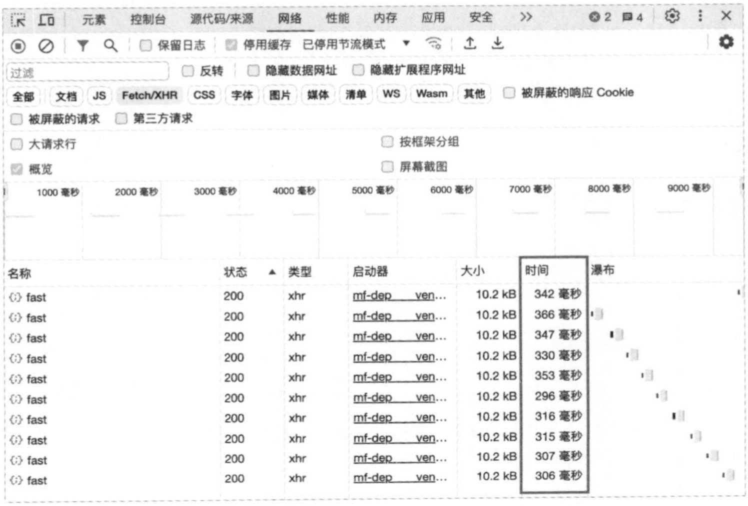

图 13-14　查看测试结果

显然，在插入大量数据后，系统的查询性能大幅降低，接口平均响应时长达到 300 多毫秒。

在实际业务中，10 万条数据属于很低的数据量级，如果数据达到上百万条、上千万条，查询性能肯定会更低，所以必须做进一步优化。

13.3.2.2　分析代码耗时

由于本例是因为数据量增大而导致查询性能降低，所以很容易想到：数据库查询数据的耗时增加了。因此要做的是优化数据库的查询操作。

首先从后端业务日志中找到查询对应的 SQL 语句，如图 13-15 所示。

图 13-15　SQL 语句

可以将上述语句复制到 SQL 控制台，补充参数后，连续执行 10 次并观察耗时情况。示例 SQL 语句如下（需要复制为 10 条）：

```sql
SELECT id,name,description,basePackage,version,author,tags,picture,fileConfig,model-
Config,distPath,status,userId,createTime,updateTime,isDelete
FROM generator
WHERE isDelete=0
ORDER BY createTime DESC LIMIT 12;
```

执行 SQL 语句耗时 1171 毫秒，如图 13-16 所示。

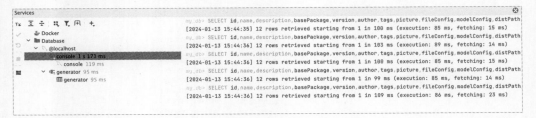

图 13-16　执行 SQL 语句的耗时情况

13.3.2.3　优化

如何优化数据库查询？最常见的几种方案如下：

★　减少查询次数，能不查询数据库就不查询（例如使用缓存）。

★　优化 SQL 语句。

★　添加合适的索引。

在进行优化时，建议优先选择成本最低的方案。上面的第 1 种方案通常需要引入额外的技术（缓存），所以作为次选方案。第 3 种方案虽然改动成本不高，但是对于主页查询，默认并没有任何查询条件，所以不适合通过添加索引来进行优化。

综上，目前应该做的是优化 SQL 语句。既然有些字段不需要在主页展示，那是不是不用从数据库中查询这些字段了？

在 SQL 控制台测试一下，如果不查询 fileConfig 和 modelConfig 字段，执行 10 次查询总共耗时 1020 毫秒，相比之前降低约 10%。这说明此方案可行。

修改对应的代码，只查询需要的字段：

```
QueryWrapper<Generator> queryWrapper = generatorService.getQueryWrapper
(generatorQueryRequest);
queryWrapper.select("id","name","description","tags","picture","status",
"userId","createTime","updateTime");
Page<Generator> generatorPage = generatorService.page(new Page<>(current, size),
queryWrapper);
```

```
Page<GeneratorVO> generatorVOPage = generatorService.getGeneratorVOPage(generatorPage,
request);
return ResultUtils.success(generatorVOPage);
```

13.3.2.4 测试

经过前面的优化，再次测试系统的查询性能，发现接口的平均响应时间为 200 多毫秒（如图 13-17 所示），相比之前减少了约 1/3！

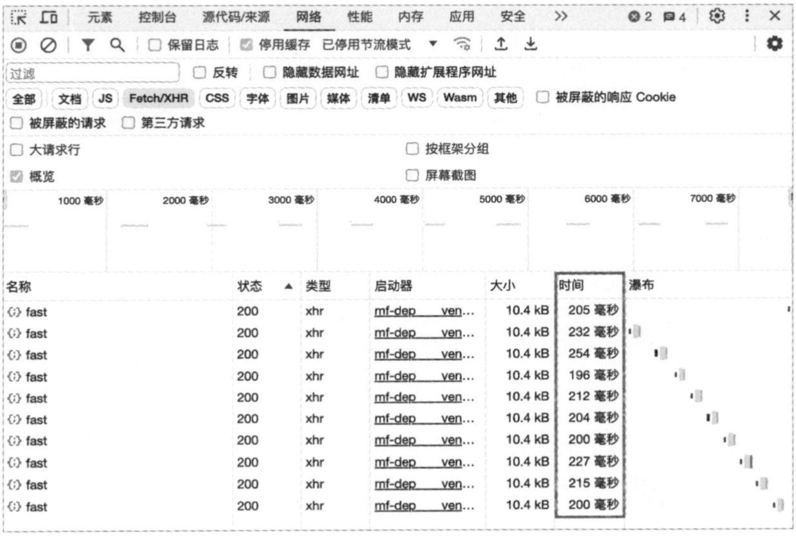

图 13-17 查看测试结果

有时候，优化操作就是这么简单。只要你能想到，就能大幅提升性能。

一般来说，单次查询耗时 100ms~1s 算是慢查询。目前接口的查询性能还可以，能够应对用户数量不多的场景。若同时使用系统的用户增多、并发量增大呢？又该如何优化系统？

13.3.3 压力测试

在进行优化前，首先要掌握一个重要的性能测试方法——压力测试（简称"压测"）。

由于目前的系统并没有那么多的并发请求，所以需要使用压力测试工具，通过造线程模拟真实用户请求来实现高并发测试。下面就以主流的压力测试工具 Apache JMeter 为例，演示如何通过模拟高并发场景来测试接口的性能。

13.3.3.1 明确测试情况

首先，一定要明确测试的环境、条件和基准。举个例子，本次的测试情况如下。

- ★ 环境：16GB 内存，10 核 CPU，百兆带宽的网速。
- ★ 条件：每次请求相同的接口、传递相同的参数。
- ★ 基准：始终保证接口异常率 0%，若出现异常则重新测试。

注意，要确保压力测试不会影响系统的正常运行，千万不要在线上进行压力测试！

13.3.3.2 下载 JMeter

访问 Apache 官网并下载 JMeter，下载文件后解压，然后运行 bin 目录下的 jar 包即可启动程序。

13.3.3.3 压力测试的配置

（1）创建线程组

创建线程组，主要任务是配置线程数、启动时间、循环次数这 3 个参数。说明如下：

- ★ 线程数 × 循环次数 = 要测试的请求总数。
- ★ 启动时间参数的作用是控制线程的启动速率，从而控制请求速率。举个例子，若 10 秒能启动 100 个线程，即每秒启动 10 个线程，相当于最开始每秒会发 10 个请求。

建议根据实际测试结果动态调整线程组，直到找到一个各次测试结果相对稳定的设置，从而消除线程组启动或者电脑性能不符合要求导致的误差。

要注意，每秒启动的线程数要大于接口的 QPS（每秒查询数），才能测试到极限情况，不能因为请求速率不够而影响测试结果。

本例的配置如下。

- ★ 线程数：1000 个 / 组
- ★ 启动时间：10 秒
- ★ 循环次数：10 组

线程组的配置如图 13-18 所示。

（2）创建 HTTP 信息头管理

我们可以自主添加信息头，例如，设置请求 Content-Type 为 application/json，与要测试的接口保持一致，如图 13-19 所示。

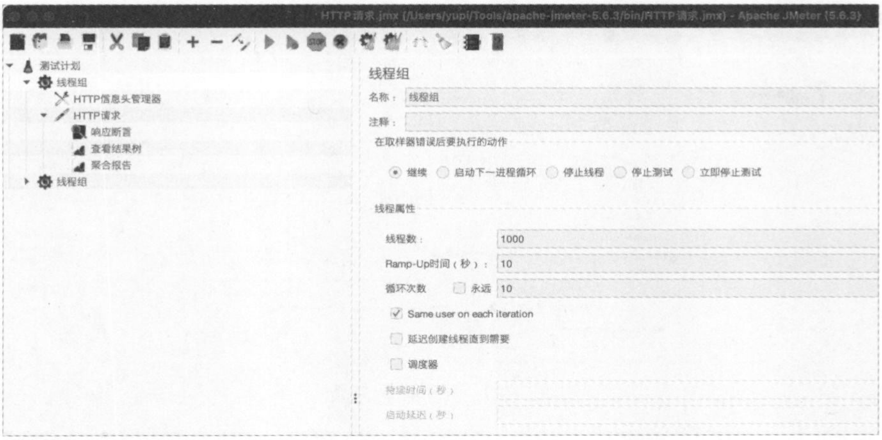

图 13-18　线程组的配置

图 13-19　HTTP 信息头管理

3）新建 HTTP 请求

此时，需要填写要测试的接口路径、请求类型、请求参数等。

请求参数与在前端进入主页时发送的请求保持一致，如下：

```
{
    "current":1,
    "pageSize":12,
    "sortField":"createTime",
    "sortOrder":"descend"
}
```

HTTP 请求配置如图 13-20 所示。

4）创建响应断言

响应断言的作用是判断接口是否正常响应。此处定义的正常响应规则是：响应文本要包含 "\"code\":0"，否则为异常情况。相关配置如图 13-21 所示。

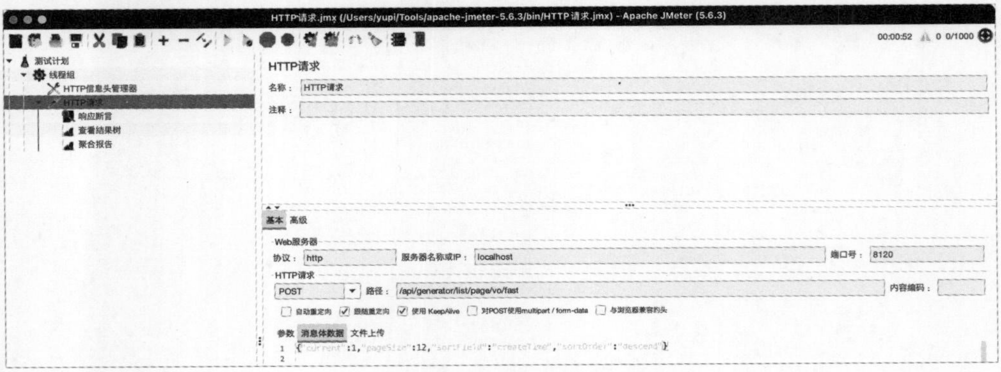

图 13-20 HTTP 请求配置

图 13-21 响应断言配置

5）压力测试结果展示

为展示压力测试的结果，需要添加"查看结果树"和"聚合报告"，如图 13-22 所示。

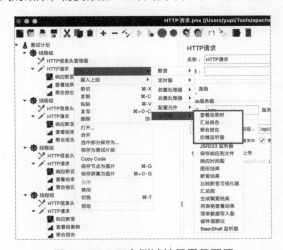

图 13-22 压力测试结果展示配置

13.3.3.4 压力测试的执行

配置完成后,用鼠标右键点击线程组,在弹出的快捷菜单中选择"启动"命令,执行压力测试。在这个过程中,软件的运行可能会卡顿,因为压力测试是非常耗费系统资源的。压力测试执行完毕后,通过查看结果树,能够了解每次请求的响应情况,如图13-23 所示。

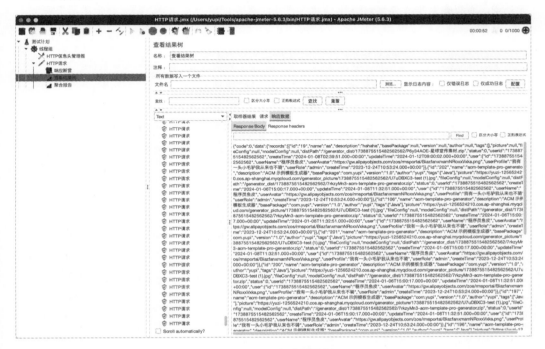

图 13-23 查看结果树

查看聚合报告,这里有关键的结果数据,例如吞吐量、平均响应时长等,如图 13-24 所示。

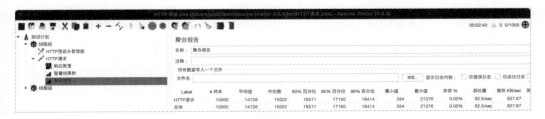

图 13-24 查看聚合报告

通过压力测试可知,在 1000 个线程、10 组循环、10 秒启动时间、保证 0 异常的前提下,QPS(也就是聚合报告中的"吞吐量")为 62.5。而且,因为后端处理能力跟不上请求的发送速度，很多请求需要排队等待超过 10 秒（最大值甚至达到 20 多秒），才能得到响应。

那么，如何应对大量的并发请求、提高系统的 QPS，并且缩短请求等待时间呢？

> **小知识：QPS 和 TPS 的区别**
>
> QPS（Queries Per Second），即每秒查询数，主要用于衡量系统的查询性能。其中的"查询"可以是数据库查询、HTTP 请求、网络请求等。这个指标通常用于数据库、搜索引擎等场景。
>
> TPS（Transactions Per Second），即每秒事务数，主要用于衡量系统的事务处理能力。其中的"事务"可以包括多个操作步骤。这个指标通常用于交易、支付、订单处理等涉及多个步骤的场景。
>
> 在实际应用中，这两个指标的选择取决于系统的特性和关注点。如果系统主要用于处理查询请求，那么 QPS 更合适；如果系统主要进行复杂的事务处理，那么 TPS 更合适。

13.3.4 分布式缓存

想提升数据查询性能，最有效的办法之一就是使用缓存，把数据放到一个读取速度更快的存储器中，这样就不用每次都从数据库查询了。缓存尤其适合存储读多写少的数据，那样可以最大程度地发挥缓存的优势，并且降低数据不一致的风险。

对于本项目，生成器的修改频率一般是很低的，而且在实际运营时，生成器需要经过人工审核才能在主页上展示，所以对数据更新的实时性要求并不高，使用缓存非常合适。对于实时电商数据大屏这种需要持续展示最新数据的场景，使用缓存的成本就比较高了。

本项目使用主流的基于内存的分布式缓存 Redis 存储生成器分页数据，它的读写性能远超 MySQL 数据库。

13.3.4.1　Redis 安装和管理

首先安装 Redis（建议版本 5 或以上），然后启动程序。图 13-25 所示为启动成功的画面。

可以使用 IDEA（一款 Java 集成开发环境）内置的可视化工具或者其他可视化工具来管理 Redis、查看其中的数据，如图 13-26 所示。

13.3 查询性能优化 | 353

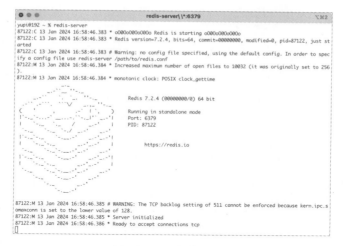

图 13-25 启动 Redis

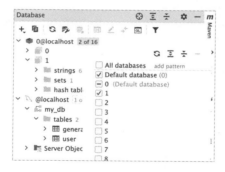

图 13-26 查看 Redis 中的数据

13.3.4.2 使用缓存

（1）引入 Redis

后端项目默认已经引入了与 Redis 相关的依赖，直接取消 application.yml 配置中对 Redis 的注释，启用 Redis。代码如下：

```yml
spring:
  # Redis 配置
  redis:
    database: 1
    host: localhost
    port: 6379
    timeout: 5000
```

修改 MainApplication 入口类，取消移除 Redis 的代码：

```
@SpringBootApplication
```

然后注入 Spring 提供的 StringRedisTemplate，就能操作 Redis 了。代码如下：

```
@Resource
private StringRedisTemplate stringRedisTemplate;
```

2）缓存 key 设计

先设计缓存的 key，规则为"业务前缀:数据分类:请求参数"。

其中，"业务前缀"和"数据分类"的作用是区分不同业务和接口的缓存，防止发生冲突。将请求参数作为 key，就能实现在不同的分页中查询不同的缓存。需要注意的是，"请求参数"字符串可能很长，所以选用 base64 进行编码。

编写一个方法，用于获取分页缓存 key，代码如下：

```
private static String getPageCacheKey(GeneratorQueryRequest generatorQueryRequest) {
    String jsonStr = JSONUtil.toJsonStr(generatorQueryRequest);
    String base64 = Base64Encoder.encode(jsonStr);
    String key = "generator:page:" + base64;
    return key;
}
```

3）缓存内容设计

对于分页数据的缓存，有如下两种策略。

★ 缓存整页数据。

★ 单独缓存分页的每条数据。查询时先获取 id 集合，再根据 id 集合去批量查询缓存。

此处选择第一种策略，直接缓存接口的返回结果，这样不仅开发成本更低，而且性能更强，但缺点是不方便更新分页中的某一条数据。

先使用 Redis 的 string 字符串数据结构，将分页对象转为 JSON 字符串后写入。相对于 JDK 自带的序列化机制，用 JSON 字符串会使缓存的可读性更好，有利于目前的开发测试，但缺点是反序列化性能相对较差、存储空间占用大、传输耗时相对较长。

4）应用缓存

改造分页查询接口，优先从缓存读取数据：如果缓存中有需要的数据，直接读取数据并返回；如果缓存中没有需要的数据，从数据库查询数据并将其写入缓存。

注意，一定要给缓存设置过期时间！ 代码如下：

```java
@PostMapping("/list/page/vo/fast")
public BaseResponse<Page<GeneratorVO>> listGeneratorVOByPageFast(@RequestBody
GeneratorQueryRequest generatorQueryRequest,
...
    // 优先从缓存读取数据
    String cacheKey = getPageCacheKey(generatorQueryRequest);
    ValueOperations<String, String> valueOperations = stringRedisTemplate.opsForValue();
    String cacheValue = valueOperations.get(cacheKey);
    if (StrUtil.isNotBlank(cacheValue)) {
        Page<GeneratorVO> generatorVOPage = JSONUtil.toBean(cacheValue,
                new TypeReference<Page<GeneratorVO>>() {
                },
                false);
        return ResultUtils.success(generatorVOPage);
    }

    ...// 从数据库读取数据，得到 generatorVOPage

    // 写入缓存
    valueOperations.set(cacheKey, JSONUtil.toJsonStr(generatorVOPage), 100, TimeUnit.MINUTES);
    return ResultUtils.success(generatorVOPage);
}
```

5）测试验证

调用接口后，可以在 Redis 中查看已缓存的数据，如图 13-27 所示。

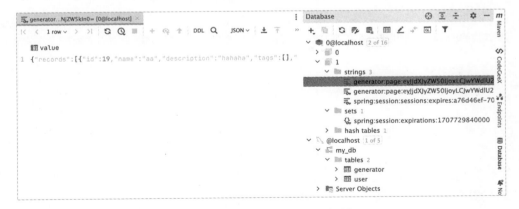

图 13-27　查看 Redis 已缓存的数据

我们还可以在 Redis 控制台中使用 ttl 命令查看过期时间。

13.3.4.3 测试缓存效果

先在浏览器中进行测试，访问主页，然后打开网络请求控制台查看请求。经测试发现，使用缓存后，系统的响应时间大幅缩短，平均耗时为 40 毫秒，相比原来缩短了 80%！如图 13-28 所示。

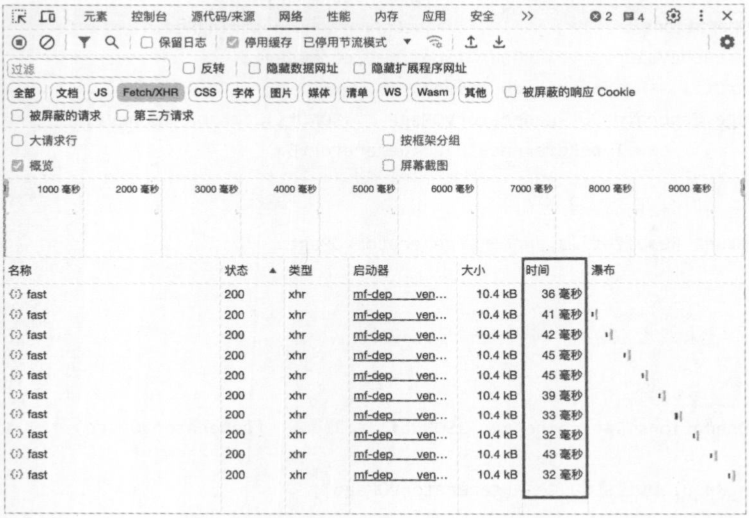

图 13-28 使用开发者工具查看测试结果

接下来进行压力测试。首先构建缓存，然后应用之前的线程组配置（1000 个线程、10 组循环、10 秒启动时间），在保证 0 异常的前提下，QPS 达到 200.8 次 / 秒，已经差不多是之前的 3 倍了！如图 13-29 所示。

图 13-29 查看 JMeter 的测试结果

但是，因为系统的处理能力还是跟不上请求的发送速度，很多线程需要排队等待 4 秒，最多要等待 7 秒多，所以还需要进一步优化。

13.3.4.4 分布式缓存注意事项

在使用分布式缓存时，有几个常见的问题需要特别注意：缓存击穿、缓存穿透和缓存雪崩。下面详细介绍这三个问题及解决方案。

(1) 缓存击穿

缓存击穿是指，在缓存中的某个热点数据过期的一瞬间，大量请求同时访问该数据，这些请求直接作用到数据库上，从而引起数据库的压力骤增。典型的解决方案如下。

★ 互斥锁：在缓存失效时，通过加锁机制来控制对数据库的访问。例如，只有获得相应权限的请求才能访问数据库，其他请求需要等到锁被释放才能读取缓存。示例代码如下：

```java
public String getData(String key) {
    String value = cache.get(key);
    if (value == null) {
        synchronized (this) {
            value = cache.get(key);
            if (value == null) {
                value = db.get(key);
                cache.put(key, value);
            }
        }
    }
    return value;
}
```

★ 预先加载：提前更新缓存，在缓存失效前主动更新其中的数据。

(2) 缓存穿透

缓存穿透是指，用户频繁查询一个在缓存和数据库中都不存在的数据，导致每次请求都作用到数据库上，从而对数据库造成压力。解决方案如下。

★ 缓存空结果：对于查询结果为空的数据也进行缓存（通常需要设置一个较短的过期时间）。示例代码如下：

```java
public String getData(String key) {
    String value = cache.get(key);
    if (value == null) {
        value = db.get(key);
        if (value == null) {
            // 缓存空结果，过期时间为 60 秒
            cache.put(key, "null", 60);
        } else {
            cache.put(key, value);
        }
    }
}
```

```
    if ("null".equals(value)) {
        return null;
    }
    return value;
}
```

★ 布隆过滤器：在缓存层添加布隆过滤器，快速判断一个请求是否在数据库中不存在，避免对不存在的数据进行查询。

2）缓存雪崩

缓存雪崩是指，大量缓存数据在同一时间失效，导致大量请求同时作用到数据库上，从而造成数据库压力过大甚至崩溃。解决方案如下。

★ 随机过期时间：为缓存数据设置随机过期时间，避免大量数据在同一时间失效。示例代码如下：

```
int randomExpireTime = baseExpireTime + new Random().nextInt(1000);
// 基础过期时间加上随机值
cache.put(key, value, randomExpireTime);
```

★ 分布式限流：在缓存层和数据库层都进行限流，保护数据库不被瞬时的大量请求压垮。

★ 多级缓存：采用本地缓存 + 分布式缓存的多级缓存策略，当分布式缓存失效时，可以从本地缓存中获取数据，减少对数据库的直接访问。

13.3.5　多级缓存

如果觉得 Redis 缓存的运行速度还不够快，可以使用本地缓存，直接从内存中读取缓存，不需要任何网络请求。通常，这样能进一步提升系统性能。

13.3.5.1　Caffeine 本地缓存

要想在 Java 中使用本地缓存，推荐使用 Caffeine，这是一个主流的高性能本地缓存库。与自己构造 HashMap 相比，Caffeine 还支持多种数据淘汰、数据通知、异步刷新等能力，更易用。

想学习 Caffeine 这种类库，值得推荐的方式是阅读官方文档。

> 注意，Caffeine 3 要求环境为 Java 11 或以上版本，在 Java 8 中请用 Caffeine 2！

其实，编写几行代码就能实现缓存的"增删改查"。参考代码如下：

```
Cache<Key, Graph> cache = Caffeine.newBuilder()
    .expireAfterWrite(10, TimeUnit.MINUTES)
    .maximumSize(10_000)
    .build();

// 查找一个缓存元素，若没有查找到就返回 "null"
Graph graph = cache.getIfPresent(key);
// 查找缓存，如果缓存不存在则生成缓存元素，如果无法生成则返回 "null"
graph = cache.get(key, k -> createExpensiveGraph(key));
// 添加或者更新一个缓存元素
cache.put(key, graph);
// 移除一个缓存元素
cache.invalidate(key);
```

13.3.5.2 多级缓存设计

对于分布式系统，一般不会单独使用本地缓存，而是将本地缓存和分布式缓存进行组合，形成多级缓存。以 Caffeine 和 Redis 为例，通常将 Caffeine 作为一级缓存，将 Redis 作为二级缓存。

★ Caffeine 一级缓存：将数据存储在应用程序的内存中，查询性能更高，但是仅在本地生效，而且应用程序被关闭后，数据会丢失。

★ Redis 二级缓存：将数据存储在 Redis 中，所有的程序都从 Redis 内读取数据，这样可以实现数据的持久化和缓存的共享。

将二者结合，在请求数据时，首先查找本地一级缓存；如果在本地缓存中没有查询到数据，就查找远程二级缓存，并将数据写入本地缓存；如果二级缓存中也没有数据，再从数据库中读取数据，并将数据写入所有缓存。

使用多级缓存，可以充分发挥本地缓存的快速读取特性及远程缓存的共享和持久化特性。

13.3.5.3 多级缓存开发

首先在 manager 包下新建一个通用的多级缓存类 CacheManager，并分别编写读取缓存、写入缓存、清理缓存的方法。代码如下：

```
@Component
public class CacheManager {
    @Resource
    private StringRedisTemplate stringRedisTemplate;

    // 本地缓存
```

```java
    Cache<String, String> localCache = Caffeine.newBuilder()
            .expireAfterWrite(100, TimeUnit.MINUTES)
            .maximumSize(10_000)
            .build();

    // 写入缓存
    public void put(String key, String value) {
        localCache.put(key, value);
        stringRedisTemplate.opsForValue().set(key, value, 100, TimeUnit.MINUTES);
    }

    // 读取缓存
    public String get(String key) {
        // 先从本地缓存中尝试获取
        String value = localCache.getIfPresent(key);
        if (value != null) {
            return value;
        }
        // 本地缓存未命中,尝试从 Redis 中获取数据
        value = stringRedisTemplate.opsForValue().get(key);
        if (value != null) {
            // 将从 Redis 获取的数据写入本地缓存
            localCache.put(key, value);
        }
        return value;
    }

    // 清理缓存
    public void delete(String key) {
        localCache.invalidate(key);
        stringRedisTemplate.delete(key);
    }
}
```

这样,就可以在查询接口中使用多级缓存了,代码如下:

```java
public BaseResponse<Page<GeneratorVO>> listGeneratorVOByPageFast(
        @RequestBody GeneratorQueryRequest generatorQueryRequest,
        HttpServletRequest request) {
    ...
    String cacheKey = getPageCacheKey(generatorQueryRequest);
    // 多级缓存
    String cacheValue = cacheManager.get(cacheKey);
    if (cacheValue != null) {
        Page<GeneratorVO> generatorVOPage = JSONUtil.toBean(cacheValue,
                new TypeReference<Page<GeneratorVO>>() {
                },
```

```
            false);
    return ResultUtils.success(generatorVOPage);
}

...// 从数据库读取数据，得到 generatorVOPage

// 写入多级缓存
cacheManager.put(cacheKey, JSONUtil.toJsonStr(generatorVOPage));
return ResultUtils.success(generatorVOPage);
}
```

13.3.5.4 测试

先在浏览器内进行简单测试。经测试发现，使用本地缓存后，响应时间进一步缩短，平均耗时 30 毫秒，缩短了 25%，如图 13-30 所示。

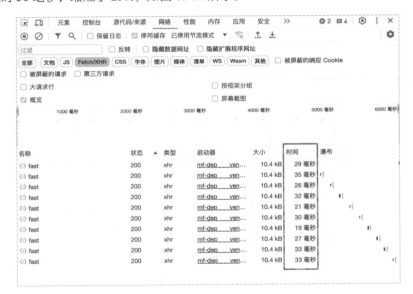

图 13-30　查看测试结果

接下来进行压力测试。首先构建本地缓存，然后应用之前的线程组配置，在保证 0 异常的前提下，QPS 达到 208.8。

为什么与上次测试相比，性能没有明显的提升呢？几个猜测：

★ 由于 Redis 也在本地，所以性能提升并不明显。

★ 直接读取本地缓存已经是最快的读取方式了，也许系统存在其他性能瓶颈。

那怎么才能进一步提升 QPS 呢？既然数据读取（IO）无法继续优化了，那么可以尝试进行计算优化。

13.3.6　计算优化

13.3.6.1　分析

任何计算都会消耗系统的 CPU 资源，在 CPU 资源有限的情况下，能做的就是**减少不必要的计算**。

分析目前的代码，基本上没有循环计算逻辑，消耗计算资源的操作可能是 JSON 序列化。因为在 JSON 序列化中，需要遍历数据结构并将其转换为 JSON 格式的字符串，在这个过程中可能涉及字符串拼接、字符编码转换等计算密集型操作。

之前为了能更直观地查看缓存数据，将对象序列化为 JSON 后写入缓存，现在为了提高性能，可以直接使用运行效率更高的序列化器读写缓存，例如 JDK 默认的序列化器。

13.3.6.2　开发

首先修改 maker 项目中 meta 对象的所有子类，通过实现 Serializable 接口来添加序列化支持。例如下列代码：

```java
public static class FileConfig implements Serializable {
    ...
    public static class FileInfo implements Serializable {
        ...
    }
}
```

然后修改 CacheManager，将缓存类型从 String 改为 Object。代码如下：

```java
@Component
public class CacheManager {
    @Resource
    private RedisTemplate<String, Object> redisTemplate;

    // 本地缓存
    Cache<String, Object> localCache = Caffeine.newBuilder()
            .expireAfterWrite(100, TimeUnit.MINUTES)
            .maximumSize(10_000)
            .build();

    // 写入缓存
    public void put(String key, Object value) {
        localCache.put(key, value);
```

```
        redisTemplate.opsForValue().set(key, value, 100, TimeUnit.MINUTES);
    }

    // 读取缓存
    public Object get(String key) {
        // 先从本地缓存中尝试获取
        Object value = localCache.getIfPresent(key);
        if (value != null) {
            return value;
        }
        // 在本地缓存中未命中，尝试从 Redis 中获取
        value = redisTemplate.opsForValue().get(key);
        if (value != null) {
            // 将从 Redis 获取的值放入本地缓存
            localCache.put(key, value);
        }
        return value;
    }

    // 移除缓存
    public void delete(String key) {
        localCache.invalidate(key);
        redisTemplate.delete(key);
    }
}
```

最后修改查询接口，移除序列化相关的代码。代码如下：

```
@PostMapping("/list/page/vo/fast")
public BaseResponse<Page<GeneratorVO>> listGeneratorVOByPageFast(
    @RequestBody GeneratorQueryRequest generatorQueryRequest,
    HttpServletRequest request) {
    ...
    // 本地缓存
    Object cacheValue = cacheManager.get(cacheKey);
    if (cacheValue != null) {
        return ResultUtils.success((Page<GeneratorVO>) cacheValue);
    }
    ...// 从数据库读取，得到 generatorVOPage
    // 写入本地缓存
    cacheManager.put(cacheKey, generatorVOPage);
    return ResultUtils.success(generatorVOPage);
}
```

13.3.6.3 测试

移除序列化相关操作后，再次使用同样的线程组配置进行压力测试，结果性能得到

了大幅优化，QPS 超过了 1000，提升了 5 倍左右！

注意，由于当前的 QPS 已经超过了之前设置的压力测试线程数，结果可能不准。所以更改线程组配置，将循环次数扩大为 100 组，相当于每秒创建 1 万个线程。

再次进行压力测试，QPS 达到了 2000，是最开始做优化前的约 30 倍！如图 13-31 所示。

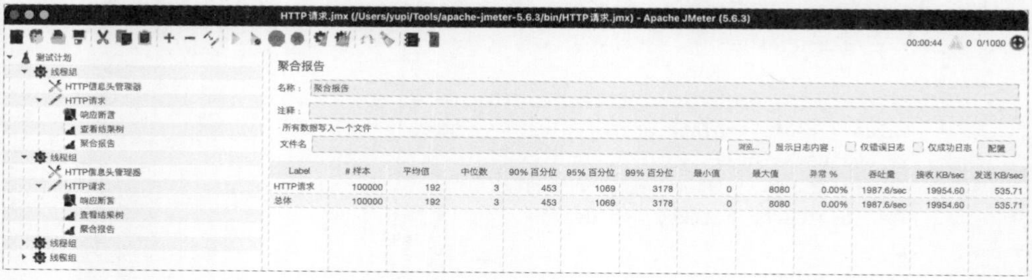

图 13-31　查看 JMeter 测试结果

目前的查询性能已经能够满足大多数并发需求了，如果想进一步优化，需要怎么做呢？当然还有方法。注意，以下仅分享优化思路，是否能进一步提升性能要以实际测试情况为准。

13.3.7　请求层性能优化

13.3.7.1　参数优化

分析上述测试结果，当并发请求数量超出系统处理能力时，会出现请求排队情况，而且请求排队最大时间长达 8 秒。怎么解决这个问题呢？

这里用生活场景来进行类比。就跟快餐店一样，增加服务员的数量，就能同时服务更多的顾客。而且，如果快餐店备菜的速度足够快，可以增加排队的最大容量，起码在业务繁忙时不用把顾客赶出去。

回到本项目的后端，如果业务逻辑层很难做进一步优化，可以尝试优化请求层。

Spring Boot 项目默认使用嵌入式 Tomcat 服务器接收、处理请求，可以调整服务器的参数，例如最大线程数 maxThreads、最大连接数 maxConnections、请求队列长度 acceptcount 等，来增强同时处理请求的能力。示例代码如下：

```
server:
  tomcat:
    threads:
      max: 1024
```

更改上述配置后进行压力测试，发现 QPS 达到了 3700 左右，性能又提升了将近 1 倍，达到了最初的约 60 倍！

需要注意，设置更高的最大线程数未必能提升 QPS。因为在 CPU 资源有限的情况下，线程数过多可能导致资源的竞争和上下文的频繁切换。所以最大线程数设置为多少，取决于实际的性能测试情况。

思考一下，还能进一步提升 QPS 吗？或者说，性能优化的极限到底在哪里？如何达到这个极限呢？

13.3.7.2　测试空接口性能

我们可以编写一个 "干净"、没有任何业务逻辑的接口，然后测试 Tomcat 服务器处理请求的最大性能。

首先，编写一个 "干净" 的接口，代码如下：

```
@RestController
@RequestMapping("/health")
@Slf4j
public class HealthController {
    @GetMapping
    public String healthCheck() {
        return "ok";
    }
}
```

然后，注释掉请求拦截器的代码，防止额外的处理逻辑干扰测试结果，如图 13-32 所示。

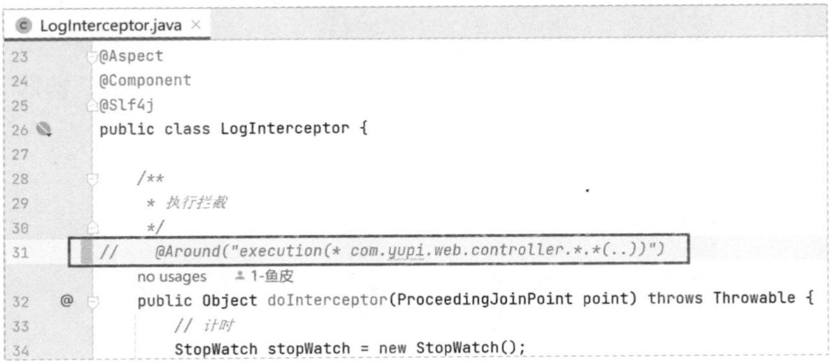

图 13-32　修改代码

最后，测试优化效果。新增一个线程组来进行压力测试，修改测试接口地址为 "/health"，使用之前的线程组配置（1000 个线程、100 组循环、10 秒启动时间）。

经测试发现，空接口的 QPS 最高能达到 6500 左右。在鱼皮的电脑环境下，这可能是一个接近极限的数字，说明再怎么优化业务逻辑，QPS 也不会超过这个值。

那么如何打破这个极限呢？我们需要了解一些新的技术，例如 Vert.x。

13.4 Vert.x 响应式编程

如果接收请求的服务器性能有限，那就尝试更换一个性能更强的服务器（或者请求处理框架），例如基于响应式编程的 Vert.x 框架。在 TechEmpower 发布的压力测试排行榜（截至本书编写时）上，Vert.x 的排名高居第 7 名（Spring 的排名是第 88 名），如图 13-33 所示。

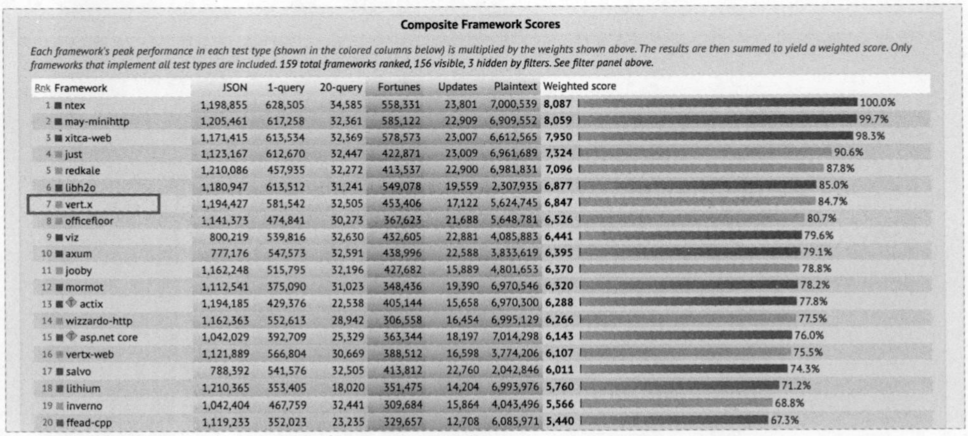

Composite Framework Scores

Each framework's peak performance in each test type (shown in the colored columns below) is multiplied by the weights shown above. The results are then summed to yield a weighted score. Only frameworks that implement all test types are included. 159 total frameworks ranked, 156 visible, 3 hidden by filters. See filter panel above.

Rnk	Framework	JSON	1-query	20-query	Fortunes	Updates	Plaintext	Weighted score	
1	ntex	1,198,855	628,505	34,585	558,331	23,801	7,000,539	8,087	100.0%
2	may-minihttp	1,205,461	617,258	32,361	585,122	22,909	6,909,552	8,059	99.7%
3	xitca-web	1,171,415	613,534	32,369	578,573	23,007	6,612,565	7,950	98.3%
4	just	1,123,167	612,670	32,447	422,871	23,009	6,961,689	7,324	90.6%
5	redkale	1,210,086	457,935	32,272	413,537	22,900	6,981,831	7,096	87.8%
6	libh2o	1,180,947	613,512	31,241	549,078	19,559	2,307,935	6,877	85.0%
7	vert.x	1,194,427	581,542	32,505	453,406	17,122	5,624,745	6,847	84.7%
8	officefloor	1,141,373	474,841	30,273	367,623	21,688	5,648,781	6,526	80.7%
9	viz	800,219	539,816	32,630	432,605	22,881	4,085,883	6,441	79.6%
10	axum	777,176	547,573	32,591	438,996	22,588	3,833,619	6,395	79.1%
11	jooby	1,162,248	515,795	32,196	427,682	15,889	4,801,653	6,370	78.8%
12	mormot	1,112,541	375,090	31,023	348,436	19,390	6,970,546	6,320	78.2%
13	actix	1,194,185	429,376	22,538	405,144	15,658	6,970,300	6,288	77.8%
14	wizzardo-http	1,162,363	552,613	28,942	306,558	16,454	6,995,129	6,266	77.5%
15	asp.net core	1,042,029	392,709	25,329	363,344	18,197	7,014,298	6,143	76.0%
16	vertx-web	1,121,889	566,804	30,669	388,512	16,598	3,774,206	6,107	75.5%
17	salvo	788,392	541,576	32,505	413,812	22,760	2,042,846	6,011	74.3%
18	lithium	1,210,365	353,405	18,020	351,475	14,204	6,993,976	5,760	71.2%
19	inverno	1,042,404	467,759	32,441	309,684	15,864	4,043,496	5,566	68.8%
20	ffead-cpp	1,119,233	352,023	23,235	329,657	12,708	6,085,971	5,440	67.3%

图 13-33 压力测试排行榜

不过，这只是别人的测试结果。使用 Vert.x 真的能够提高本项目接口的性能吗？还是要以实际测试情况为准。

13.4.1 Vert.x 入门

首先通过官方文档了解 Vert.x。据官方介绍，Vert.x 的优点在于：

★ 充分利用资源，节约成本。

★ 支持更方便的并发和异步编程。

★ 使用更灵活，易于整合、启动和部署。

想入门 Vert.x，建议先阅读官方的入门教程，其中提供了示例 Demo。不过，Vert.x

的学习难度是比较高的，适合已经掌握 Spring Boot 和其他主流后端技术的读者学习。

首先在项目中引入 Vert.x 依赖，代码如下：

```xml
<dependency>
    <groupId>io.vertx</groupId>
    <artifactId>vertx-core</artifactId>
    <version>4.5.1</version>
</dependency>
```

然后编写一个 Web 服务器，提供 HTTP 接口。

在 Vert.x 中，可以通过定义 Verticle 来实现 Web 服务。Verticle 是 Vert.x 中的一个组件，用于处理事件、执行业务逻辑，并能够在 Vert.x 实例中进行水平扩展。Verticle 之间可以相互通信。

> 为了便于理解，你可以把 Verticle 当成一个嵌入式的 Tomcat。

参考官方的 Demo 编写一个简单的 Verticle，提供无业务逻辑的接口并响应"ok"。代码如下：

```java
public class MainVerticle extends AbstractVerticle {
    @Override
    public void start() throws Exception {
        // 创建 HTTP 服务器
        vertx.createHttpServer()
            // 处理请求
            .requestHandler(req -> {
                req.response()
                        .putHeader("content-type", "text/plain")
                        .end("ok");
            })
            // 监听端口
            .listen(8888)
            // 打印信息
            .onSuccess(server ->
                    System.out.println(
                            "HTTP server started on port " + server.actualPort()
                    )
            );
    }

    // 启动
    public static void main(String[] args) throws Exception {
        Vertx vertx = Vertx.vertx();
        Verticle myVerticle = new MainVerticle();
```

```
    vertx.deployVerticle(myVerticle);
  }
}
```

如果读者感兴趣,可以尝试使用 Vert.x Web 组件开发接口,其语法类似 Node.js 后端框架。

接下来,用和前文一致的线程组配置进行压力测试,发现 Vert.x 空接口的 QPS 高达 1 万多!如图 13-34 所示。

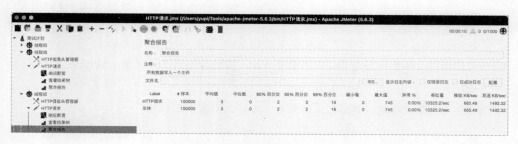

图 13-34 查看 JMeter 测试结果

这说明 Vert.x 的极限性能可能是高于 Tomcat 的。

13.4.2 Vert.x 为什么速度快

在官方文档中,有很多关于 Vert.x 特性和原理的讲解。那 Vert.x 到底为什么速度那么快呢?下面讲解几个重点概念,帮助读者理解。

13.4.2.1 异步非阻塞

很多经典面试题都是围绕异步非阻塞这个概念展开的,例如:

★ 什么是同步和异步?

★ 什么是阻塞和非阻塞?

★ 什么是异步非阻塞?

同步:要完成一个任务,需要先等待另一个任务结束。必须按照顺序,先完成上一个任务,才能执行下一个任务。参考代码如下:

```
Result result = httpClient.get();
System.out.println(result);
```

上述代码在通过 HTTP 请求获取到结果后才会输出结果,这就是同步执行。

异步:要完成一个任务,不需要等待另一个任务结束。例如我要烧一壶水、学习编程,按下电水壶的烧水开关后,不需要等待水烧开,就可以直接离开去学习编程了。异步执行通常会涉及回调、事件通知机制,例如水烧开后电水壶会发出响声,提醒我水已经烧开,可以喝水了。参考代码如下:

```
CompletableFuture<Result> future = CompletableFuture.supplyAsync(() -> {
    // 异步操作,例如发起 HTTP 请求
    return httpClient.get();
});
System.out.println(" 请求没完成,我也能执行 ");
// 等待请求完成,自动输出
future.thenAccept(result -> {
    System.out.println(result);
});
```

对于这段代码,即使 HTTP 请求没有完成,也会先输出"请求没完成,我也能执行";而当请求完成后,会自动输出结果。

阻塞:执行一个任务时,该线程需要一直等待,其间无法执行其他任务,直到该任务执行完成。参考代码如下:

```
request() {
    Result result = db.query();
}
```

对于上述代码,在数据库返回结果前,当前线程会一直卡在 request 方法,不能处理其他任务。

非阻塞:执行一个任务时,该线程不需要等待此任务结束,可以继续执行其他任务,然后通过定时检查来确认任务是否完成,也就是所谓的轮询。

这里用一个例子来帮助读者理解阻塞和非阻塞。假如我要通过电话联系几个人,如果采用阻塞方式,只要有一个人没接电话,我就一直拿着电话等着,不能给其他人打电话;如果采用非阻塞方式,我可以每隔 1 分钟打一次电话,这期间如果某人没接电话,我就继续给别人打电话,直到最后打通所有人的电话。

同步和异步、阻塞和非阻塞之间有什么区别呢?对此众说纷纭,这里分享我比较认可的一种解释:

★ 同步和异步更关注**消息通信机制**,即调用方以什么方式获取结果,是直接返回,还是通过回调通知。

★ 阻塞和非阻塞更关注线程在等待调用结果时的状态。对于阻塞,会一直占用线程资源;而对于非阻塞,发起调用后立即返回,线程可以被解放出来做其他的工作。

异步非阻塞结合了异步和非阻塞的优点，在执行操作时即使没有得到结果，也不会阻塞当前线程，可以继续执行下一个操作，并且得到结果后会通过回调等方式通知程序处理结果。

还有一个常用概念是 NIO（非阻塞 IO）。Java 提供一组支持非阻塞 IO 操作的 API，通过通道、缓冲区、选择器等组件，具备了一个线程同时处理多个通道请求的能力，并且实现了事件驱动机制，当通道有事件发生时，通过选择器响应，而不是轮询所有的通道。

如图 13-35 所示，通过 Selector 可以复用一个线程处理多个 Channel 客户端连接。

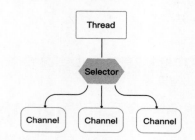

图 13-35　复用一个线程处理多个客户端连接

举个学校中的例子，假设要收整个班级的作业，不用老师挨个找学生收，也不用为每个学生分配一个老师一直等着写完作业，直接让写完作业的学生通知老师即可，这期间老师可以做其他事情。

13.4.2.2　事件驱动

事件驱动是一种编程范式，指整个系统间的各个组件通过发送和接收事件进行通信和协作，从而实现异步非阻塞 IO。

举个例子，前端和后端团队协作开发一个系统，可以两个团队分别开发，各干各的，不用等待对方开发完成再开始开发。等后端团队完成了接口的开发，告诉前端团队"我写好了"（相当于发送了一个事件），前端团队接收到这个信息后，就可以对接后端接口了。

以上只是一个便于大家理解概念的例子，在实际的事件驱动实现中，一般会有事件总线（Event Bus）的概念。事件总线相当于一个中间人，负责接收所有的事件，并分发给不同的事件处理者，如图 13-36 所示。

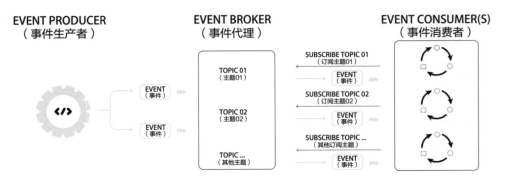

图 13-36　事件驱动实现

13.4.2.3　事件循环

事件循环是实现事件驱动的核心操作，也是实现异步非阻塞编程的方法。

在一个事件循环中，程序会不断地检查事件队列，如果有新事件到达，就会触发相应处理程序的回调函数进行处理。这样，程序在等待 IO 操作完成的同时能够继续执行其他任务，而不会阻塞整个进程。

再举个学校中的例子，老师要批改整个班级的作业，可以让课代表每小时循环检查所有同学交作业的情况，如果发现有新交的作业，课代表就通知老师批改。这样，老师就不用一直等着学生完成作业（IO 操作），而不去做其他的事情。

13.4.2.4　响应式编程

响应式编程是一种编程范式，常用于异步的数据流和事件处理，通过声明的方式来定义处理规则。

响应式编程最核心的作用是实现异步处理（类似 CompletableFuture），通过一系列 API 的支持，便于开发者更轻松地处理异步数据。

举个例子，传统的同步编程方式如下：

```java
public class UserService {
    public User getUserById(long userId) {
        // 同步查询数据库
        return userRepository.findById(userId);
    }
}
```

在上述代码中，getUserById 方法是同步的，当执行数据库查询时，线程会被阻塞，等待查询结果返回。如果系统中有大量的并发请求，这种同步阻塞的方式可能会导致性能瓶颈,因为每个请求都需要等待数据库查询完成。

使用响应式编程的示例代码如下:

```
import reactor.core.publisher.Mono;

public class UserService {
    public Mono<User> getUserById(long userId) {
        // 使用响应式编程的 Mono 封装异步查询
        return userRepository.findById(userId);
    }
}
```

在上述代码中,getUserById 方法返回的是 Reactor 的 Mono 类型,表示异步计算的结果,可以再对这个 Mono 类型定义各种复杂的处理操作。其中调用的 userRepository.findById 是一个异步的数据库查询操作,不会阻塞当前线程。

正是因为 Vert.x 应用了以上几个概念,才能够同时处理更多的并发请求。如果将本项目的接口使用 Vert.x 重构,真的会速度更快吗?还是那句话,所有的性能优化都要以实际测试情况为准!下面就来测试一下。

13.4.3 使用 Vert.x 改造请求

首先,在 vertx 包下创建一个新的 Verticle,名称为 MainVericle.java,需要让其自主获取请求信息,判断请求的路径和方法,获取请求数据,并执行对应的逻辑。示例代码如下:

```
requestHandler(req -> {
    HttpMethod httpMethod = req.method();
    String path = req.path();
    // 分页获取生成器
    if (HttpMethod.POST.equals(httpMethod) && "/generator/page".equals(path)) {
        // 设置请求体处理器
        req.handler(buffer -> {
            // 获取请求体中的 JSON 数据
            String requestBody = buffer.toString();
            // 处理业务逻辑
            response.end("");
        });
    }
})
```

然后,将之前的查询接口逻辑应用到 Verticle 中。为了方便测试,这里仅实现读取缓存的逻辑。

MainVerticle 的代码如下,通过构造函数接收 cacheManager 对象。

```java
public class MainVerticle extends AbstractVerticle {
    private CacheManager cacheManager;

    public MainVerticle(CacheManager cacheManager) {
        this.cacheManager = cacheManager;
    }

    @Override
    public void start() throws Exception {
        vertx.createHttpServer()
            .requestHandler(req -> {
                HttpMethod httpMethod = req.method();
                String path = req.path();
                // 分页获取生成器
                if (HttpMethod.POST.equals(httpMethod) && "/generator/page".equals(path)) {
                    // 设置请求体处理器
                    req.handler(buffer -> {
                        // 获取请求体中的 JSON 数据
                        String requestBody = buffer.toString();
                        GeneratorQueryRequest generatorQueryRequest =
JSONUtil.toBean(requestBody, GeneratorQueryRequest.class);
                        // 处理 JSON 数据
                        // 在实际应用中,这里可以解析 JSON、执行业务逻辑等
                        String cacheKey = GeneratorController.getPageCacheKey
(generatorQueryRequest);
                        // 设置响应头
                        HttpServerResponse response = req.response();
                        response.putHeader("content-type", "application/json");
                        // 本地缓存
                        Object cacheValue = cacheManager.get(cacheKey);
                        if (cacheValue != null) {
                            // 返回 JSON 响应
                            response.end(JSONUtil.toJsonStr(ResultUtils.suc-
cess((Page<GeneratorVO>) cacheValue)));
                            return;
                        }
                        response.end("");
                    });
                }
            })
            .listen(8888);
    }
}
```

最后，创建 VertxManager 的 Bean，用于创建 Vertx 容器，并给它注入 cacheManager 依赖。代码如下：

```
@Component
public class VertxManager {
    @Resource
    private CacheManager cacheManager;

    @PostConstruct
    public void init() {
        Vertx vertx = Vertx.vertx();
        Verticle myVerticle = new MainVerticle(cacheManager);
        vertx.deployVerticle(myVerticle);
    }
}
```

13.4.4　测试

进行新的压力测试，复用之前的线程组配置，请求地址修改为 vertx 的接口地址 "/generator/page"，传入同样的参数，如图 13-37 所示。

图 13-37　修改请求

测试结果如图 13-38 所示，QPS 反而更低了？

为什么使用 Vert.x 后性能反而更差了？所谓的性能优化是个"骗局"吗？其实这很正常，因为每种技术都有适用的应用场景。

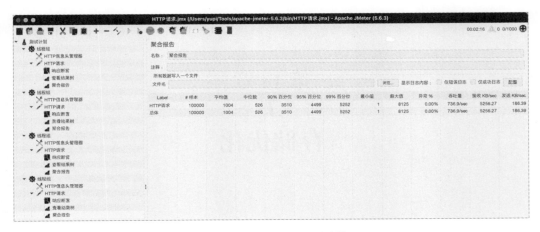

图 13-38　查看 JMeter 测试结果

Vert.x 是一个基于事件驱动、异步非阻塞的框架，它的设计目标是处理大量并发连接。与之相反，Spring Boot 内置的 Tomcat 是同步阻塞模型。在某些场景下（例如传统 CRUD 应用或者 IO 操作较少的场合），同步阻塞模型可能更合适，因为线程都需要等待数据处理完成后再返回响应，反而减少了线程调度的成本。Vert.x 更适合实时类应用，例如聊天应用、实时通信软件等，或者 IO 密集型任务。

感兴趣的读者可以编写一个 IO 密集型接口（例如文件下载接口），并通过 Vert.x 框架重构接口，验证优化效果。

13.5　本章小结

本章介绍了性能优化的思路，并且实践了多种性能优化的方法，希望读者能够灵活运用这些知识，通过测试、分析、实践的闭环持续优化自己的项目。

13.6　本章作业

1. 掌握常用的性能优化思路。
2. 实践查询性能优化，并且实现 QPS 的提升。
3. 编写代码实现本章项目，并且在自己的代码仓库中完成一次提交。

第 14 章 / 存储优化

上一章介绍了如何对项目核心功能的性能进行优化,讲解了通用的性能优化思路,并且演示了多种性能优化的方法。除性能优化外,还有很多项目优化的方法,例如存储优化、可用性优化、稳定性优化、易用性优化、体验优化、成本优化、安全性优化,等等。

由于本项目涉及大量的文件上传/下载操作,并且用到了额外计费的第三方对象存储,所以存储优化是重点。

存储优化也是有很大学问的,请读者思考几个问题:如何保证代码生成器的存储空间不超出限制?如何降低存储成本?如何保证存储数据的安全?

本章将带读者全面、系统地学习存储优化的思路,并在项目开发中进行实践。本章的重点内容是存储优化,包括:

1. 存储优化思路和通用方法。
2. 存储空间优化。
3. 存储成本优化。
4. 存储安全性优化。

虽然本章介绍的存储优化内容更多地涉及后端优化,但是优化的思想是所有程序员都需要学习的。

14.1 存储优化思路

存储是一个很广泛的概念,有很多种存储技术,例如数据库存储、内存存储、对象存储、块存储、文件存储等。我们可以从不同的角度进行存储优化,例如:

- ★ 存储空间优化
- ★ 存储成本优化
- ★ 存储安全性优化
- ★ 存储可用性优化
- ★ 存储可靠性优化
- ★ 存储性能优化

下面针对几种存储技术分享一些通用的存储优化手段（不局限于对象存储这一种存储技术）。

14.1.1 存储空间优化

存储空间优化的主要目标是减少对存储空间的占用，常用的方法有：

- ★ 压缩：使用压缩算法对数据进行压缩，减少对存储空间的占用。常见的压缩算法有 gzip、zstd 等。
- ★ 分区分表：常用于数据库和大数据存储，其原理是将大量数据分别存放于不同的分区和表中，从而提高单表查询性能，并减少单表数据量。
- ★ 数据清理（归档）：定期清理过期或不再需要的数据，或者将不常用的数据归档到其他存储器中。就像管理自己的电脑一样，多余的文件可以拷贝到单独的硬盘里。
- ★ 数据去重：去除重复的数据或者复用数据。此方法常用于网盘系统的实现，例如秒传功能。

14.1.2 存储成本优化

顾名思义，存储成本优化就是减少存储消耗的成本。

在一般情况下，对存储空间进行优化也会带来存储成本的降低，但是二者的概念不完全相同。对存储成本进行优化，除对空间方面的考虑外，还要考虑存储管理和维护成本、设备成本、使用成本等，目标是在提供足够性能和可用性的前提下，降低整个存储系统的总体成本。

存储成本优化的常用方法有：

- ★ 选择合适的存储技术：采用专业存储服务的特定业务，例如用图数据库存储关联数据、用向量数据库存储向量数据……这样往往事半功倍。

- 合理采购存储资源：从需求和业务情况出发，评估存储用量，避免过度购买存储资源。

此外，不同存储的成本优化方法不尽相同，例如本章要讲到的 COS，官方提供了一些成本优化的建议。

14.1.3　存储安全性优化

存储安全性优化的目标是保护数据完整、安全，防止数据泄露等。

存储安全性优化的常用方法有：

- 数据加密：使用合适的加密算法确保数据在存储过程中、在存储对象上的安全。
- 备份恢复：定期备份数据，以便在数据丢失或损坏时能够迅速恢复。
- 访问控制：设置合适的权限和访问控制策略，确保只有被授权用户能够访问存储的数据。
- 日志审计：记录关键操作的日志，便于在出现问题后进行故障定位。而且，定期查阅日志还可能提前发现一些潜在的问题。

此外，不同存储产品的安全性优化方法不尽相同。例如本章要讲到的 COS，官方提供了很多安全性优化的建议，后面会带领读者实践。

14.1.4　其他优化

前面提到的几种优化方法，对于开发者来说是相对可干预的。此外，还有一些其他的存储优化类型，例如：

- 存储可用性优化：保证存储系统在任何时候都能正常提供服务，常用方法有容错、冗余备份、故障转移、快速故障检测恢复等。
- 存储可靠性优化：保证数据的完整性和系统的稳定性，可以通过在底层选用高可靠的硬件设备来实现。
- 存储性能优化：提高存储系统的读写速度、降低响应延迟等。
- 存储管理优化：提高操作、配置和监控存储资源的有效性，可以通过自动化管理工具实现。
- 存储可观测性优化：更好地检测存储系统的运行状态、资源占用情况等，可以通过可视化监控看板、完备的日志和告警系统实现。

对于开发方向的读者，这些优化类型仅做了解即可。在实际开发中，一般会选用第三方云服务提供的存储产品，例如腾讯云的 COS，已经提供了可用性、可靠性、性能、存储管理、可观测性的支持保障。

本章后面将以 COS 为例进行介绍，主要从以下几个角度对本书的代码生成项目进行存储优化：

★ 存储空间优化。

★ 存储成本优化。

★ 存储安全性优化。

14.2 存储空间优化

下面将按照分析、设计和开发三个步骤，实施对示例项目的存储空间优化。

14.2.1 分析

结合本项目的情况分析存储空间优化的思路，包括以下几点。

1. 文件压缩：可以将多个模板文件压缩、打包后上传，这部分在之前的介绍中已经实现。还可以对单个文件进行压缩，例如用户头像、代码生成器封面等。这也是 COS 官方强烈推荐的方式。

COS 官方提供了图像自动压缩处理功能（数据万象），通过管理界面进行相关配置即可，如图 14-1 所示。

图 14-1　配置图像自动压缩处理

2. **文件瘦身**：除通过压缩减少文件占用的空间外，还可以精简文件本身的内容。例如，制作工具额外生成 dist 目录作为产物包，移除了不必要的源码文件。

3. **数据去重**：通过文件的 Hash 值判断是否存在相同的文件，如果存在就不再上传，而是将新文件的路径指向已有文件。这类似秒传的实现原理，但是实现成本比较高，读者仅需了解即可。

4. **文件清理**：定期清理项目中不需要的文件。这是业务开发中最常用的一种方式，下面重点实现文件清理功能。

14.2.2 文件清理机制设计

在进行开发之前，要先明确需求，并进行方案设计。

首先明确需求。读者可以感受一下下面两种需求描述方式的差异。

★ 需求 1：定期清理无用文件。

★ 需求 2：**每天**清理所有无用文件，**包括**用户上传的模板制作文件（generator_make_template）、已删除的代码生成器对应的产物包文件（generator_dist）。

显然，第 2 种需求描述会更准确，明确了清理周期和清理对象。

然后进行方案设计，关键要考虑两个问题：

★ 如何触发任务的定时执行。

★ 如何高效删除文件。

对于第 1 个问题，可以通过定时任务实现，例如 Spring Scheduler。但如果将项目同时部署到多台服务器上，同一时间每台机器都会触发定时任务，就会导致重复执行现象和一些冲突。所以在设计定时任务时，应尽量兼容分布式场景，同一时间只有一个任务在执行。因此在本章中，我们选用一种更优雅的实现方式——分布式任务调度系统。

对于第 2 个问题，一个个删除文件的性能往往是很低的，要多次向对象存储发送请求，所以选用批量删除的方式。删除规则如下：

★ 对于用户上传的模板制作文件，可以整体删除模板制作文件目录。

★ 对于代码生成器对应的产物包文件，先找到要清理的文件列表，然后进行批量删除。

明确方案后，下面先来学习分布式任务调度系统，再进行文件清理机制的开发。

14.2.3 分布式任务调度系统

14.2.3.1 什么是分布式任务调度系统

分布式任务调度系统是专用于协调和管理分布式场景中的任务的系统，相当于一家公司的老大，负责给员工分配任务、通知员工执行任务，保证大家不会做重复的工作，并提高任务执行的效率和可靠性。

主流的分布式任务调度系统有 XXL-JOB、Elastic Job 等。下面以相对简单易用的 XXL-JOB 为例，带领读者掌握分布式任务调度系统的用法。

14.2.3.2 认识 XXL-JOB

XXL-JOB 是一个非常成熟的开源定时任务调度系统，它的优点是易学、易用、易部署、易扩展，已经过多家知名公司生产环境的验证。下面鱼皮带领读者快速入门。

> XXL-JOB 的官方文档写得非常好，强烈推荐阅读。

14.2.3.3 安装 XXL-JOB

安装 XXL-JOB 的步骤如下：

1. 首先下载项目源码。

2. 执行初始化数据库脚本。在项目根路径下找到 /doc/db/tables_xxl_job.sql 文件，通过 IDEA 配置 MySQL 数据源，然后执行脚本，创建 XXL-JOB 需要的库表，如图 14-2 所示。

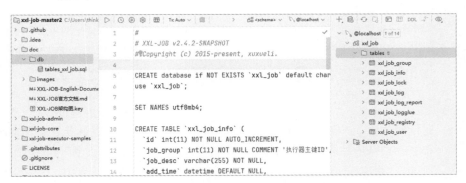

图 14-2　创建 XXL-JOB 需要的库表

3. 修改数据库配置信息。修改 xxl-job-admin 目录下的 application.properties 配置文件，如图 14-3 所示。

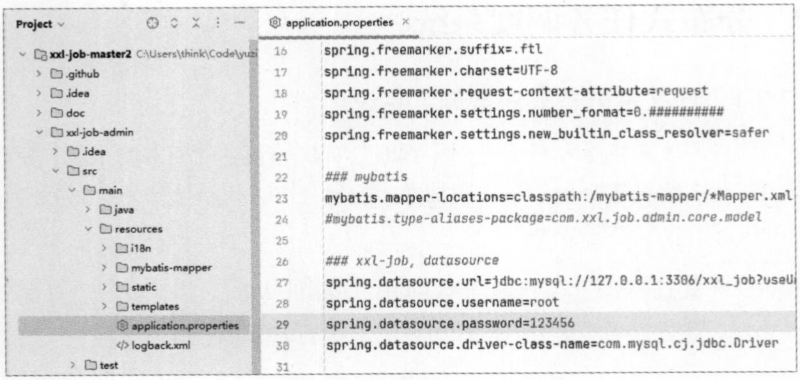

图 14-3　修改配置文件

4. 启动项目。找到 xxl-job-admin 的入口类并运行，表示运行成功的信息如图 14-4 所示。

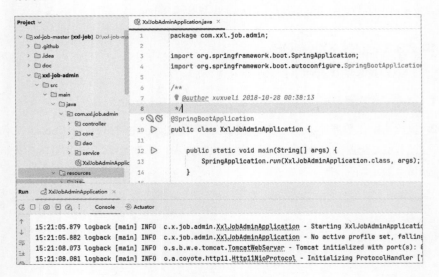

图 14-4　启动项目

5. 运行成功后，访问 http://localhost:8080/xxl-job-admin，使用默认登录账号 admin 和密码 123456 登录 XXL-JOB，进入"任务调度中心"页面，如图 14-5 所示。

进入"任务管理"页面，可以看到已经注册并等待定时执行的任务，如图 14-6 所示。

进入"执行器管理"页面，可以查看已注册的执行器，如图 14-7 所示。执行器就是实际执行业务逻辑的代码，跟随项目被部署在服务器上。对于分布式项目，同一个执行器会被部署在多台机器上。

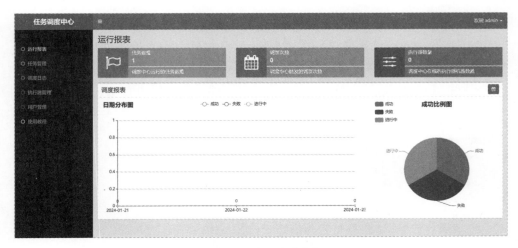

图 14-5 "任务调度中心"页面

图 14-6 "任务管理"页面

图 14-7 "执行器管理"页面

下面演示如何使用 XXL-JOB 来管理和触发项目中的定时任务。

14.2.3.4 入门 Demo

为了方便，本例基于 XXL-JOB 源码包的 xxl-job-executor-sample-springboot 进行操作，作为入门学习。

1. 首先引入 XXL-JOB 依赖。该项目已经引入 Maven 依赖，代码如下：

```xml
<!-- xxl-job-core -->
<dependency>
    <groupId>com.xuxueli</groupId>
    <artifactId>xxl-job-core</artifactId>
    <version>2.4.1-SNAPSHOT</version>
</dependency>
```

2. 配置执行器。本例需要手动创建一个 XXL-JOB 执行器的 Bean，该项目已经预置了配置类 XxlJobConfig，无须自己编写。代码如下：

```java
@Bean
public XxlJobSpringExecutor xxlJobExecutor() {
    logger.info(">>>>>>>>>>> xxl-job config init.");
    XxlJobSpringExecutor xxlJobSpringExecutor = new XxlJobSpringExecutor();
    xxlJobSpringExecutor.setAdminAddresses(adminAddresses);
    xxlJobSpringExecutor.setAppname(appname);
    xxlJobSpringExecutor.setAddress(address);
    xxlJobSpringExecutor.setIp(ip);
    xxlJobSpringExecutor.setPort(port);
    xxlJobSpringExecutor.setAccessToken(accessToken);
    xxlJobSpringExecutor.setLogPath(logPath);
    xxlJobSpringExecutor.setLogRetentionDays(logRetentionDays);
    return xxlJobSpringExecutor;
}
```

然后找到项目的配置文件 application.properties。该项目默认提供了执行器配置，直接使用即可。对于实际项目，请根据需求进行修改。

3. 进行任务开发。示例项目已经内置了 SampleXxlJob 任务类，其中包含多个已编写完成的基础任务，照猫画虎即可。注意要给每个任务方法添加 @XxlJob 注解，以便被 XXL-JOB 识别。

在 service.jobhandler 包下新建 MyJobHandler 类，示例代码如下：

```java
@Component
public class MyJobHandler {
    @XxlJob("myJobHandler")
    public void myJobHandler() throws InterruptedException {
```

```
        Thread.sleep(3000);
        System.out.println(" 你好，我是鱼皮 ");
    }
}
```

4. 启动 xxl-job-executor-sample-springboot 项目，如图 14-8 所示。

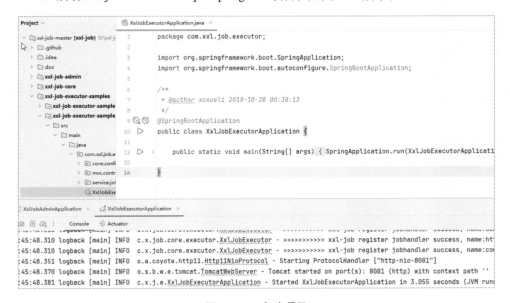

图 14-8　启动项目

项目启动成功后，进入 "执行器管理" 页面，可以查看已注册的执行器，如图 14-9 所示。

图 14-9　查看已注册的执行器

目前的执行器是通过初始化数据库表脚本创建的，也可以手动新增或者让框架自动注册。

5. 创建任务。开发好任务后，还需要进入平台的"任务管理"页面，手动新增任务。在"新增"页面中，可以指定任务的执行周期（Cron）和执行的 JobHandler（与开发任务时的注解值一致），如图 14-10 所示。

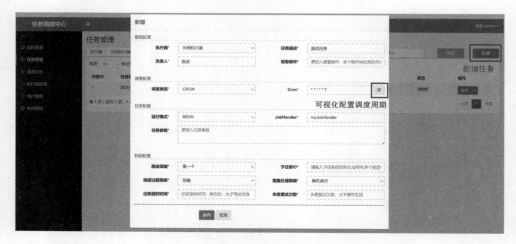

图 14-10　新增任务

6. 启动任务。在"任务管理"页面中，展开需要操作的任务对应的"操作"下拉菜单，选择"启动"命令即可（在调试阶段也可以选择"执行一次"命令），如图 14-11 所示。

图 14-11　启动任务

任务正常启动，项目控制台会持续显示输出的内容，如图 14-12 所示。

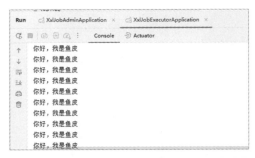

图 14-12　使用项目控制台查看输出结果

在"运行报表"页面，可以查看任务的执行记录，从中可以分析任务的成功率、阻塞情况等，如图 14-13 所示。

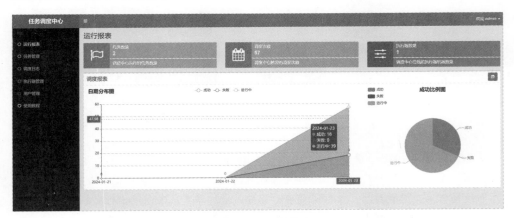

图 14-13　运行报表

经测试发现，如果存在已被触发但是没有执行完成的任务（例如线程被阻塞了），哪怕这时关闭任务，系统也会把积压的请求处理完。如果这时候 XXL-JOB 管理系统下线了，客户端不再执行定时任务，但客户端会不断重连 XXL-JOB 管理系统，等管理系统重新上线后，仍然会继续处理积压的请求。这是 XXL-JOB 提供的功能之一，与自己开发一套任务调度系统相比，使用 XXL-JOB 更省时、省心。

XXL-JOB 也支持直接在界面编写任务代码，将运行模式设置为 GLUE 即可，如图 14-14 所示。

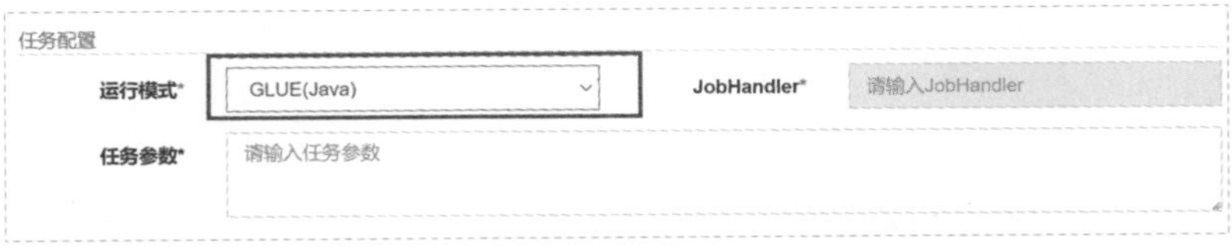

图 14-14　在界面编写任务代码

但是我并不推荐这种方式，这样不利于做系统维护。

小知识：XXL-JOB 核心原理

通过阅读官方文档、研究整体的架构设计可以快速了解 XXL-JOB 的核心原理，如图 14-15 所示。

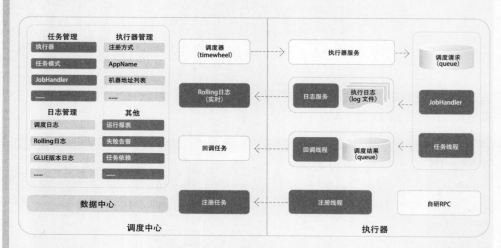

图 14-15 XXL-JOB 架构图

从整体到局部，XXL-JOB 分为调度中心和执行器两部分。调度中心相当于管理者，负责分配任务；执行器相当于员工，负责执行任务。执行器首先要在调度中心完成注册（注册线程调用注册服务），然后调度中心就可以通过调度器来调用执行器，执行器负责完成任务并且向调度中心汇报进度和情况（日志），调度中心可以管理任务的执行情况并提供可视化监控面板。

14.2.4　文件清理机制开发

掌握了 XXL-JOB 的基础用法和原理后，下面来实践文件清理机制的开发。

14.2.4.1　引入 XXL-JOB

首先为 yuzi-generator-web-backend 项目引入 XXL-JOB。为 pom.xml 引入 Maven 依赖的代码如下：

```
<!-- xxl-job-core -->
<dependency>
    <groupId>com.xuxueli</groupId>
    <artifactId>xxl-job-core</artifactId>
```

```
<version>2.4.0</version>
</dependency>
```

从上述官方提供的示例项目中,将 XXL-JOB 配置类 XxlJobConfig 复制到 web.config 包下,用于创建执行器 Bean。然后在 application.yml 中补充执行器配置信息,代码如下:

```yml
# XXL-JOB 配置
xxl:
  job:
    admin:
      addresses: http://127.0.0.1:8080/xxl-job-admin
    accessToken: default_token
    executor:
      # XXL-JOB 执行器名称
      appname: yuzi-generator-web-backend
      port: 9999
      # XXL-JOB 执行器日志路径
      logpath: logs/jobhandler
```

修改好配置后,启动项目。

14.2.4.2　新增执行器

如果需要新增执行器,在"执行器管理"页面点击"新增"按钮,打开"新增执行器"对话框,确保"AppName"中的内容与配置文件一致,在"注册方式"选项中选择"自动注册"单选按钮,XXL-JOB 会自动寻找执行器的地址,如图 14-16 所示。

图 14-16　自动注册

点击"保存"按钮完成新增操作,稍等片刻后刷新(重新搜索),即可看到执行器已成功接入。

14.2.4.3 对象存储支持删除操作

需要给 CosManager 模块补充删除对象、批量删除、删除目录等功能，具体操作也可以参考官方文档。

删除对象方法的代码如下：

```java
public void deleteObject(String key) throws CosClientException, CosServiceException {
    cosClient.deleteObject(cosClientConfig.getBucket(), key);
}
```

编写批量删除对象方法时，一定要注意批量删除的调用路径不能以 "/" 开头。代码如下：

```java
public DeleteObjectsResult deleteObjects(List<String> keyList)
        throws MultiObjectDeleteException, CosClientException, CosServiceException {
    DeleteObjectsRequest deleteObjectsRequest = new DeleteObjectsRequest(cosClientConfig.getBucket());
    // 设置要删除的 key 列表，最多可一次删除 1000 个 key
    ArrayList<DeleteObjectsRequest.KeyVersion> keyVersions = new ArrayList<>();
    // 传入要删除的文件名
    // 注意文件名不允许以正斜线 "/" 或者反斜线 "\" 开头
    // 例如，如果要删除存储桶目录下的 "a/b/c.txt" 文件，只能使用 keyList.add(new KeyVersion("a/b/c.txt"))，若使用 keyList.add(new KeyVersion("/a/b/c.txt"))，会导致删除不成功
    for (String key : keyList) {
        keyVersions.add(new DeleteObjectsRequest.KeyVersion(key));
    }
    deleteObjectsRequest.setKeys(keyVersions);
    DeleteObjectsResult deleteObjectsResult = cosClient.deleteObjects(deleteObjectsRequest);
    return deleteObjectsResult;
}
```

编写删除目录方法时，需要注意方法参数是目录前缀，而不是精确的目录，所以尽量以 "/" 结尾，防止误删文件。代码如下：

```java
public void deleteDir(String delPrefix) throws CosClientException, CosServiceException {
    ListObjectsRequest listObjectsRequest = new ListObjectsRequest();
    // 设置存储桶名称
    listObjectsRequest.setBucketName(cosClientConfig.getBucket());
    // prefix 表示列出的对象名以 prefix 为前缀
    // 填写要列出的目录相对存储桶的路径
    listObjectsRequest.setPrefix(delPrefix);
    // 设置最多遍历多少个对象，listobject 最多支持 1000 个
    listObjectsRequest.setMaxKeys(1000);
    // 保存每次列出的结果
```

```java
    ObjectListing objectListing = null;
    do {
        objectListing = cosClient.listObjects(listObjectsRequest);
        // 保存列出的对象列表
        List<COSObjectSummary> cosObjectSummaries = objectListing.getObjectSummaries();
        if (CollUtil.isEmpty(cosObjectSummaries)) {
            break;
        }
        ArrayList<DeleteObjectsRequest.KeyVersion> delObjects = new ArrayList<>();
        for (COSObjectSummary cosObjectSummary : cosObjectSummaries) {
            delObjects.add(new DeleteObjectsRequest.KeyVersion(cosObjectSummary.getKey()));
        }
        DeleteObjectsRequest deleteObjectsRequest = new DeleteObjectsRequest(cosClientConfig.getBucket());
        deleteObjectsRequest.setKeys(delObjects);
        cosClient.deleteObjects(deleteObjectsRequest);
        // 标记下一次开始的位置
        String nextMarker = objectListing.getNextMarker();
        listObjectsRequest.setMarker(nextMarker);
    } while (objectListing.isTruncated());
}
```

可以通过编写单元测试来检验以上删除方法，示例代码如下：

```java
@SpringBootTest
class CosManagerTest {
    @Resource
    private CosManager cosManager;

    @Test
    void deleteObject() {
        cosManager.deleteObject("/generator_make_template/1");
    }

    @Test
    void deleteObjects() {
        cosManager.deleteObjects(Arrays.asList("generator_make_template/1/a.zip",
                "generator_make_template/1/b.zip"
        ));
    }

    @Test
    void deleteDir() {
        cosManager.deleteDir("/generator_picture/1/");
    }
}
```

14.2.4.4　开发定时任务

回顾前面提出的需求：每天清理所有无用的文件，包括用户上传的模板制作文件（generator_make_template）、已删除的代码生成器对应的产物包文件（generator_dist）。

那么，定时任务的核心逻辑是：先查询符合要求的文件，然后将其删除。

1. 在 GeneratorMapper 中新增查询已删除数据的方法。

对于本例，因为开启了 MyBatis Plus 的自动逻辑删除，所以只能自己编写 SQL 代码来查询已删除数据。代码如下：

```java
public interface GeneratorMapper extends BaseMapper<Generator> {
    @Select("SELECT id, distPath FROM generator WHERE isDelete = 1")
    List<Generator> listDeletedGenerator();
}
```

2. 在 web.job 包下新建 ClearCosJobHandler 任务处理器，代码如下：

```java
@Component
@Slf4j
public class ClearCosJobHandler {
    @Resource
    private CosManager cosManager;
    @Resource
    private GeneratorMapper generatorMapper;

    // 每天执行
    @XxlJob("clearCosJobHandler")
    public void clearCosJobHandler() throws Exception {
        log.info("clearCosJobHandler start");
        // 编写业务逻辑
        // 包含用户上传的模板制作文件
        cosManager.deleteDir("/generator_make_template/");
        // 包含已删除的代码生成器对应的产物包文件
        List<Generator> generatorList = generatorMapper.listDeletedGenerator();
        List<String> keyList = generatorList.stream().map(Generator::getDistPath)
                .filter(StrUtil::isNotBlank)
                // 移除 "/" 前缀
                .map(distPath -> distPath.substring(1))
                .collect(Collectors.toList());
        cosManager.deleteObjects(keyList);
        log.info("clearCosJobHandler end");
    }
}
```

3. 在 XXL-JOB 的"任务管理"面板中新增任务,设定为每天在固定时间执行,如图 14-17 所示。

图 14-17　新增在固定时间执行的任务

14.2.4.5　测试与验证

首先,打开"执行器管理"页面,确保执行器识别到了在线机器地址,如图 14-18 所示。

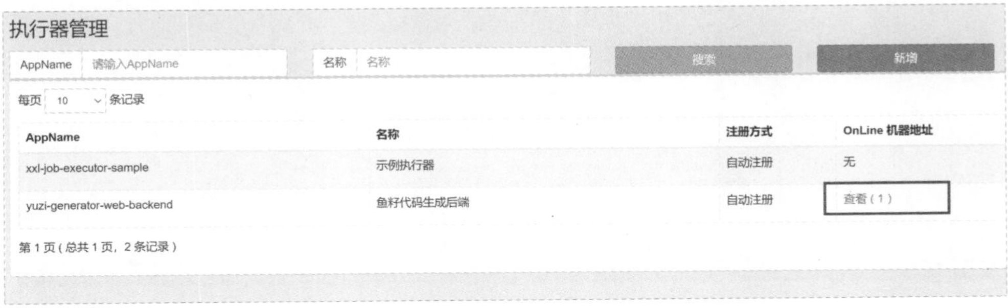

图 14-18　识别在线机器地址

若执行器没有识别到地址,可以尝试重新启动项目、重新注册执行器,等等。

进入"任务管理"页面,选择新增的执行器,执行一次清理任务,如图 14-19 所示。

第14章 存储优化

图 14-19 执行一次任务

任务执行成功后,能够在"调度日志"页面看到表明任务调度成功的日志,如图 14-20 所示。

图 14-20 任务执行成功日志

如果任务执行失败,也可以在"调度日志"页面查看失败原因,如图 14-21 所示。

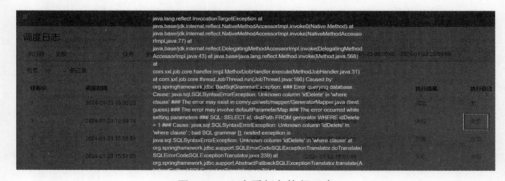

图 14-21 查看任务执行日志

至此,文件清理机制开发完成。

14.3 存储成本优化

前文已经分享了几个成本优化的方法,例如做好技术选型、按量购买、节约空间等。如果使用的是第三方云服务,最好参考官方的成本优化方案。例如,COS 的成本优化解决方案文档写得非常详细，阅读该文档通常能获得不少启发。

下面总结几个成本优化的重点。对于大部分企业来说，**存储容量费用和流量费用**是使用云存储服务的主要成本，成本优化也可以从这些方面入手。

14.3.1 选择合适的存储类型

要根据实际的需求和业务特点选择对象存储的类型和业务地域。腾讯云 COS 提供标准存储、低频存储、归档存储、深度归档存储四种产品类型，其中后三种的存储容量费用较低。

腾讯云官方提供的费用参考表如图 14-22 所示。

对比项	标准存储	低频存储	归档存储	深度归档存储	标准存储 （多 AZ）	低频存储 （多 AZ）
存储单价（元/GB/月）	0.118	0.08	0.033	0.01	0.15	0.1
流量单价（元/GB）	0.5	0.5	0.5	0.5	0.5	0.5
请求单价（元/万次，以100万次为例）	0.01	0.05	0.01	读写请求：0.5 标准取回请求：7	0.01	0.05
取回单价（元/GB）	0	0.02	标准取回：0.06	标准取回：0.14	0	0.02
总费用（存储100TB+无下载）	12083.20	8192.00	3379.20	1024	15360.00	10240.00
总费用（存储100TB+下载100T+请求100万次+取回100TB）	62084.20	60245.00	59524.20	66110.00	65361.00	62293.00
总费用（存储100TB+下载500T+请求100万次+取回500TB）	262084.20	268437.00	284100.20	323454.00	265361.00	270485.00

图 14-22 对象存储费用

仔细研究这几种存储类型的费用可以发现，**存储总费用最低的存储类型未必最合适**。如果业务数据的下载量较低，选择归档存储或深度归档存储能有效降低存储成本，深度归档存储相较标准存储甚至可节省 90% 的存储费用；但如果业务数据需要被频繁下载，则低频存储、归档存储、深度归档存储的取回费用会带来额外的成本开销，导致整体费用反而更高。

结合具体的业务场景分析：

★ 频繁读写场景：例如 UGC、电商图片等读多写少的业务，可使用标准存储类型。如果业务对可用性和数据持久性有较高要求，可以考虑标准存储类型。

★ 少量读场景（一个月读一次）：例如日志数据分析、网盘数据等业务，读取频率较低，但读取时对性能要求较高，可使用低频存储类型。对可用性和数据持久性有较高要求的业务，建议使用低频存储类型。

★ 极少量读场景（三个月读一次）：例如视频监控、日志数据归档等业务，读取频率极低，对读取性能的要求较低，可使用归档存储类型。

★ 基本不读取场景（半年读一次）：例如医疗影像、档案资料等业务，日常仅做长期备份用途，对读取性能几乎无要求，可使用深度归档存储类型。

14.3.2 数据沉降

对于大部分数据而言，其访问热度一般随着存储时间延长而降低。因此，如果想严格控制成本，需要根据业务数据访问情况的变化，调整使用的数据存储类型。

一般情况下，数据沉降分为两个阶段：先分析，再沉降。

★ 先分析：通过对象存储提供的清单/访问日志分析，或者在业务代码中自行统计、分析。

★ 再沉降：可以直接通过对象存储提供的**生命周期**功能自动沉降数据，如图 14-23 所示。

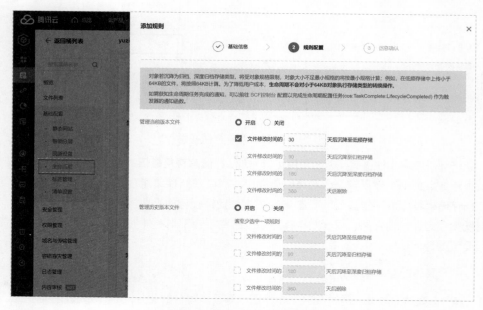

图 14-23 生命周期配置

对于本项目，可以将很久不访问的代码生成器沉降到存储成本更低的低频存储中。除利用生命周期功能外，也可以通过数据库记录代码生成器的使用和下载时间，自行调用 API 批量沉降数据或者将数据转存储到其他服务。

14.3.3 减少访问

减少访问的目的是降低流量费用，例如使用本地文件缓存数据，从而降低访问对象存储读取文件的次数。

CDN 在本质上也是一种缓存类型，虽然能减少对对象存储的访问（回源），但是会有额外的 CDN 流量费用，所以要根据实际情况选用。

14.4 存储安全性优化

存储系统的安全性是至关重要的。目前，示例项目的对象存储访问权限为"公有读"，处于"半裸奔"状态。下面通过多种方式进行优化。

14.4.1 官方建议

腾讯云官方提供了多种安全方案，例如：

★ 白盒密钥：和设备绑定，安全性极高，但是成本较高。

★ 权限隔离：授权 CAM[1] 用户**可以在哪种条件下，通过哪种方式对哪些资源进行哪种操作**，如图 14-24 所示。

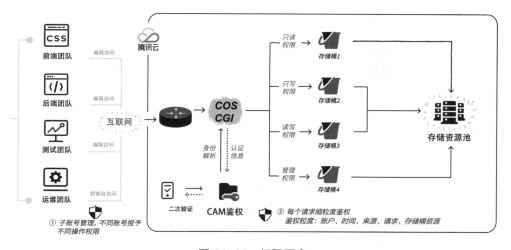

图 14-24　权限隔离

1　CAM，Cloud Access Management，腾讯云访问管理。

★ 对象锁定：对于一些核心敏感数据，如金融交易数据、医疗影像数据等，可通过对象锁定功能防止文件在上传之后被删除或者篡改。配置对象锁定功能后，在有效期内，存储桶内的所有数据处于只读状态，不会被覆写或者删除。

★ 数据灾备：通过版本控制和存储桶复制实现异地容灾，进一步保证数据持久性，确保在数据被误删或者恶意删除时可从备份站点恢复数据。

★ 版本控制：每次操作都会创建新版本文件，通过"删除标记"来区分文件是否被删除（逻辑删除）。可以通过指定版本号访问过去任意版本的数据，还可以进行数据回滚，解决数据被误删和覆写的风险，如图 14-25 所示。

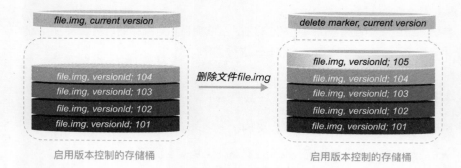

图 14-25　版本控制

★ 存储桶复制：当主存储桶中的数据被误删时，可以通过批量拷贝的方式从备份存储桶中恢复数据，如图 14-26 所示。

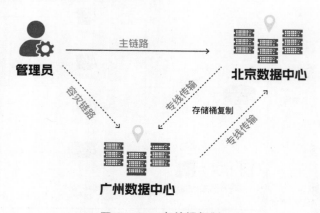

图 14-26　存储桶复制

★ 冷备份：考虑到版本控制和存储桶复制功能都可能造成文件数量增加，也可以使用生命周期功能将一些备份数据沉降至低频存储、归档存储等更便宜的存储类型，从而实现低成本冷备份。

此外，还可以通过事中监控（操作对象存储时触发事件通知）、事后追溯（查看日志）等手段，帮助用户分析、排查安全性问题。

14.4.2 安全管理

COS 的控制台提供了几个安全管理功能，包括跨域访问设置、防盗链配置、服务端加密、盗刷风险检测等。

14.4.2.1 跨域访问设置

跨域访问指在一个域中通过 HTTP 请求访问另一个域中的资源。只要协议、域名、端口中的任何一个改变了，就会被认为是不同的域。

> 注意，"跨域"这个概念是基于浏览器的安全机制限制而提出的，一般应用于前端直传对象存储的场景。

在 COS 的"跨域访问 CORS 设置"页面中，可以自由添加规则，根据实际的域名、请求方法、需要的请求头信息进行配置即可，如图 14-27 所示。

图 14-27　添加跨域访问规则

新规则配置完成后，对象存储（服务端）就会允许来自对应域名的跨域请求。我们可以在"跨域访问 CORS 设置"页面中灵活添加多条规则，如图 14-28 所示。

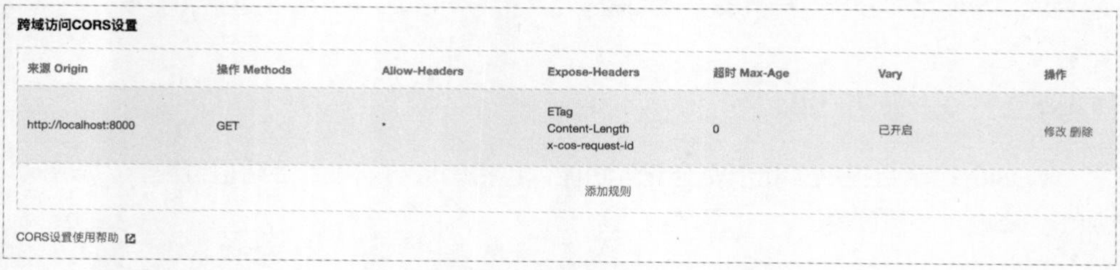

来源 Origin	操作 Methods	Allow-Headers	Expose-Headers	超时 Max-Age	Vary	操作
http://localhost:8000	GET	*	ETag Content-Length x-cos-request-id	0	已开启	修改 删除

图 14-28　配置跨域规则

14.4.2.2　防盗链设置

盗链是指在某网站或应用程序中，未经资源拥有者的许可直接引用并展示其他网站的资源（如图片、音频、视频等）。例如 A 用户拥有一个壁纸网站，B 用户直接把 A 用户网站的所有壁纸图片爬取到自己的网站上，并且链接 A 网站的图片地址进行展示，实际消耗的是 A 网站的流量！这是一种成本极低、危害极大的侵权方式。

如何防盗链呢？可以通过请求头中的 referer（网站请求来源）信息进行校验，如果请求头中没有该字段，或者字段内容不是预期的来源，就禁止该请求。

如何在 COS 控制台中进行防盗链设置？假设项目上线的前端域名是 yupi.com，建议配置白名单，仅允许来自特定域名的访问请求，并且拒绝空 referer，如图 14-29 所示。

图 14-29　防盗链设置

保存防盗链设置后，再打开本地域名为 localhost 的前端网站，发现图片无法加载，如图 14-30 所示。

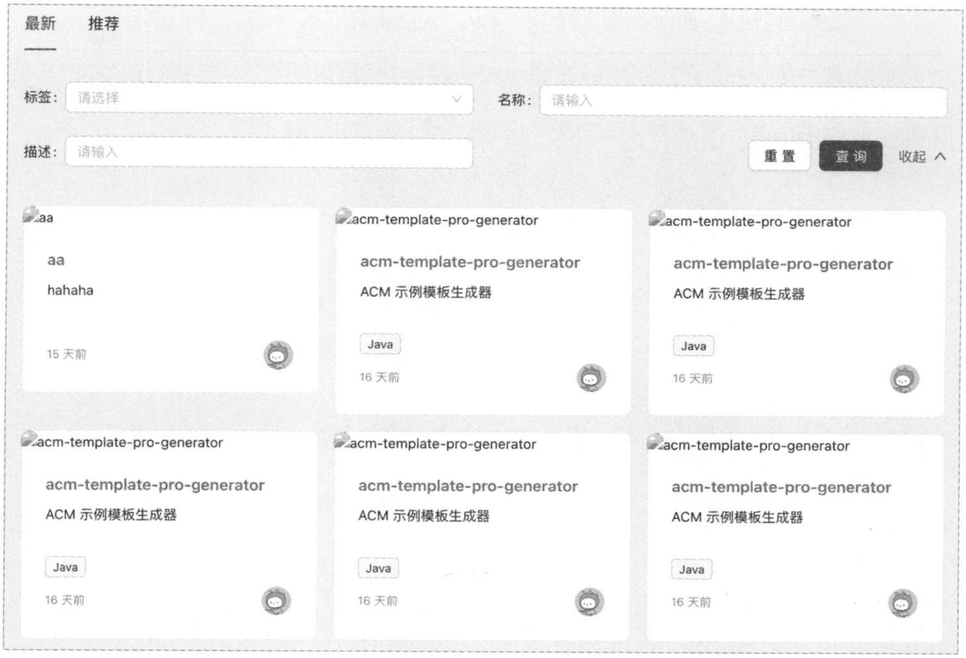

图 14-30　图片无法加载

打开控制台，发现图片加载请求代码报错，错误编号为 403——访问被禁止，如图 14-31 所示，说明防盗链设置生效了。

图 14-31　防盗链设置生效

再次修改防盗链设置：在"Referer"框中增加 localhost 的域名并保存。刷新页面，这次图片能够正常加载了。

14.4.2.3　服务端加密

服务端加密功能包括加密存储和加密传输，适用于对安全性要求较高的使用场景。

★ 加密存储：在将数据写入磁盘之前，对数据进行加密，并在访问数据时自动解密。

加密和解密的操作都是在服务端完成的，这样能有效保护数据。

★ 加密传输：COS 提供通过 HTTPS 部署 SSL 证书实现加密的功能，在传输链路层上建立加密层，确保数据在传输过程中不会被窃取或篡改。

需要注意的是，加密会对系统的性能造成一定影响，所以要慎重开启服务端加密功能。

在"服务端加密"页面可以对加密功能进行设置，如图 14-32 所示。

图 14-32　服务端加密设置

14.4.2.4　盗刷风险检测

COS 提供的盗刷风险检测功能非常实用，可以轻松检测到潜在的安全风险。例如，图 14-33 所示的提示信息表明目前的存储访问权限存在风险。

图 14-33　盗刷风险检测

14.4.3 现存权限风险

本项目的预期是：仅允许登录用户下载代码生成器文件。而现在的情况是：用户只要知道文件在 COS 的存储地址，不用登录也可以直接下载。

例如，假设文件的下载链接为 https://www.***.com/generator_dist/1/generator.zip，由于设置了防盗链功能，直接访问此链接无法获得文件，如图 14-34 所示。

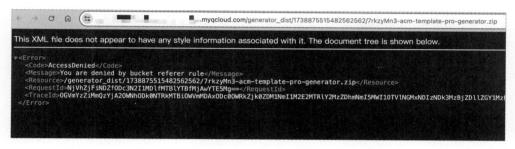

图 14-34 无法下载文件

但是别忘了，请求是可以构造的！例如，在网络请求控制台中复制请求信息，作为 cURL 请求工具脚本，然后修改复制的脚本，追加请求头信息和输出文件，就能够顺利下载该文件。

示例脚本如下：

```
curl 'https://www.***.com/generator_dist/1/generator.zip' \
  -H 'Accept: text/html,application/xhtml+xml,application/xml;q=0.9,image/avif,image/webp,image/apng,*/*;q=0.8,application/signed-exchange;v=b3;q=0.7' \
  -H 'Accept-Language: zh-CN,zh;q=0.9' \
  -H 'Cache-Control: no-cache' \
  -H 'Referer: localhost:8000' \
  -H 'Connection: keep-alive' \
  -H 'Pragma: no-cache' \
  -H 'Sec-Fetch-Dest: document' \
  -H 'Sec-Fetch-Mode: navigate' \
  -H 'Sec-Fetch-Site: none' \
  -H 'Sec-Fetch-User: ?1' \
  -H 'Upgrade-Insecure-Requests: 1' \
  -H 'User-Agent: Mozilla/5.0 (Macintosh; Intel Mac OS X 10_15_7) AppleWebKit/537.36 (KHTML, like Gecko) Chrome/120.0.0.0 Safari/537.36' \
  -H 'sec-ch-ua: "Not_A Brand";v="8", "Chromium";v="120", "Google Chrome";v="120"' \
  -H 'sec-ch-ua-mobile: ?0' \
  -H 'sec-ch-ua-platform: "macOS"' \
  --compressed
  --output a.zip
```

14.4.4 权限管理实践

首先明确需求：对于图片资源，允许所有用户读；对于其他文件（例如代码生成器产物包），禁止匿名用户访问。

COS 提供了几种权限管理方法，用户的总权限为这些方法的组合。

★ 存储桶访问权限：可以控制已有账号、子账号操作存储桶的权限，粒度较粗。

★ 自定义 policy 权限：可以更灵活地控制某个用户在某个条件下对某个资源的某种操作权限，粒度较细，如图 14-35 所示。

访问策略：规定什么人在什么条件下可以对什么资源进行什么操作

- 子账号
- 协作者
- 另一个主账号
- 另一个主账号的子账号
- 匿名用户
- 服务角色

- IP
- VPC
- 资源类型
  [图片, 文档, etc]
- 指定版本
- ……

- 整个存储桶
- 指定目录
- 具体的文件
- ……

- 允许 / 拒绝
- 存储桶配置读写
- 文件配置读写
- 文件读写

图 14-35　访问策略

在实际操作时，建议两者结合使用。下面来实践一下。

14.4.4.1　创建子账户

首先创建一个子账户。不建议直接用主账户，因为权限过大，容易出现权限风险。

在腾讯云访问管理控制台中，打开"用户列表"页面，如图 14-36 所示。

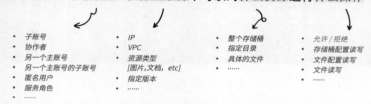

图 14-36　访问管理控制台

点击"新建用户"按钮，在打开的页面中点击"快速创建"按钮，快速创建子用户，如图 14-37 所示。

图 14-37 快速创建子用户

在新用户的信息设置页面中，修改用户的访问方式和权限，如图 14-38 所示。在保存新用户的信息时，注意需要开启编程访问。

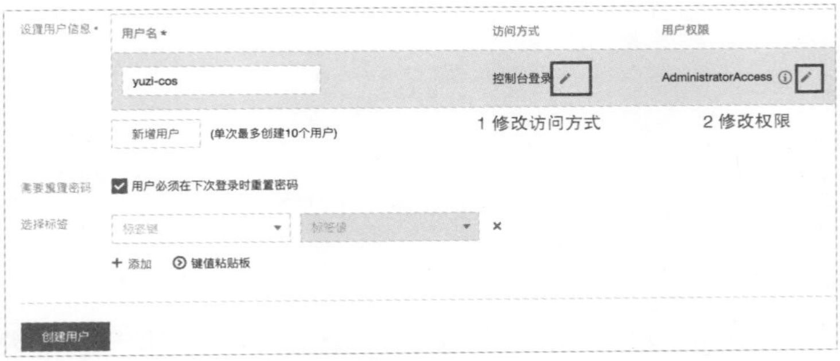

图 14-38 设置用户信息

然后选择策略，直接取消选中所有默认权限，推荐逐条按需添加，如图 14-39 所示。

图 14-39 选择策略

成功新建用户后，一定要保存好密码和 SecretKey！这些信息在使用腾讯云 API 访问云资源时会用到，如图 14-40 所示。

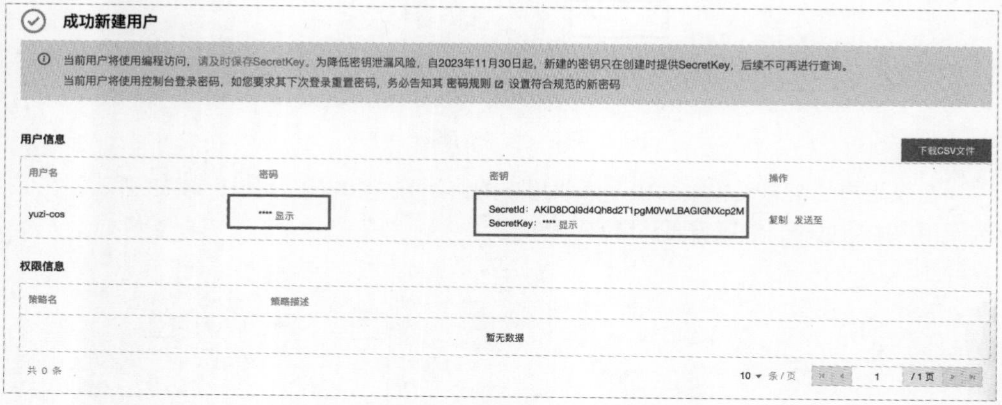

图 14-40　保存密钥信息

14.4.4.2　修改存储桶访问权限

遵循最小权限原则，先将公共权限设置为"私有读写"，保证只有已授权用户才能访问存储桶。然后为新建的子用户增加访问存储桶的权限，注意操作完成后要保存，如图 14-41 所示。

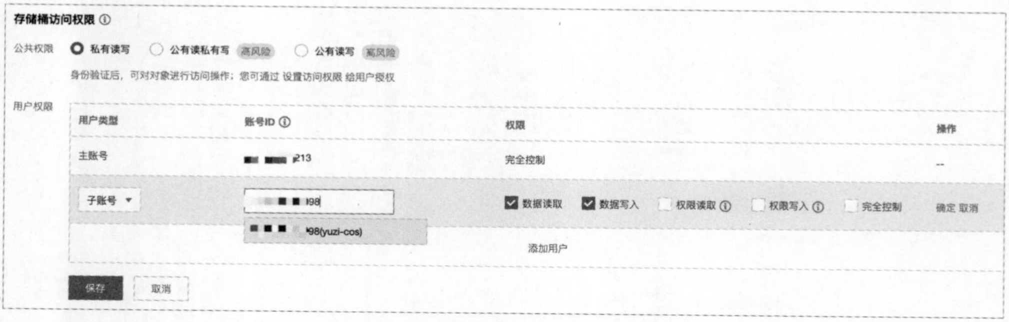

图 14-41　设置存储桶的访问权限

修改用户权限后，再次打开网站进行验证，已无法访问图片，如图 14-42 所示。

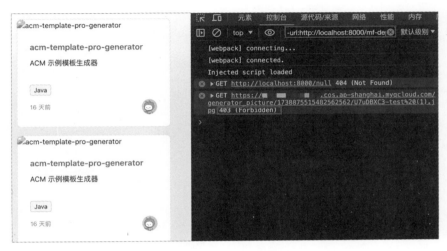

图 14-42　无法访问图片

14.4.4.3　设置 Policy 权限

下面开放图片的"公开读"权限，在控制台中设置 policy 权限，如图 14-43 所示。

图 14-43　设置权限

添加策略，将资源范围设置为"指定目录"，如图 14-44 所示。

图 14-44　编辑策略

指定允许访问的资源路径，包括用户头像目录和生成器封面目录，如图 14-45 所示。

图 14-45　指定资源路径

设置完成后进行验证，用户头像和生成器封面能够正常加载，但是代码生成器无法直接通过客户端请求下载，会提示出现 403 错误。

14.4.4.4　验证程序访问

修改 Web 项目的 application.yml 配置，将访问密钥更换为子用户的（之前保存的）SecretId 和 SecretKey，然后通过前端界面验证文件上传功能，能够成功上传。

如果上传失败，检查是否已按前面讲解的步骤为子用户开通了权限。注意，修改权限后，可能需要等待几分钟才能生效。

14.4.4.5　其他授权方式

除在修改存储桶访问权限的页面中添加指定用户外，还可以直接为某个子用户添加存储桶访问权限。

例如，在"用户详情"页面中为指定用户添加策略，如图 14-46 所示。

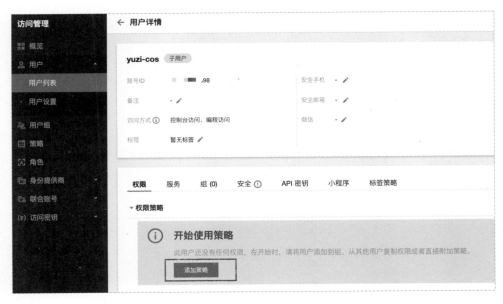

图 14-46　添加策略

例如，为当前子用户添加对象存储数据读写权限，如图 14-47 所示。

至此，对象存储的安全性优化已完成。还有一些保证存储安全性的方法，例如生成临时操作对象的密钥，但由于本例通过服务端上传文件，并非通过前端将文件直接传入对象存储，所以不需要这么做。

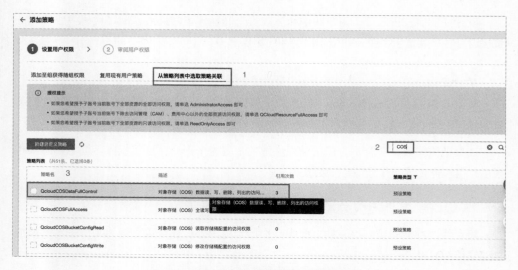

图 14-47　添加对象存储数据读写权限

14.5　本章小结

本章讲解了通用的存储优化思路，并且实践了几种存储优化的方法，希望读者能够灵活运用这些知识，持续优化自己的项目。

14.6　本章作业

1. 掌握常用的存储优化思路。
2. 掌握 XXL-JOB 分布式任务调度的部署和接入，自己开发一个测试任务。
3. 总结性能优化和存储优化的方法，编写自己的优化技巧文档，为其他项目的开发和优化提供指导。
4. 编写代码实现本章的项目，并且在自己的代码仓库中完成一次提交。

第 15 章
部署上线

经过需求分析、设计、功能开发、测试和优化，终于迎来了项目开发的最后一步——项目部署上线，让其他用户访问。本章将通过简单易懂的方式带领读者学习如何将项目的前端和后端完整上线，主要内容包括：

- ★ 服务器初始化
- ★ 部署规划
- ★ 安装依赖
- ★ 前端部署
- ★ 后端部署
- ★ 测试验证

本章内容也适合单独学习。希望读者能够掌握项目部署上线的快捷方法。

15.1 服务器初始化

首先在第三方云服务商处购买一台云服务器，个人推荐腾讯云的轻量应用服务器，该产品提供了很多"开箱即用"的模板，预设了环境和软件，省时省力。

本例，鱼皮选择了一台预装宝塔 Linux 应用的轻量应用服务器，配置为 2 核 CPU、2GB 内存，足够部署本项目了，如图 15-1 所示。

> 宝塔 Linux 是一个可视化 Linux 运维管理工具，提供了很多帮助开发者管理服务器的功能，适合中小团队或者个人使用。

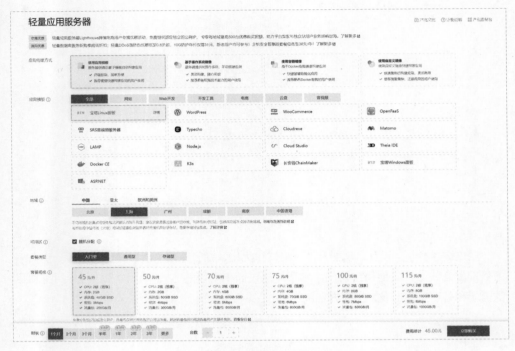

图 15-1 配置服务器

购买服务器后，进入控制台，可以看到新增的服务器信息，如图 15-2 所示。

图 15-2 服务器信息

注意不要主动对外暴露公网 IP！那样可能会导致服务器被恶意攻击。

点击服务器名称进入服务器的详情页，在"防火墙"选项卡中开通访问宝塔 Linux 面板所需的 8888 端口（否则无法在自己的电脑上访问宝塔 Linux），如图 15-3 所示。

图 15-3　设置防火墙

点击"添加规则"按钮打开"添加规则"对话框，参照图 15-4 设置规则的参数，然后点击"确定"按钮新增一条防火墙规则。

图 15-4　新增防火墙规则

切换到"应用管理"选项卡，登录宝塔 Linux。首次登录时，需要先登录服务器，通过输入命令的方式获取宝塔 Linux 的管理员用户名和密码，如图 15-5 所示。

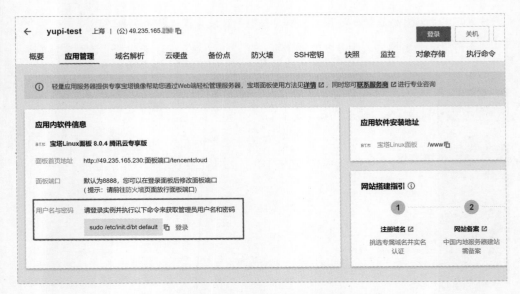

图 15-5　获取宝塔 Linux 的管理员用户名和密码

复制界面中提供的命令，点击"登录"超链接，进入 Web 终端并执行命令，如图 15-6 所示。

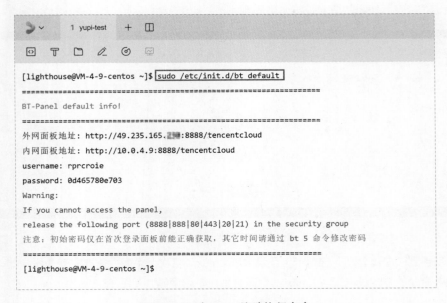

图 15-6　在 Web 终端执行命令

根据终端输出的信息，访问宝塔 Linux 面板，输入获得的管理员用户名和密码，即可完成登录。

首次进入宝塔 Linux 面板时，系统会提示安装环境，这里推荐安装 LNMP（包含本项目部署所需的 Nginx 服务器），它适合部署前端、后端分离的项目。

首次进入宝塔 Linux 面板时，记得要在"面板设置"页面中修改面板账号和密码，如图 15-7 所示。

图 15-7　修改面板账号和密码

15.2　部署规划

在正式操作前端、后端部署前，要先进行规划，例如要部署哪些项目和服务、需要哪些依赖、占用哪些端口等。

15.2.1　部署项目的规划

前端：通过 Nginx 进行部署，访问地址为 http://{ 域名 }。

后端：通过 Nginx 进行转发，访问地址为 http://{ 域名 }/api，实际运行在 8120 端口。

使用 Nginx 转发的好处是，让前端和后端域名一致，以避免出现跨域问题。

xxl-job-admin：访问地址为 http://{ 域名 }:8080/xxl-job-admin，实际运行在 8080 端口。

15.2.2 部署所需依赖的规划

Nginx：服务器的 80 端口，在宝塔 Linux 中已默认安装。

数据库：服务器的 3306 端口，在宝塔 Linux 中已默认安装。

Redis：服务器的 6379 端口，需要手动安装。

做好规划后，需要在腾讯云控制台的"防火墙"选项卡中开通所有需要支持外网访问的端口，例如 3306、6379 和 8080。

15.3 安装依赖

在部署项目前，需要先安装项目的依赖，例如数据库、Redis、Java 环境、Maven 环境、任务调度平台。

15.3.1 数据库

xxl-job-admin 和 Web 后端都依赖数据库，在宝塔 Linux 面板中已经自动安装了 MySQL 数据库软件，可以直接使用。

先为 xxl-job-admin 项目准备数据库。进入宝塔 Linux 面板的"数据库"页面，点击"添加数据库"按钮，在打开的对话框中认真设置新建的数据库名、用户名、密码和访问权限，如图 15-8 所示。

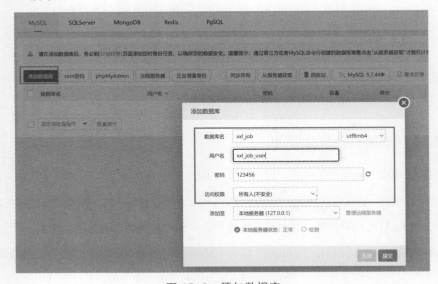

图 15-8　添加数据库

在 IDEA 中打开 xxl-job-admin 项目，通过自带的数据库面板（或者其他数据库可视化管理工具）连接数据库，在本地检查连接是否正常，如图 15-9 所示。

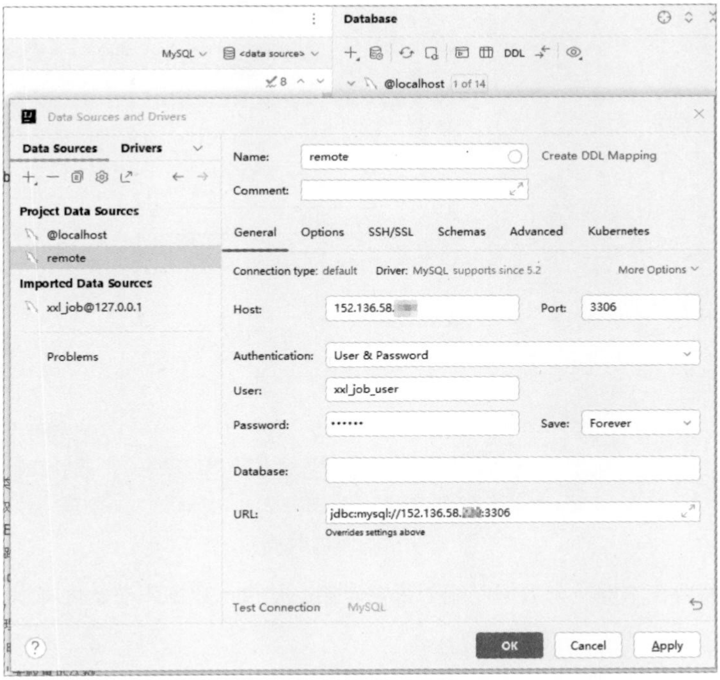

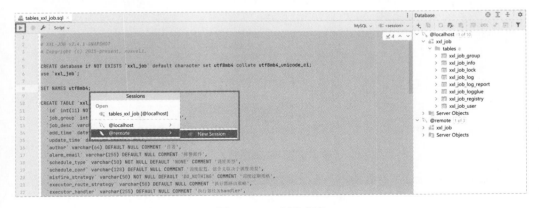

图 15-9　检查数据库连接

执行该项目中的初始化数据库表脚本，创建 xxl_job 库表，如图 15-10 所示。

图 15-10　创建库表

按照同样的方法，初始化代码生成器平台后端项目需要的库表，如图 15-11 所示。

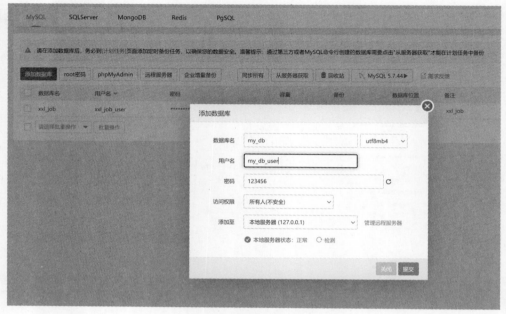

图 15-11　添加数据库

同样，需要在本地检查数据库能否正常连接，并执行数据库初始化脚本，如图 15-12 所示。

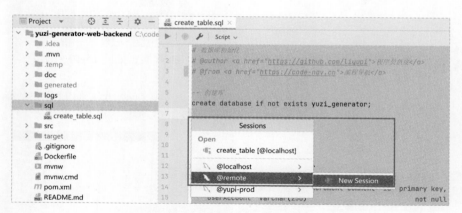

图 15-12　执行数据库初始化脚本

最后，验证上述所有数据库表是否成功创建。

15.3.2　Redis

在宝塔 Linux 面板的"软件商店"页面中，搜索并安装 Redis，如图 15-13 所示。

图 15-13 安装 Redis

配置 Redis，一定要开启远程访问并配置密码，否则无法从本地连接 Redis，如图 15-14 所示。

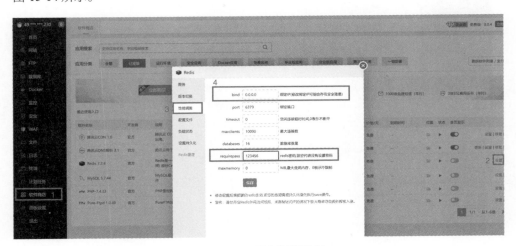

图 15-14 开启远程访问

修改设置后，一定要在 Redis 管理界面中重载配置，如图 15-15 所示。

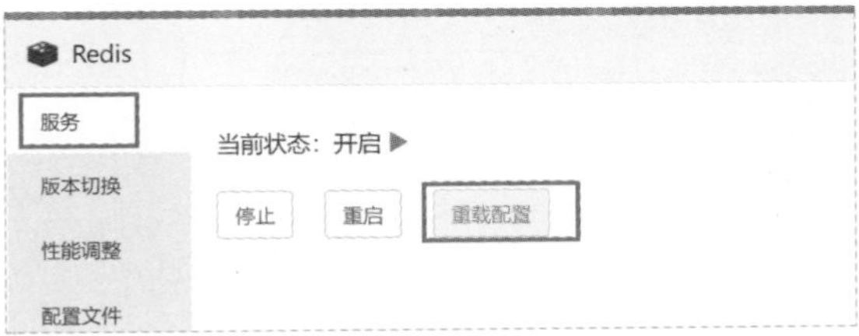

图 15-15 重载配置

最后，可以在 IDEA 数据库面板或者其他可视化 Redis 管理软件中，验证是否能在本地远程连接 Redis。

15.3.3 Java 环境

要部署 Java 项目，必须安装 JDK。在宝塔 Linux 面板中，可以通过 Java 环境管理器快速安装指定版本的 JDK，如图 15-16 所示。

图 15-16　安装 JDK

15.3.4 Maven 环境

因为本例的制作工具项目需要执行 Maven 命令打包生成器，所以必须在服务器上安装 Maven。

在腾讯云控制台中登录 Web 版的 Linux 终端，用软件包管理器 yum 快速安装 Maven，如图 15-17 所示。

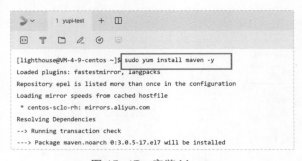

图 15-17　安装 Maven

15.3.5　XXL-JOB 任务调度平台

准备好数据库后，就可以部署 xxl-job-admin 调度中心了。

首先修改 admin 项目的数据库配置，如图 15-18 所示。

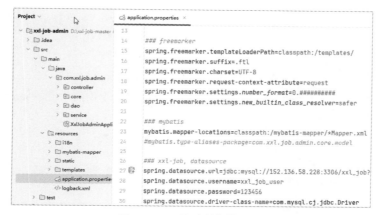

图 15-18　修改数据库配置

然后在 Maven 中执行打包操作，如图 15-19 所示。

图 15-19　打包

如果系统报错，需要认真阅读错误信息并分析、解决问题。例如 pom.xml 中的依赖版本有误，如图 15-20 所示。

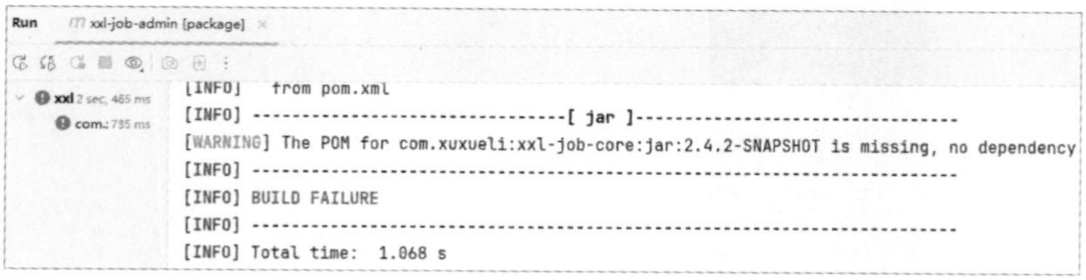

图 15-20　依赖版本有误

修改 pom.xml 中的依赖版本，如图 15-21 所示。

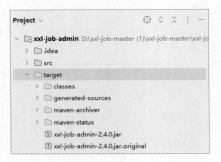

图 15-21　修改依赖版本

再次执行打包操作。打包成功后，可以在 target 目录下找到生成的 jar 包文件，如图 15-22 所示。

图 15-22　打包成功

建议先在本地运行 jar 包，通过查看控制台输出的信息确认打包文件是否正常。运行 jar 包的命令如下：

```
java -jar xxl-job-admin-2.4.0.jar
```

打开浏览器访问管理页面，确认能正常访问，如图 15-23 所示。

图 15-23　正常访问任务调度中心

在本地验证无误后，通过宝塔 Linux 自带的文件管理功能将 jar 包上传到服务器，如图 15-24 所示。

图 15-24 上传 jar 包

准备好 jar 包后，创建 Java 后端项目。注意，在配置中填写的端口号一定要和实际项目的端口号一致，如图 15-25 所示。

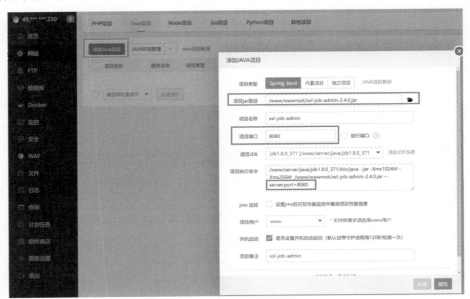

图 15-25 创建 Java 项目

如果项目未正常启动，可以查看项目日志分析原因。例如，程序创建日志目录失败（可能是因为无权限），如图 15-26 所示。

图 15-26　查看项目日志

对于此问题，有两种解决方法：一种方法是手动创建这个目录，另一种方法是修改项目配置。为了方便其他开发者部署，建议选择后者。

修改日志输出路径为相对路径，如图 15-27 所示。

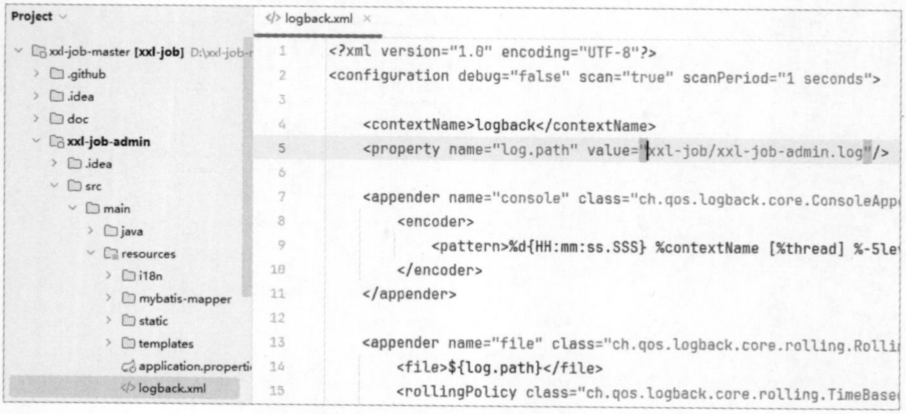

图 15-27　修改日志输出路径

重新打包上传，重启 Java 项目，这次可以正常启动了。

接下来访问远程地址，例如 http://49.235.165.***:8080/xxl-job-admin（其中的 IP 地址需改为自己的服务器地址），能够正常访问调度中心。

15.3.6 对象存储

本项目使用了第三方的对象存储（腾讯云 COS），不需要自主部署。相关内容在前面的章节中已经讲解，此处不再赘述。

15.4 前端部署

前端部署分为修改项目配置、打包部署和 Nginx 转发配置这三个步骤。

15.4.1 修改项目配置

线上网站的前端需要请求线上的后端接口，所以需要将常量文件中的线上请求地址修改为后端接口地址，如图 15-28 所示。

图 15-28　修改请求地址

15.4.2 打包部署

执行 package.json 文件中的 build 命令，进行打包构建，如图 15-29 所示。

打包成功后，得到 Dist 目录，如图 15-30 所示。

接下来在宝塔 Linux 中配置 Nginx 服务器，暂时用 IP 作为域名，将根目录改为存放前端文件的目录（若没有就新建），如图 15-31 所示。

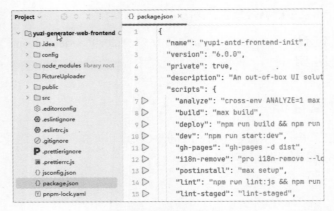

图 15-29　打包构建

图 15-30　得到 Dist 目录

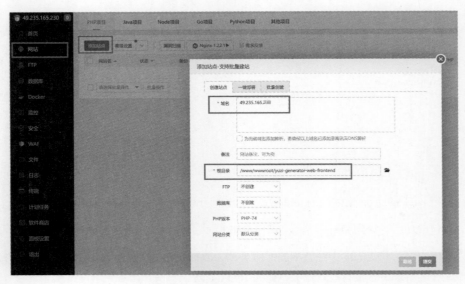

图 15-31　添加站点

将打包好的 Dist 目录内的所有文件上传到上述根目录中，如图 15-32 所示。

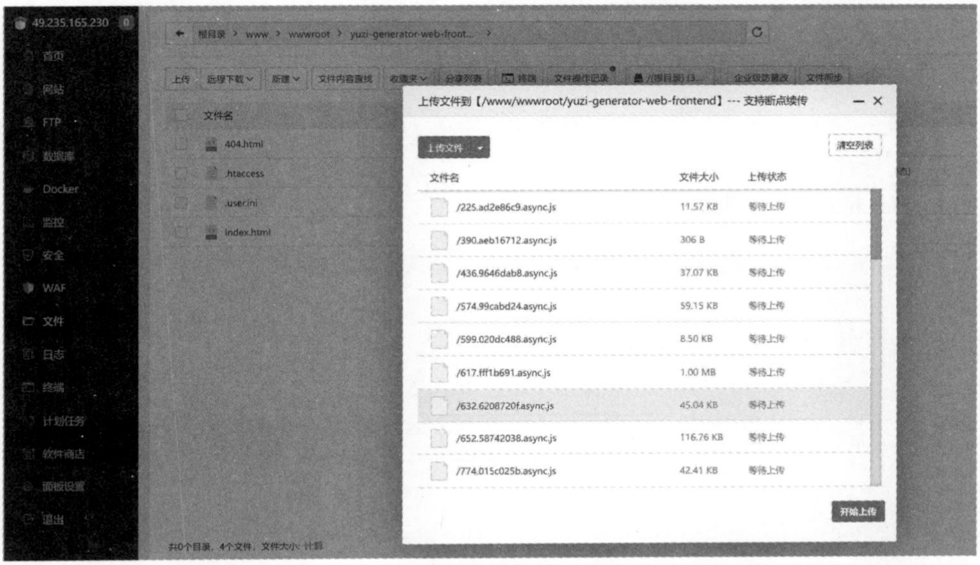

图 15-32　上传文件

最后访问服务器的地址（IP 地址），就能打开前端网站了，如图 15-33 所示。

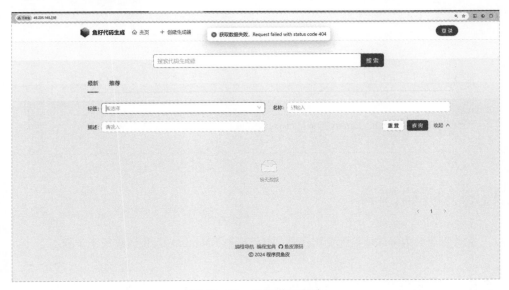

图 15-33　访问前端网站

经过验证，目前访问除主页外的其他页面时，如果刷新页面就会出现"404 Not Found"错误。怎么解决呢？

15.4.3 Nginx 转发配置

遇到部署上的问题，建议先阅读项目所用框架的官方文档，例如 Ant Design Pro 的官方文档就提供了 Nginx 部署的方法。

在上一节中遇到的问题是因服务器上不存在对应的页面文件（例如 /generator/add.html）而导致的，所以需要在 Nginx 中进行转发配置，如果找不到某个页面文件，就加载主页 index.html 文件。相关配置如图 15-34 所示。

图 15-34　配置 Nginx

需要追加的配置代码如下：

```
location / {
    try_files $uri $uri/index.html /index.html;
}
```

15.5　后端部署

后端部署分为修改项目配置和代码、打包部署、Nginx 转发配置这三个步骤。

15.5.1　修改项目配置和代码

修改 application-prod.yml 生产环境配置，包括数据库、Redis、XXL-JOB、对象存储等，修改为前面介绍安装依赖时设定的参数（如用户名、密码）。

> 本书配套资料包含本例的相关配置信息,可供参考。

对于在 Windows 操作系统中开发、运行的项目,如果要部署到 Linux 操作系统中,执行命令脚本的代码需要做一些改变。

例如,要修改制作工具项目执行 Maven 脚本的命令,适应 Linux 操作系统,代码如下:

```java
public class JarGenerator {
    public static void doGenerate(String projectDir) throws IOException, InterruptedException {
        // 清理之前的构建并打包
        // 注意,不同操作系统执行的命令不同
//        String winMavenCommand = "mvn.cmd clean package -DskipTests=true";
        String otherMavenCommand = "mvn clean package -DskipTests=true";
        String mavenCommand = otherMavenCommand;
        ...
    }
}
```

还要修改使用生成器执行脚本的命令。useGenerator 方法的部分代码修改如下:

```java
// 构造命令
File scriptDir = scriptFile.getParentFile();
// Windows 操作系统
//        String scriptAbsolutePath = scriptFile.getAbsolutePath().replace("\\", "/");
//        String[] commands = new String[]{scriptAbsolutePath, "json-generate", "--file=" + dataModelFilePath};

// 注意,如果是 macOS 或 Linux 操作系统,要用 "./generator"
String scriptAbsolutePath = scriptFile.getAbsolutePath();
String[] commands = new String[]{scriptAbsolutePath, "json-generate", "--file=" + dataModelFilePath};
```

15.5.2 打包部署

由于 Web 项目引入了本地 maker 项目作为依赖,所以打包 Web 项目前,需要先用 mvn install 命令打包 maker 项目。然后在 IDEA 中打开 Web 项目,忽略测试并打包,如图 15-35 所示。

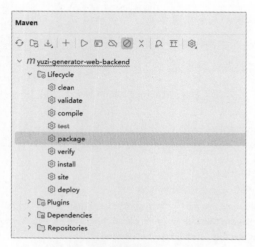

图 15-35　忽略测试并打包

打包成功后，得到 jar 包文件，然后按照之前的流程，先上传 jar 包到服务器，如图 15-36 所示。

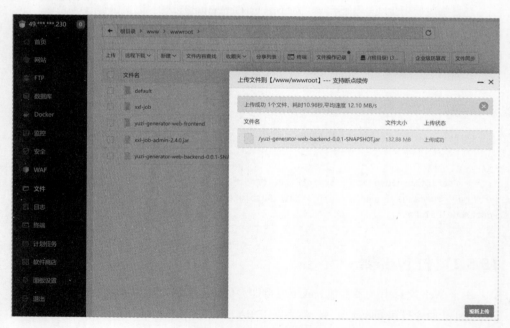

图 15-36　上传 jar 包

然后添加 Java 项目，注意要激活生产环境的配置，如图 15-37 所示。

如果项目启动失败，需要通过日志查找问题。例如，Caffeine 和现在的 JDK 版本冲突的问题，如图 15-38 所示。

15.5 后端部署 | 431

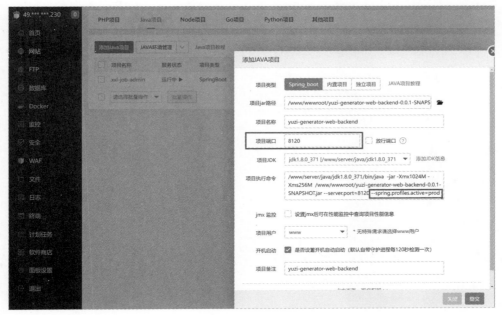

图 15-37 添加 Java 项目

图 15-38 版本冲突

阅读 Caffeine 的官方文档，发现项目引入的 Caffeine 版本要求是 JDK 11 或以上，那就通过 Java 环境管理工具安装 JDK 17（最好和本地正常运行的保持一致），如图 15-39 所示。

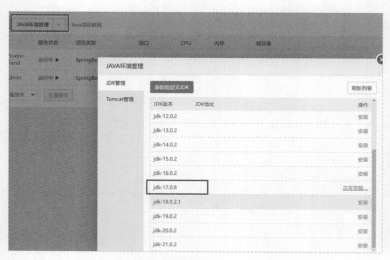

图 15-39　安装 JDK 17

修改项目配置，更改项目的 JDK 版本，如图 15-40 所示。

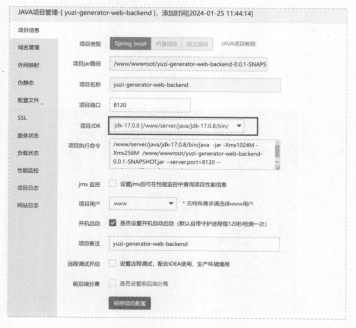

图 15-40　指定 JDK 版本

重启项目，这次能够正常启动并运行，可以看到项目成功占用了端口，如图 15-41 所示。

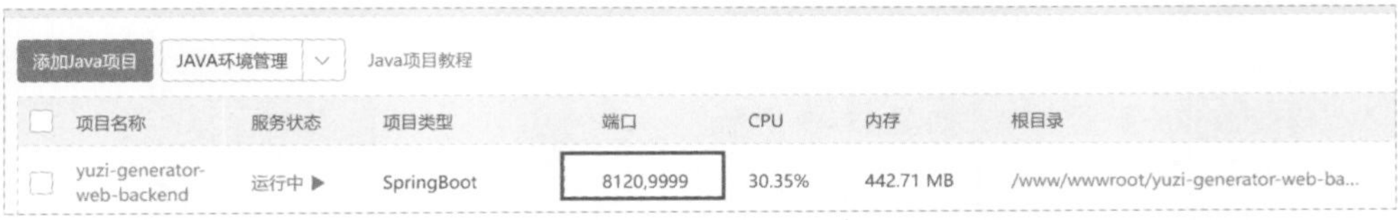

图 15-41　启动成功

但是，现在无法通过浏览器访问后端接口文档（/api/doc.html），会提示"无法访问此网站"，如图 15-42 所示。

图 15-42　无法访问网站

这是因为服务器防火墙没有开放 8120 端口。本例是故意不开放的，因为在之前的部署规划中，后端需要通过 Nginx 进行转发，以便解决跨域问题。下面进行相关配置。

15.5.3　Nginx 转发配置

如果要访问的是后端接口（地址有"/api"前缀），则 Nginx 会将请求转发到后端服务。配置代码如下：

```
location /api {
  proxy_pass   http://127.0.0.1:8120;
  proxy_set_header Host $proxy_host;
  proxy_set_header X-Real-IP $remote_addr;
  proxy_set_header X-Forwarded-For $proxy_add_x_forwarded_for;
```

```
    proxy_buffering off;
    proxy_set_header Connection "";
}
```

修改 Nginx 配置文件，如图 15-43 所示。

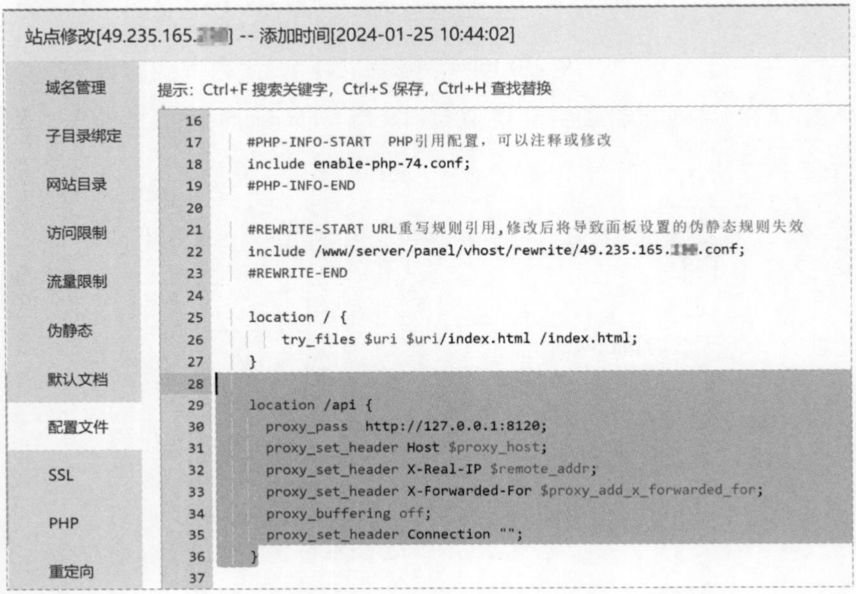

```
站点修改[49.235.165.***] -- 添加时间[2024-01-25 10:44:02]

提示：Ctrl+F 搜索关键字，Ctrl+S 保存，Ctrl+H 查找替换

16
17  #PHP-INFO-START   PHP引用配置，可以注释或修改
18  include enable-php-74.conf;
19  #PHP-INFO-END
20
21  #REWRITE-START URL重写规则引用，修改后将导致面板设置的伪静态规则失效
22  include /www/server/panel/vhost/rewrite/49.235.165.***.conf;
23  #REWRITE-END
24
25  location / {
26      try_files $uri $uri/index.html /index.html;
27  }
28
29  location /api {
30      proxy_pass http://127.0.0.1:8120;
31      proxy_set_header Host $proxy_host;
32      proxy_set_header X-Real-IP $remote_addr;
33      proxy_set_header X-Forwarded-For $proxy_add_x_forwarded_for;
34      proxy_buffering off;
35      proxy_set_header Connection "";
36  }
37
```

图 15-43　修改 Nginx 配置文件

修改完成后，就可以通过 80 端口访问接口文档了，例如 http://49.235.165.***/api/doc.html（可省略端口号）。

15.6　测试验证

最后，通过实际访问页面来验证项目的上线效果。

15.6.1　验证基本操作

首先访问主页，数据能够被正常加载，能够被查询并缓存，如图 15-44 所示。

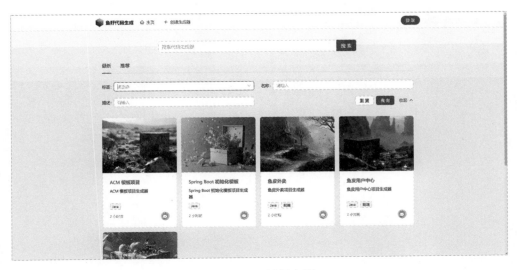

图 15-44 访问主页

接下来依次验证完整流程中的一系列环节,包括:登录、创建生成器、在线制作生成器、搜索、详情页、下载、在线使用。其中的登录效果如图 15-45 所示。

图 15-45 登录

在创建生成器、上传图片时,发现无法正常加载已上传的图片,如图 15-46 所示。

图 15-46　无法正常加载图片

这是因为对象存储设置了防盗链，需要把前端网址添加到防盗链的域名白名单中，如图 15-47 所示。

图 15-47　防盗链设置

再次上传图片,能够顺利加载了,效果如图 15-48 所示。

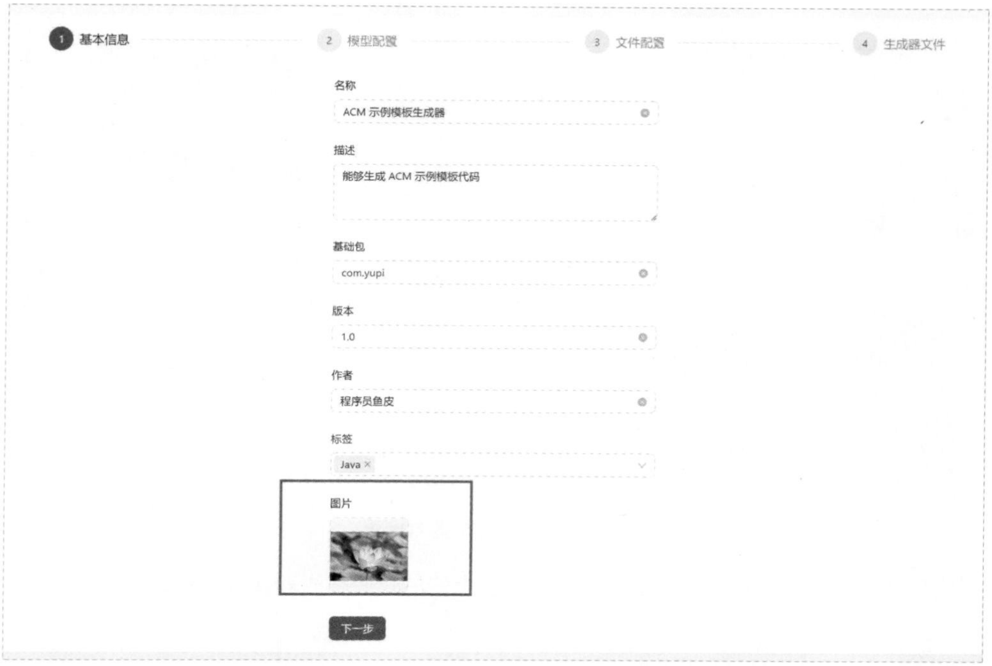

图 15-48 加载图片成功

接下来验证生成器文件的上传和提交,如图 15-49 所示。

图 15-49 上传生成器文件

成功创建生成器后,进入详情页,能够正常看到数据,如图 15-50 所示。

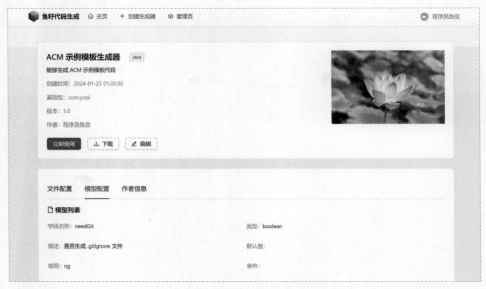

图 15-50　生成器详情页

最后验证下载，对比下载到的文件和之前上传的代码生成器是否一致。

15.6.2　验证生成器在线制作

验证在线制作功能，可以上传之前的 ACM 示例模板文件，如图 15-51 所示。

图 15-51　在线制作

首次制作时系统提示失败，通过查看后端日志发现，由于 Maven 拉取依赖耗时太长，导致超时。

因为国内云服务器从 Maven 官方镜像源拉取依赖的速度非常慢（甚至无法拉取），所以需要更换为传输速度更快、更稳定的 Maven 镜像源。

修改 Maven 的全局配置文件 /etc/maven/settings.xml，将镜像源更换为阿里镜像源，配置如下：

```
<mirror>
    <id>alimaven</id>
    <name>aliyun maven</name>
    <url>http://maven.***yun.com/nexus/content/groups/public/</url>
    <mirrorOf>central</mirrorOf>
</mirror>
```

可以通过宝塔 Linux 提供的在线文本编辑器可视化地修改配置，如图 15-52 所示。

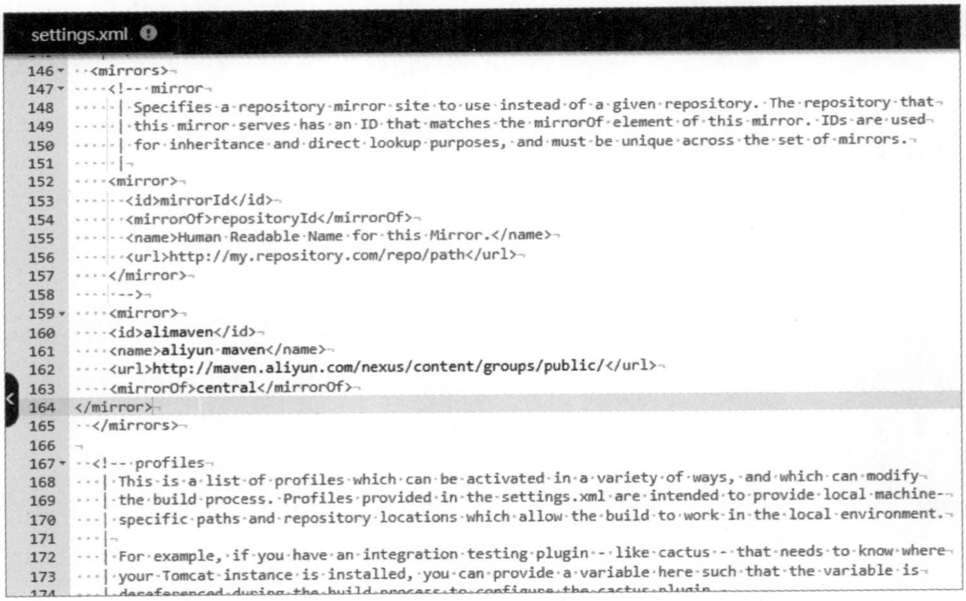

图 15-52　修改配置

再次执行制作操作，多试几次直到依赖都安装完成，之后便可以制作成功。接着，可以将制作好的生成器文件上传。

15.6.3　验证在线使用

下面就以前面在线制作完成的生成器为例，验证在线使用功能，发现可以正常运行，如图 15-53 所示。

图 15-53　在线使用生成器

15.6.4　验证定时任务执行

除验证主项目之外，还要验证定时任务能否正常执行。

打开任务调度中心的"执行器管理"页面，创建执行器，如图 15-54 所示。

图 15-54　创建执行器

系统成功识别到了内网机器，如图 15-55 所示。

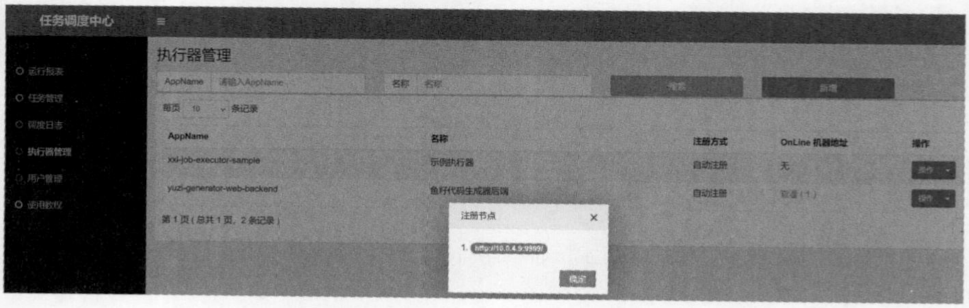

图 15-55　成功识别内网机器

进入"任务管理"页面，新增任务，如图 15-56 所示。

图 15-56　新增任务

执行一次任务，如图 15-57 所示。

图 15-57　单次执行任务

查看调度日志，可以看到执行成功的信息，如图 15-58 所示。

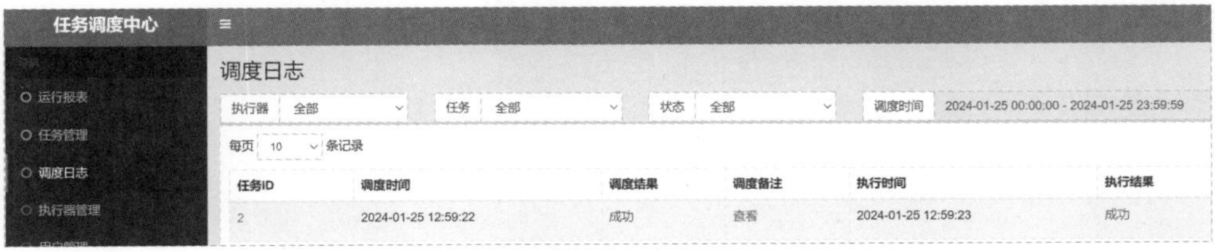

图 15-58　查看调度日志

15.7 本章小结

至此，整个项目已经上线。希望读者能通过这个项目的学习掌握复杂业务的开发、优化和上线方法，从而实现编程技能和程序员素养的提升。

15.8 本章作业

1. 完成项目上线操作。
2. 尝试给项目绑定域名，或者申请 HTTPS 证书（自行查阅相关资料）。
3. 完成整个项目，并且自行增加 2~3 个扩展点，可以新增功能，或者完成某项优化任务，还可以将其他项目的知识点融合到本项目中。
4. 编写代码实现本章项目，并且在自己的代码仓库中完成一次提交。